シリーズ 地域環境工学

地域環境水文学

田中丸治哉
大槻恭一
近森秀高
諸泉利嗣
[著]

朝倉書店

執 筆 者

神戸大学大学院農学研究科教授	田中丸 治哉（たなかまる はるや）
九州大学大学院農学研究院教授	大槻 恭一（おおつき きょういち）
岡山大学大学院環境生命科学研究科教授	近森 秀高（ちかもり ひでたか）
岡山大学大学院環境生命科学研究科教授	諸泉 利嗣（もろいずみ としつぐ）

（執筆順）

まえがき

　本書は，河川の計画・管理（治水や利水），灌漑排水，水資源の開発・管理，水環境の保全・管理などに役立つ水文学の基礎として，流域を含む「地域」の水循環について学習する講義のための教科書・参考書であり，大学の専門課程の学生もしくは大学院修士課程の初学年生が利用することを前提としている．

　水文学は，地球上の水循環を中心概念とし，とくに陸域における降水，蒸発散，浸入，流出などの水循環の全過程を取り扱う学問分野であるが，現在では，地域環境の保全・管理の必要性から，水循環に関わる水量の知識にとどまらず，物質循環・エネルギー循環の視点や生態系の視点も重視されている．さらに水文学は，人間活動と水との相互関係に関わる課題を扱う応用科学の側面も有していることから，治水・利水・環境保全に関わる政策など，社会科学的な視点も重要であり，その対象範囲は大きく広がっている．

　その一方，半年もしくは1年間の講義で講述できる項目には限りがあり，現在の水文学の対象範囲を網羅すれば「広く浅く」の講義にならざるを得ない．しかしながら，土木，農業土木，砂防などの分野でしばしば遭遇する実践力や応用力が問われる問題，例えば「100年に一度の大雨が降ったとき，流域末端の流量はいくらになるか」といった問題に取り組むには，「広く浅く」の講義では不十分である．

　そこで，本書の執筆に際しては，土木，農業土木，砂防などの分野に就職する大学生，大学院生を対象として，水文学とこれらの分野の仕事で直ちに役に立つ応用水文学の重要な知見を詳述することを念頭に置いた．このため本書は，水循環と水収支に始まり，水循環過程の構成要素に関する説明と，応用水文学の重要課題である流出解析と水文統計解析に関する説明，巻末付録から構成され，水量に関する議論を中心としたオーソドックスな教科書になっている．物質循環に関わる項目は巻末付録としており，最近の重要課題である生態系に関わる項目は扱っていない．また，本書は「地域」を対象としており，現在の水文学の大きな潮流といえる「地球」規模の水文学についてもほとんど言及していない．その分の紙面で各章の例題と演習問題を充実させ，実践力・応用力を養うことを目指した．例題，演習問題とそれらの詳しい解答は，本書の特徴の一つであり，大いに活用していただくことを期待している．

　もちろん，上述の方針は物質循環などを軽視している訳ではなく，あくまで半年もしくは1年間の講義で講述できる項目を考えて，本書で取り扱うトピックを絞り込んだ結果である．なお，河川や湖沼の水質，物質循環などの水環境問題についてはいく

つかの良書が出版されており，それらを参照していただきたい．

以下では，各章と巻末付録の内容を紹介する．

第1章の「水循環と水収支」では，まず水の存在状況について概観した後，水循環の概念について説明し，平均滞留時間が短い大気中の水が水循環において重要な役割を担っていることを指摘する．次いで，地球全体と流域の水収支，わが国および各国の水資源と水利用の実態について述べた後，水文学の定義と地域環境水文学の位置づけについて述べる．

第2～5章では水循環過程を扱う．第2章の「降水」では，降水過程，降水の分布，降水量観測などについて説明した後，流域平均降水量の算定法とDAD解析について述べ，次いで森林の樹冠における降水配分の特徴とその測定法について述べる．第3章の「蒸発散」では，まず蒸発散と水・熱・炭素収支の関係について論じた後，地表面における放射収支について述べる．次いで，蒸発散量の測定法，蒸発散量の推定法について説明した後，地目別の蒸発散について論じる．第4章の「地表水」では，流域，浸入・窪地貯留，流量観測について述べる．降雨と流出では，降雨流出過程について説明した後，流出成分とその分離について述べ，基底流出量の分離例を示す．第5章の「土壌水と地下水」では，まず土壌水に関して，土壌水分量，土壌水分ポテンシャルなどについて述べた後，ダルシー則，飽和浸透流，不飽和浸透流について説明する．次に地下水に関して，地下水の形態，帯水層の特性，地下水の流動について述べる．

第6,7章では，応用水文学の重要課題として流出解析と水文統計解析について述べる．第6章の「流出解析」では，流出解析法の分類について述べた後，合理式，洪水流出解析（有効降雨，単位図法，貯留関数法，表面流モデル），長期流出解析（タンクモデル，モデル定数の最適化），積雪融雪解析（熱収支法，気温日数法など）について詳述する．合理式，貯留関数法，表面流モデル，タンクモデルについては，例題で計算例を示す．第7章の「極端現象の水文統計解析」では，大雨・洪水の規模を統計的に評価する考え方と，計画雨量を統計的に推定する手法について述べる．とくに確率分布としてグンベル分布，3定数型対数正規分布，一般化極値分布を用いた極値統計解析法については，例題を用いて詳述する．最後に確率降雨波形の作成法についても説明する．

本書では，本編に収録していない個別のトピックとして，巻末に付録A～Dを掲載している．付録A「基本高水の決定」では，水文学の代表的な応用事例の1つとして，基本高水の決定の手順について説明する．付録B「HYDRUSによる浸透流解析」では，幅広く利用されている不飽和土壌中の水分・熱・溶質移動汎用プログラムHYDRUS-1Dを使用した土壌中への浸透流についての計算例を示す．付録C「水循環と物質循環」では，窒素を中心に水循環と物質移動の関わりについて概説し，とく

に蒸発散，降水，樹冠通過，森林流域流下，流域圏流下の各過程での窒素動態について論じる．付録D「大雨が増えている？」では，過去100年以上の気象データに基づき，いくつかの統計的指標の経年変化を見ながら大雨の規模・頻度の長期的変化について考察する．

　本書は，1999年に朝倉書店から刊行された「地域環境水文学」（丸山利輔，三野徹編著）をリニューアルしたものである．冒頭で述べた編集方針とこれまでの水文学の進展を踏まえ，本書の大半は新たに書き下ろしたものであるが，いくつかの項目，図表と演習問題の一部は旧版を踏襲したものになっている．旧版「地域環境水文学」の著者は以下の通りである．記して深謝の意を表する．丸山利輔，石川重雄，大槻恭一，高瀬恵次，永井明博，田中丸治哉，駒村正治，赤江剛夫，堀野治彦，三野　徹，武田育郎，金木亮一，渡邉紹裕（執筆順）．

　また，京都大学教授渡邉紹裕先生には，地域環境工学シリーズの取りまとめ役として本書を執筆する機会を与えていただくとともに，本書の全般にわたって詳細なご校閲を賜った．深甚の謝意を表する．最後に朝倉書店には，本書の企画から校正に至るまで終始お世話になった．記して謝意を表する．

　2016年2月

田中丸治哉，大槻恭一，近森秀高，諸泉利嗣

目 次

第1章 水循環と水収支 …………………………………………………〔田中丸治哉〕…1
　1.1 地球上の水循環　*1*
　1.2 水収支　*4*
　1.3 水資源と水利用　*7*
　1.4 地域環境水文学とは　*10*
　演習問題　*12*

第2章 降　　水 ……………………………………………………………〔大槻恭一〕…13
　2.1 降水過程　*13*
　2.2 降水の分布　*16*
　2.3 降水量観測　*17*
　2.4 降水量統計値の種別　*20*
　2.5 降水量の空間分布　*20*
　2.6 DAD解析　*22*
　2.7 林内雨　*26*
　演習問題　*29*

第3章 蒸 発 散 ……………………………………………………………〔大槻恭一〕…33
　3.1 蒸発散と水・熱・炭素収支　*33*
　3.2 放射収支　*35*
　3.3 蒸発散量の測定法　*43*
　3.4 蒸発散量の推定法　*50*
　3.5 様々な地目の蒸発散　*55*
　演習問題　*59*

第4章 地 表 水 …………………………………………………………………………63
　4.1 流　域　〔近森秀高〕　*63*
　4.2 浸入・窪地貯留　〔田中丸治哉〕　*65*
　4.3 流量観測　*70*
　4.4 降雨と流出　*72*

演習問題 *80*

第5章　土壌水と地下水 〔諸泉利嗣〕…82
5.1　土壌水　*83*
5.2　ダルシー則と浸透流　*87*
5.3　地下水の形態と流動　*93*
演習問題　*98*

第6章　流出解析 〔田中丸治哉〕…102
6.1　流出解析法の分類　*102*
6.2　合理式　*103*
6.3　洪水流出解析　*107*
6.4　長期流出解析　*123*
6.5　積雪融雪解析　*129*
演習問題　*132*

第7章　極端現象の水文統計解析 〔近森秀高〕…135
7.1　大雨や洪水の頻度　*135*
7.2　解析対象データ　*136*
7.3　水文量の頻度分布と確率分布　*136*
7.4　確率分布の統計的推定　*141*
7.5　確率分布の適合度の評価　*144*
7.6　グンベル分布の当てはめ　*149*
7.7　3定数型対数正規分布の当てはめ　*156*
7.8　一般化極値分布の当てはめ　*161*
7.9　確率降雨波形の作成法　*167*
演習問題　*171*

付録A　基本高水の決定 〔田中丸治哉〕…174
A.1　基本高水と計画高水　*174*
A.2　基本高水決定の手順　*174*

付録B　HYDRUSによる浸透流解析 〔諸泉利嗣〕…179
B.1　単一土層への浸潤　*179*
B.2　成層土への浸潤　*181*

  B.3 圃場への適用　*182*

付録 C 水循環と物質循環 ……………………………………〔大槻恭一〕…185
  C.1 蒸発散過程　*185*
  C.2 降水過程　*185*
  C.3 樹冠通過過程　*186*
  C.4 森林流域流下過程　*187*
  C.5 流域圏流下過程　*188*

付録 D 「大雨」が増えている？ ……………………………〔近森秀高〕…190
  D.1 年最大日雨量の長期的変化　*190*
  D.2 「100 年に一度の雨」の大きさ　*192*
  D.3 「100 年に一度の雨」の頻度　*193*
  D.4 本当に大雨は増えているのか？　*194*

演習問題解答 ……………………………………………………………………195
索　　引 …………………………………………………………………………207

コラム
暦年と水年　*6*　／　農業用水が農地面積に比例して減らないのはなぜか　*9*　／　蒸発散研究の小史　*35*　／　降雨強度が浸入能を下回るときの扱い　*68*　／　根の吸水モデル　*90*　／　雨水保留量曲線の関数表示　*109*　／　流出解析における数値計算上の誤差について　*119*　／　100 年に一度の大雨　*139*　／　Emil Julius Gumbel　*155*　／　洪水比流量曲線　*170*

第1章 水循環と水収支

1.1 地球上の水循環

地球は豊富な水が存在する惑星である．地球表面のうち約7割が水に覆われており，約14億km³もの水が存在するが，そのほとんどは海洋の塩水であり，私たちが水資源として利用できる淡水はごく一部である．利用可能な淡水の少なさから，しばしば「水は限られた資源である」と評されるが，その一方で水は，石炭や石油に代表される化石燃料のように枯渇が懸念される資源とは明らかに異なる．私たちは日々の生活や農業・工業に水を常時利用しているが，それでも水が枯渇しないのは，地球上で水が循環しているおかげである．この水循環が地球の生態系を維持し，私たちの生活を支えている．水循環は，水文学における最も重要な概念である．

a. 水の存在状況

図1.1は，様々な形態で存在する水が地球上の全水量 (13億8,600万km³) に占める割合を示している．

上段の円グラフは，塩水と淡水の割合を示しているが，塩水97.5%に対し，淡水は2.5%しかない．塩水のほとんどは海水であるが，塩分を含む地下水と湖沼の水も若干含まれている．中段の円グラフは，淡水2.5%の内訳を示しているが，淡水の約7割は極地などの氷で，約3割は地下水である．下段の円グラフは，極地などの氷と地下水を除くその他の淡水0.01%の内訳を示しているが，この淡水の約8割は湖沼の

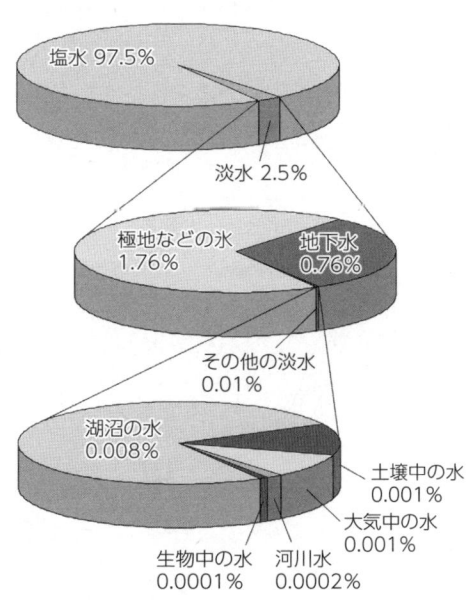

図1.1 地球上の水の存在状況 (Shiklomanov (1997) の数値に基づいて作成)

水で，残りの2割は土壌中の水，大気中の水，河川水，生物中の水から構成されている．

すなわち，地球上の水のほとんどは塩水で，淡水は2.5%しかなく，しかもその淡水の大半は極地などの氷であるから，これも水資源として利用できない．結局，我々が水資源として利用できるのは，地下水のごく一部と湖沼の水，河川水に限られ，とくに利用しやすい形で地表に存在している湖沼の水と河川水は，地球上のすべての水量の0.008%（10万5,000 km³）にすぎない．

b. 水 循 環

図1.2は，地球上の水循環（hydrologic cycle）を示している．雲から降った降水（precipitation）は，雨ないし雪として陸上や海上に到達するが，以下では，雨水の行方について述べる．陸上に降った雨水の一部は樹木に遮られるが，それ以外は地表面に到達する．地表面が水を通しにくい場所であれば，雨水は地表の勾配に従って地表面を流れ（地表流，overland flow），すみやかに河川に到達する．森林のように水を通しやすい土壌で覆われている場所であれば，雨水は地中へ浸透し，地中に浸透した水は浅い地中を側方に流れ（地中流，subsurface flow），あるいは深い地中をゆっくりと流れていき（地下水流，groundwater flow），やがて河川に流れ込み，河川の水は海に到達する．このように雨水が河川へ流れ出て流下することを流出（runoff）という．

雨水はすべて河川に到達するわけではなく，一部は土壌中に保持され，やがて地表面から蒸発して水蒸気となり（蒸発，evaporation），あるいは植物の根によって吸い

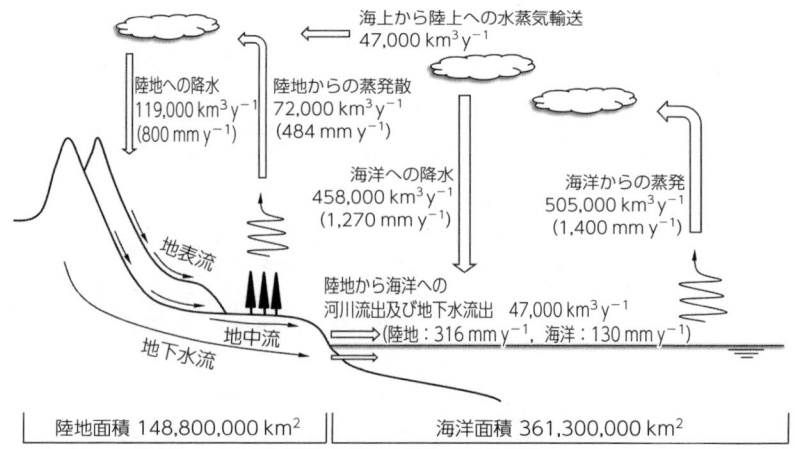

図1.2 地球上の水循環（National Committee for the IHD（USSR）（1978）の数値に基づいて作成）

上げられ，葉面の気孔から水蒸気となって大気中に放出される（蒸散，transpiration）．この蒸発と蒸散を合わせて蒸発散（evapotranspiration）という．陸地からの蒸発散と海面からの蒸発によってもたらされた水蒸気は，雲となってまた雨を降らせる．一方，海上においても，雲が雨を降らせるとともに，海上から蒸発した水蒸気が雲を形成して，また雨を降らせる．

このように，地球上の水が降水，流出，蒸発，蒸散などの過程を繰り返す無限の循環を水文学的循環というが，これを縮めて水文循環あるいは水循環と呼ぶことが多い．

水循環において，重要な役割を果たしているのが大気中の水（水蒸気）である．図1.1 に示すように，大気中の水は，地球上の全水量の 0.001%（1 万 2,900 km^3）であり，これを液体の水にして地球の表面に広げたときの水深は 25 mm にすぎない．しかし，水蒸気が雲を形成し，降水，蒸発を経て再び雲を形成するまでの 1 サイクルの所要時間（平均滞留時間）が 8 日間であることから，25 mm 分の大気中の水が年間 45 回の循環を繰り返し，地球全体の平均で 1,130 mm の年降水量をもたらしている（例題 1.1 参照）．

すなわち，ある 1 時点において，私たちが利用可能な河川や湖沼の淡水がごくわずかであることは間違いないが，その淡水を日々利用しても枯渇しないのは地球上の水循環のおかげであり，とくに大気中の水の循環の速さが豊富な降水をもたらし，河川や湖沼を常時潤しているからである．ただし，地球上の降水は空間的，時間的な偏在性が大きく，洪水に襲われる地域もあれば，深刻な水不足が生じる地域もあり，さらに同じ地域でも季節や年によって降水の多寡が大きく変動する．

この水循環の駆動力となっているのは太陽からの放射エネルギーであり，水循環とエネルギー循環は密接な関係をもつ．この関係については第 3 章において詳しく論じる．

c. 平均滞留時間

平均滞留時間（average residence time）は，ある物質（ここでは水）の存在量をその移動速度で除したもので，存在量をすべて入れ替えるのに要する時間に相当することから更新期間（period of renewal）とも呼ぶ．表 1.1 は様々な形態で存在する水の平均滞留時間を示しているが，水の存在形態によって平均滞留時間は大きく異なることがわかる．平均滞留時間は，その存在量が大きいほど，移動速度が小さいほど長く

表 1.1 水の平均滞留時間
(Shiklomanov and Rodda, 2003)

水の存在状態	平均滞留時間
海　洋	2,500 年
地下水	1,400 年
極地の氷	9,700 年
山岳氷河	1,600 年
永久凍土	10,000 年
湖　沼	17 年
湿　地	5 年
土壌水	1 年
河川水	16 日
大気中の水	8 日
生物中の水	数時間

なる．存在量が著しく大きい海洋の水の平均滞留時間は 2,500 年とたいへん長い．また，極地の氷と永久凍土の氷は，海洋の水に比べて存在量は小さいが，移動速度が小さいことから，その平均滞留時間は 1 万年程度と非常に長い．これらに比べると，大気中の水の平均滞留時間（8 日間）の短さは際立っている．

> **例題 1.1 大気中の水（水蒸気）の平均滞留時間**
> 　大気中の水の体積（大気中の水蒸気を液体にしたときの体積）は 12,900 km^3 と推定されている．一方，降水量の観測結果に基づいて，地球全体の平均年降水量は 1,130 mm y^{-1} と推定されている．このとき，大気中の水（水蒸気）の平均滞留時間を求めなさい．なお，地球の表面積は 510,000,000 km^2 とする．
> **［解答］** 大気中の水を地球表面に広げたときの水深は，12,900÷510,000,000×1,000×1,000＝25.3 mm である．また，地球全体の平均年降水量より平均日降水量を求めると，1,130÷365＝3.10 mm d^{-1} となる．平均滞留時間は，存在量を移動速度で除して求められるから，大気中の水（水蒸気）の平均滞留時間は 25.3÷3.10＝8.2 d である．あるいは，25.3÷1,130＝0.0224 y＝8.2 d としてもよい．

1.2　水　収　支

　水循環の過程において，一定領域，一定期間の水の出入関係のことを水収支（water balance）という．水収支は，先に述べた水循環と並んで水文学における重要な概念である．

a. 地球規模の水収支

　先に述べた地球上の水循環（図 1.2）に基づいて，対象領域を地球上の陸地全体（1 億 4,880 万 km^2）とし，長期間の平均として推定された陸地全体の年間水収支を考える．陸地に入る水は降水（11 万 9,000 km^3 y^{-1}）であり，陸地から出る水は蒸発散（7 万 2,000 km^3 y^{-1}）と，陸地から海洋への流出（4 万 7,000 km^3 y^{-1}）を合わせたものである．これらの値を陸地面積で除し，降水量の一般的な表現である水深に換算すれば，陸地に入る水は降水（800 mm y^{-1}），陸地から出る水は蒸発散（484 mm y^{-1}）と，陸地から海洋への流出（316 mm y^{-1}）を合わせたものとなる．

　同様にして，対象領域を地球上の海洋全体（3 億 6,130 万 km^2）とし，長期間の平均として推定された海洋全体の年間水収支を考えると，海洋に入る水は海上への降水（1,270 mm y^{-1}）と，陸地から海洋への流入（130 mm y^{-1}）を合わせたもので，海洋から出る水は蒸発（1,400 mm y^{-1}）である．

陸地・海洋の年降水量，年蒸発量と陸地・海洋の面積に基づいて，地球全体の年降水量と年蒸発量は以下のように求められる．

地球全体の年降水量

$$=\frac{800 \text{ mm y}^{-1} \times 148{,}800{,}000 \text{ km}^2 + 1{,}270 \text{ mm y}^{-1} \times 361{,}300{,}000 \text{ km}^2}{148{,}800{,}000 \text{ km}^2 + 361{,}300{,}000 \text{ km}^2} \approx 1{,}130 \text{ mm y}^{-1}$$

地球全体の年蒸発量

$$=\frac{484 \text{ mm y}^{-1} \times 148{,}800{,}000 \text{ km}^2 + 1{,}400 \text{ mm y}^{-1} \times 361{,}300{,}000 \text{ km}^2}{148{,}800{,}000 \text{ km}^2 + 361{,}300{,}000 \text{ km}^2} \approx 1{,}130 \text{ mm y}^{-1}$$

b. 流域の水収支

河川や湖沼の水の供給源となる降水の降下域のことを流域（basin／watershed／catchment）または集水域と呼ぶ．また，隣接する流域との境界を流域界または分水界（divide）という．河道上に1点を設定すれば，その点を最下流端とした流域を特定することができる．

流域の水収支は，図1.3のように表される．水収支の対象期間（以下，水収支期間と呼ぶ）を設定し，流域に入る水量を正，流域から出る水量を負と表すと，次の水収支式が成立する．

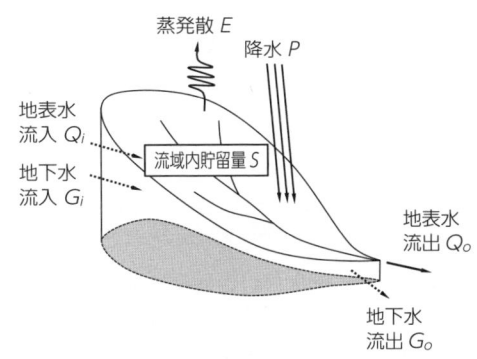

図1.3 流域の水収支

$$\Sigma P + \Sigma Q_i + \Sigma G_i - \Sigma E - \Sigma Q_o - \Sigma G_o = \Delta S \tag{1.1}$$

ここで，ΣP は降水量（水収支期間内の合計，以下同様），ΣQ_i は地表水流入量，ΣG_i は地下水流入量，ΣE は蒸発散量，ΣQ_o は地表水流出量，ΣG_o は地下水流出量，ΔS は流域内の貯留量変化である．

なお，流域内の貯留量は，流域内の地表面や土壌中，岩盤中に蓄えられた水量であり，水収支期間の始点における流域内貯留量を S_1，終点におけるそれを S_2 とすると，流域内の貯留量変化は $\Delta S = S_2 - S_1$ と表される．

流域の特性と水収支期間のとり方によっては，水収支式において考慮すべき項を減らすことができる．例えば，山地の尾根を流域界とする一般的な流域で，流域外からの導水がなければ，流域外からの地表水流入と地下水流入を通常は無視することができ，谷が狭く河床に岩盤が露出している点やダム地点を流域最下流端とすれば，流域外への地下水流出を無視することができる．このとき，流域最下流端の河川流量（地

表水流出量)には，流域内の山腹斜面からの地下水流出が含まれている．さらに，水収支期間の始点を河川流量の変動が少ない渇水期にとり，水収支期間を1年（12ヶ月）の倍数，すなわち水年（下記の「暦年と水年」参照）の倍数として，水収支期間を数年以上の長期間とすれば，流域内の貯留量変化 ΔS を無視することができる．以上の条件が満たされる場合の水収支式は，次のように簡略化される．

$$\Sigma P - \Sigma E - \Sigma Q_o = 0 \qquad (1.2)$$

このとき，対象流域で降水量が観測され，流域最下流端における河川流量が観測されていれば，上式に基づいて，水収支期間内の蒸発散量が求められる．この流域からの蒸発散量の求め方を長期水収支法もしくは年流域水収支法という．

例題 1.2　長期水収支法による年蒸発散量の推定

　ある山地小流域で，渓流に三角堰と水位計が設けられ河川流量が観測されている．三角堰は河床に露出した岩盤に密着しており，流域外への地下水流出は無視でき，また流域外からの地表水・地下水の流入もない．三角堰の近傍に雨量計が設置されているが，流域面積が小さく，この雨量計で観測された降水量は，流域全体の降水量を代表していると考えてよい．この流域で降水量と河川流量を5年間観測したところ，降水量の合計は 8,760 mm，河川流量を流域面積で除した流出高の合計は 5,415 mm であった．このとき，流域の年蒸発散量を求めなさい．

　[解答]　対象流域では，流域外からの地表水流入，地下水流入，流域外への地下水流出が無視でき，長期間を検討対象とすれば，流域内の貯留量変化も無視できることから，水収支式として (1.2) 式が適用できる．同式より5年間の蒸発散量の合計は，以下のように求められる．

$$\Sigma E = \Sigma P - \Sigma Q_o = 8,760 - 5,415 = 3,345$$

よって，この流域の年蒸発散量は，$3,345 \div 5 = 669 \text{ mm y}^{-1}$ と推定される．

暦年と水年

　暦年（calendar year）は，暦の上での1年間，すなわち1月1日から12月31日までの1年間（12ヶ月）を指す．それに対して，渇水期に始まり，渇水期に終わる1年間（12ヶ月）を水年（water year）という．水年の定め方は地域によって異なる．冬期が渇水期となるわが国の太平洋側では暦年を水年とすることが多いが，冬期の降水量が多い日本海側の多雪地域では10月1日，11月1日，5月1日のいずれかを水年の始点とすることが多い．長期的な水収支を検討する際には，水年ないし水年の倍数を水収支期間とすることが望ましい．

1.3 水資源と水利用

わが国の平均年降水量は 1,690 mm y^{-1} である（1981～2010 年の全国約 1,300 地点の平均；国土交通省，2014）．これは地球の陸地全体の平均年降水量 800 mm y^{-1}（図 1.2 参照）の約 2 倍であるから，わが国は降水量が多く，水の豊富な地域といえる．その一方で，国土面積が小さい割に人口が多いことから，一人当たりの水資源の量は世界平均をかなり下回っている．ここでは，わが国および世界各国の水資源の賦存状況と水資源の利用状況について述べる．

a. 降水総量と水資源賦存量

水資源の量を計る指標の 1 つとして，一人当たり年降水総量があるが，これはある国（地域）の平均年降水量に国土面積を乗じ，全人口で除したものである．図 1.4 は，わが国と主要国および世界の一人当たり年降水総量を比較したものである．わが国の一人当たり年降水総量は約 5,000 m^3 y^{-1} で，これは世界（約 1 万 6,000 m^3 y^{-1}）の 3 分の 1 をやや下回っている．先に述べたように，わが国の平均年降水量は世界の平均年降水量の倍をやや超えているが，人口密度が高いことから一人当たりの量では決して多くない．

また中国やインドは，国土面積は大きいが人口が非常に多いことから，一人当たり年降水総量は小さい．一方，オーストラリア（豪州）の年降水量は約 530 mm しかないが，国土が広大で人口が少ないことから，一人当たり年降水総量は非常に大きい．

水資源の量を計る別の指標に，一人当たり水資源賦存量がある．水資源賦存量とは，降水量から蒸発散量を引いたものに当該国（地域）の面積を乗じたもので，理論上人間が最大限利用可能な水資源の量であるが，これを当該国（地域）の人口で除したものが，一人当たり水資源賦存量となる．図 1.4 には一人当たり水資源賦存量を併記しているが，わが国の一人当たり水資源賦存量は約 3,400 m^3 y^{-1} で，世界（約 7,600 m^3 y^{-1}）の半分程度である．この指標についても，一人当たり年降水総量と同様，中国・インドは小さく，オーストラリアはかなり大きいことがわかる．

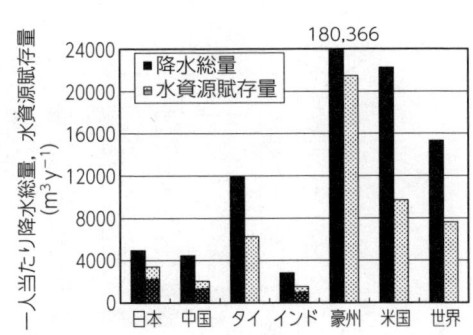

図 1.4 各国の一人当たり降水総量および水資源賦存量（平成 26 年度版日本の水資源（2014）の数値に基づいて作成）

b. わが国の水利用

図1.5は，わが国における1975〜2011年の水使用量の推移を示している．この水使用量は取水量ベースの値（河川水や地下水などからの取水量を積算したもの）で，上流で取水した水量のうち下流に還元され再び取水された水量も含んでいる．なお，この図を含め本項での数値は国土交通省（2014）による．

図1.5によると水使用量の合計は，1990年まで緩やかに増加，1990年代は横ばいであったが，1990年代後半から緩やかな減少に転じ，2011年の水使用量は809億$m^3 y^{-1}$となっている．わが国の水資源賦存量は約4,100億$m^3 y^{-1}$（1981〜2010年の平均：国土交通省，2014）であるから，水資源賦存量の約2割が使用されていることになる．また2011年の水使用量に対する取水源は，河川水が717億$m^3 y^{-1}$（89％），地下水が92億$m^3 y^{-1}$（11％）であり，河川水が大半を占めている．

図1.5では用途別使用量の推移も示している．水利用の用途は，農業用水と都市用水に大別され，さらに都市用水は工業用水と生活用水に分けられる．

2011年の農業用水は544億$m^3 y^{-1}$で，全国の水使用量809億$m^3 y^{-1}$の67％を占めている．農業用水は，水田灌漑用水，畑地灌漑用水，畜産用水からなるが，全使用量のうち水田灌漑用水が94％，畑地灌漑用水が5％，畜産用水が1％で，水田灌漑用水が圧倒的に多い．農業用水は，1990年代までは微増ないし横ばいであったが，2000年頃からはゆるやかに減少している．

工業用水は，ボイラー用水，原料用水，洗浄用水，冷却用水などからなる．工業用水の使用量は近年継続して減少しているが，これは使用した水の再利用が進んできたためである．図1.5に示された工業用水（河川や地下水から新たに取水された淡水補給量）は，2011年において113億$m^3 y^{-1}$であるが，同年の工業用水の総使用量は465億$m^3 y^{-1}$であり，総使用量の8割弱が回収利用された水（回収水）ということになる．

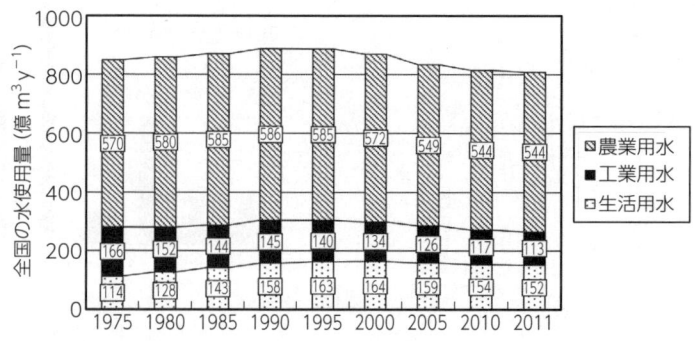

図1.5 わが国の水使用量（平成26年度版日本の水資源（2014）の数値に基づいて作成）

生活用水は，家庭用水（飲料水，洗濯，風呂など）と都市活動用水（飲食店や事務所などでの営業用水，公共用水，消火用水）からなり，人口増加とライフスタイルの変化に伴う一人当たり水使用量の増加により，2000年頃まで一貫して増加を続けてきたが，それ以降は緩やかな減少傾向にある．

農業用水が農地面積に比例して減らないのはなぜか

わが国の農地面積は557万ha（1975年）から459万ha（2011年）に一貫して減少しており，水田面積については317万ha（1975年）から247万ha（2011年）に減少している．農業用水の9割以上は水田灌漑用水であるから，水田面積の減少に伴って農業用水も約2割減少するはずであるが，実際には570億$m^3 y^{-1}$（1975年）が544億$m^3 y^{-1}$（2011年）となり，約5％しか減っていない．

農業用水が農地面積に比例して減少しないのは，農地面積の減少が用水量を減少させる一方で，用水量を増加させる要因と維持すべき要因が存在するからである．増加要因の1つは，末端圃場での用水量（消費水量）の増加で，圃場整備に伴う水田の汎用化（地下水位が調整でき，水田・畑のいずれにも利用可能な耕地とすること）が単位面積当たり用水量を増加させることである．もう1つの増加要因は，地区全体での用水量増加で，圃場整備に伴う用水路と排水路の分離（用排水分離）が農業用水の反復利用率を低下させることである．また，ある地域の全農地がまとまって作付けをやめるケースは少なく，残存する農地にはこれまで通り配水する必要があるが，末端水田で取水できるようにするためには用水路水位の維持を要する．これが地区全体の用水量をただちに減らせない，維持すべき要因となっている．

このように，農業用水は単純には減少しない側面をもつが，パイプライン化や開水路の断面縮小による取水位確保などの施設整備を進めれば，水位維持に要する水量を削減することができる．

c. 世界各国の水利用

図1.6は，わが国，主要国，世界全体の一人当たり年間水使用量を用途別に示したものである．ここから，アメリカ（米国）以外では各用途のうち農業用水が最も多いこと，とくに稲作の盛んなタイでは一人当たり農業用水使用量が非常に多いこと，アメリカのそれはわが国の1.6倍程度と多いが，一人当たり工業用水の使用量がそれ以上に多いこと，日本の一人当たり水使用量は世界全体に概ね近いことがわかる．

図1.7は，図1.6を全水使用量に占める各用水の割合に直したものである．ここから，アメリカ以外では農業用水の占める割合が最も大きく，とくにタイでは農業用水の占める割合が9割を超えていることがわかる．世界全体では，全水使用量の約7割

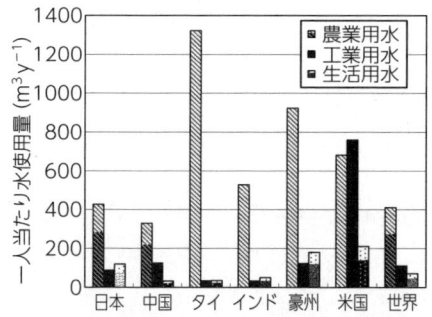

図 1.6 各国の用途別一人当たり水使用量（平成 26 年度版日本の水資源（2014）および Aquastat データ（水の世界地図（2010）掲載）の数値に基づいて作成）

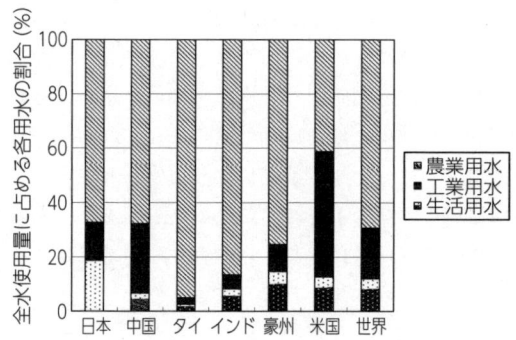

図 1.7 各国の全使用水量に占める各用水の割合（平成 26 年度版日本の水資源（2014）および Aquastat データ（水の世界地図（2010）掲載）の数値に基づいて作成）

が農業用水，約 2 割が工業用水，約 1 割が生活用水となっている．アメリカでは，農業用水 4 割，工業用水 5 割弱，生活用水 1 割強で，欧州各国もその割合に近いが，わが国は有数の工業国でありながら農業用水が 7 割弱を占め，工業用水の占める割合がそれほど高くない点が特徴的である．

1.4 地域環境水文学とは

水文学（hydrology）は，地球上の水循環に関する学問である．ここでは，水文学の定義を示した後，「地域環境水文学」の位置づけについて述べる．

a. 水文学とは

ユネスコは1964年，国際水文学10年計画に関連して，水文学を次のように定義している．「水文学は，地球の水を扱い，地球上の水の生起，循環，分布，その物理的，化学的性質，人間活動に対する応答を含め，水と物理的，生物的環境との相互関係を扱う科学である．水文学は，地球上の水循環の全過程を包括する分野である．」

また Handbook of Hydrology（Maidment, 1993）の冒頭では，水文学は次のように定義されている．「水文学は，水の循環と，水循環の構成要素に関する学問である．これは，降水，蒸発，浸入，地下水流，流出，河道流，流水中の溶解物質と懸濁物質の輸送を取り扱う．水文学は，主に陸地の表面上と表面近くの水を扱い，海洋の水は，海洋学ないし海洋科学の領域である．」

すなわち，水文学は地球上の水循環を中心概念とし，とくに陸域の水における降水，蒸発，浸入，流出，物質輸送などの水循環の全過程を取り扱う科学であり，狭義には水循環を自然科学的に考究する学問分野を指す．河川の治水・利水・環境に関わる計画策定，水資源の開発と利用，水環境の保全と管理などの人間活動は水循環と密接な関係をもっており，水文学は人間活動と水との相互関係に関わる自然科学的，社会科学的な研究を含めた応用科学の面も有している．

b. 地域環境水文学の位置づけ

水文学を対象スケールで分けると，地球水文学（global hydrology, 以下 hydrology を省略），大陸水文学（continental），地域水文学（regional），流域水文学（basin），斜面水文学（hillslope）などに分類される．基礎と応用の観点で分けると，水循環に関する自然科学的な研究を主体とした基礎水文学（basic）と，人間活動と水との相互関係を含む応用水文学（applied）に分類され，後者はさらに工学的水文学（engineering），森林水文学（forest），農業水文学（agricultural），都市水文学（urban）などに分類される．

先に述べた水文学の定義と水文学の一般的な分類をふまえるならば，本書のタイトルである『地域環境水文学』は，流域を包含し，土地利用の枠を超えて森林，農地，農村集落，中小都市から構成される「地域」の水循環を対象とし，水循環に関する知識に基づいて，地域における防災，水資源の利用，水環境の保全など，水に関わる人間活動に資する応用科学と位置づけられる．

本章では地球上の水循環，水収支，水資源と水利用について述べた．第2～5章においては，降水，蒸発散，地表水，土壌水と地下水について述べ，水循環の全過程を網羅する．第6, 7章においては，応用水文学の重要課題である流出解析と水文統計解析について述べる．さらに巻末付録では，防災や環境に関わる応用的課題として，

基本高水，浸透流解析，水循環と物質循環，大雨の規模・頻度の長期的変化について
も述べる． [田中丸治哉]

演 習 問 題

問 1.1 ［海水の平均滞留時間］
　海洋の水（海水）の体積は $1,338,000,000\ \mathrm{km}^3$（地球上の全水量の 96.5％）である．図 1.2 に基づいて海水の平均滞留時間を求めなさい．

問 1.2 ［流域の水収支］
　流域の水収支式において，水収支期間の始点を河川流量の変動が少ない渇水期に取り，水収支期間を 1 年（12ヶ月）の倍数，すなわち水年の倍数として，水収支期間を数年以上の長期間とすれば，流域内の貯留量変化 ΔS を無視することができる．その理由を考察しなさい．

問 1.3 ［降水総量］
　わが国の平均年降水量を $1,690\ \mathrm{mm\ y^{-1}}$ として，わが国の降水総量（億 $\mathrm{m}^3\ \mathrm{y}^{-1}$），一人当たり降水総量（$\mathrm{m}^3\ \mathrm{y}^{-1}$）を求めなさい．

問 1.4 ［水資源賦存量］
　わが国の平均年降水量を $1,690\ \mathrm{mm\ y^{-1}}$，平均年蒸発散量を $600\ \mathrm{mm\ y^{-1}}$ として，水資源賦存量（億 $\mathrm{m}^3\ \mathrm{y}^{-1}$），一人当たり水資源賦存量（$\mathrm{m}^3\ \mathrm{y}^{-1}$）を求めなさい．

文　　献

国土交通省：平成 26 年度版日本の水資源 (2014)
Black, M. and King, J. 著，沖 大幹監訳，沖 明訳：水の世界地図第 2 版
　(The Atlas of Water, Second Edition)，丸善出版 (2010)
Maidment, D. R. (ed.)：Handbook of Hydrology, McGraw-Hill (1993)
National Committee for the IHD (USSR)：World Water Balance and Water Resources of the Earth, UNESCO (1978)
Shiklomanov, I. A. (ed.)：Assessment of Water Resources and Water Availability in the World, World Meteorological Organization (1997)
Shiklomanov, I. A. and Rodda, J. C. (eds.)：World Water Resources at the Beginning of the Twenty-first Century, Cambridge University Press (2003)

第2章
降 水

降水(precipitation)は,大気中の水蒸気が凝結あるいは昇華によって水滴(cloud droplet)や氷晶(ice crystal)に相変化して,雲あるいは地表付近の大気から降下する現象である.降水には,雨(rain),霧雨(drizzle),霙(sleet),雪(snow),雹(hail),霰(ice pellet),霧(fog),靄(mist),露(dew),霜(frost)などがある.

2.1 降 水 過 程

a. 大気中の水蒸気

空気が含みうる水蒸気量には限界があり,限界まで水蒸気を含んだ空気の水蒸気圧(vapor pressure)を飽和水蒸気圧(saturated vapor pressure)と呼ぶ.飽和水蒸気圧は温度に依存し,常温付近の推定式としてマレー式(Murray, 1967)がよく使用される.

$$\text{マレー式：} \quad e_{sat}(T_a) = a \cdot \exp\{bT_a/(T_a+c)\} \tag{2.1}$$

ここで,e_{sat} は飽和水蒸気圧(hPa),T_a は気温(℃),a, b, c は定数($a=6.1078$,水面上 $b=17.2693882$,$c=237.3$,氷上 $b=21.8745584$,$c=265.5$)である.

飽和水蒸気圧に対する水蒸気圧を百分率で表したのが相対湿度(relative humidity)であり,湿度の気象指標として広く利用されている.

$$\text{RH} = \frac{e_a}{e_{sat}(T_a)} \times 100 \tag{2.2}$$

ここで,RH は相対湿度(%),e_a は水蒸気圧(hPa)である.

空気が飽和に達する気温は露点温度(dew point temperature)と呼ばれている.

$$T_{dew} = \frac{c \cdot \ln(e_a/a)}{b - \ln(e_a/a)} \tag{2.3}$$

ここで,T_{dew} は露点温度(℃),a, b, c はマレー式における定数と同じである.

飽和水蒸気圧と水蒸気圧の差は飽差(vapor pressure deficit)と呼ばれ,空気の乾燥状態の指標として植物生理学分野などでよく利用されている.

$$D = e_{sat}(T_a) - e_a \tag{2.4}$$

ここで,D は飽差(hPa)である.

空気は乾燥空気と水蒸気からなり，湿潤空気とも呼ばれている．湿潤空気1 m³中の水蒸気質量は水蒸気密度であり絶対湿度（absolute humidity）とも呼ばれ，湿潤空気1 kgに含まれる水蒸気質量は比湿（specific humidity），乾燥空気1 kgに対する水蒸気質量の比は混合比（mixing ratio）と呼ばれている．

$$\rho_v = 0.2167 \left(\frac{e_a}{T_a + 273.15} \right) \tag{2.5a}$$

$$\rho_d = \frac{1.293 p/p_0}{1 + T_a/273.15} \tag{2.5b}$$

$$\rho_a = \rho_d + \rho_v = \rho_d \left(1 - \frac{0.378 e_a}{p} \right) \tag{2.5c}$$

$$q = \frac{\rho_v}{\rho_a} = \frac{\varepsilon e_a}{p - (1-\varepsilon)e_a} = \frac{0.622 e_a}{p - 0.378 e_a} \tag{2.5d}$$

$$x = \frac{\rho_v}{\rho_d} = \frac{\varepsilon e_a}{p - e_a} = \frac{0.622 e_a}{p - e_a} \tag{2.5e}$$

ここで，ρ_v は水蒸気の密度（kg m⁻³），ρ_d は乾燥空気の密度（kg m⁻³），ρ_a は空気（湿潤空気）の密度（kg m⁻³），p は気圧（hPa），p_0 は標準気圧（=1,013.25 hPa），q は比湿（kg kg⁻¹），x は混合比（kg kg⁻¹），ε は水蒸気と乾燥空気の分子量の比（=0.622）である．

地表から大気上層までの単位面積上の空気柱に含まれる水蒸気が凝結してすべて地上に降下すると仮定した水量は可降水量（precipitable water）と呼ばれている．

$$R_p = \frac{1}{\rho_w} \int_0^\infty \rho_v q dz = \frac{100}{\rho_w g} \int_0^{p_s} q dp \tag{2.6}$$

ここで，R_p は可降水量（mm），ρ_w は水の密度（kg m⁻³），z は高度（m），g は重力加速度（m s⁻²），p_s は地上の大気圧（hPa）である．

例題2.1　大気中の水蒸気量の比較

気温10.0℃および30.0℃において相対湿度70%のとき，飽和水蒸気圧，水蒸気圧，露点温度，飽差，比湿，混合比を求めなさい．なお，気圧は1,013 hPaとする．

[解答]　(2.1)～(2.5)式を用いて順次計算していくと，以下の値を得る．
T_a= 10.0℃：e_{sat}= 12.3 hPa, e_a= 8.6 hPa, T_{dew}= 4.8℃, D=3.7 hPa, q=0.0053 kg kg⁻¹, x=0.0053 kg kg⁻¹
T_a= 30.0℃：e_{sat}= 42.4 hPa, e_a= 29.7 hPa, T_{dew}= 23.9℃, D=12.7 hPa, q=0.0184 kg kg⁻¹, x=0.0188 kg kg⁻¹

飽和水蒸気圧が気温に対して指数関数的に増加するため，同じ相対湿度でも気温が変化すると大気中に含まれる水蒸気量は大きく変化する．

b. 雲と降水の発生

雲は一般に空気の上昇によって発生する．空気塊が上昇すると，空気塊は膨張して冷却され，空気塊中の水蒸気はやがて飽和する．空気塊がさらに上昇して気温が下がると水蒸気は過飽和となり，大気中に浮遊しているガス状物質やエアロゾルを凝結核あるいは氷晶核として取り込み，水滴あるいは氷晶になって雲を形成する．

雲は形によって層状雲，対流雲に分類され，高度によって上層雲（高度5～13 km），中層雲（高度2～7 km），下層雲（高度2 km以下）に分類される．層状雲は比較的安定な大気中に発生する層状の雲で，対流雲は大気が不安定になったときに生じる塊状の雲で，積雲・積乱雲がある．気流が山地斜面を上昇することによって形成される雲は地形性雲と呼ばれる．

雲が降水をもたらす場合，水滴・氷晶はまず凝結・昇華によって，さらに雲粒捕捉や衝突併合によって成長し，最終的に雨滴や雪片となって地上に降下する．

c. 降水の型

降水は成因によって，前線性降水，低気圧性降水，台風性降水，対流性降水，地形性降水に分類できる．

1) 前線性降水

前線性降水（frontal precipitation）は，暖気団と寒気団が接触する前線付近の気流の上昇によって起こる降水で，降水は帯状に分布する．前線は，寒冷前線，温暖前線，停滞前線，閉塞前線に分類される．寒冷前線（寒気団が暖気団に潜り込んだ接触面）では，狭い範囲で短時間に強い雨が降る．温暖前線（暖気団が寒気団に乗り上げた接触面）では，広い範囲で長時間連続して弱い雨が降るが，暖かく湿った空気が流れ込んでくると積乱雲が発達して大雨になることがある．停滞前線（暖気団と寒気団の勢力がほぼ等しく停滞した接触面）では，広範囲にわたり長時間連続した雨が降る．閉塞前線（寒冷前線が温暖前線に追いついた接触面）では，寒冷型の場合には短時間に強い雨（驟雨），温暖型の場合には比較的長時間連続した雨（時雨）が降りやすい．

2) 低気圧性降水

低気圧性降水（cyclonic precipitation）は，低気圧によってもたらされる降水である．低気圧の下層では周囲から空気が集まって上昇気流が生じ，水蒸気が凝結して降水となる．降水域は低気圧の中心付近に円形にできる．前線を伴う低気圧の場合は，前線性降水となる．低気圧性降水は，弱い雨が比較的長時間降ることが多い．

3) 台風性降水

台風性降水（typhoon precipitation）は，台風に伴う雨で，強い雨が広範囲に長時

間にわたって降る．降水域は，台風の中心付近から螺旋状に伸びる太い帯域に分布する．台風の中心部（目）は降水がないか少ないが，その周りを囲む垂直に発達した積乱雲の壁のような帯域は暴風雨域となる．その外側の積乱雲域では激しい雨が連続的に降り，さらに外側200～600 kmのところには帯状の降水域があり，断続的に激しい雨が降る．

4）対流性降水

対流性降水（convective precipitation）は，地表の空気が暖められて大気が不安定な状態となり，上昇気流によって積乱雲が発生することでもたらされる短時間の強い降水である．降水域は，広域的に大気が不安定になった場合は円形のものが散在し，上昇気流が収束する場合は帯状に分布する．

5）地形性降水

地形性降水（orographic precipitation）は，地形性の上昇気流によって湿潤な大気が山地を這い上がり，空気が冷却されて生じる降水である．降水域は，風上側の山地斜面に平行に分布する．海岸に近い山地では強い雨，内陸の山地では弱い雨になりやすい．

2.2 降水の分布

a．降水の分布

日本の年平均降水量は1,690 mmであるが，緯度が低くなるほど降水量は増加する傾向にあり，年間降水量は約700から4,500 mmまで幅広い．さらに，日本列島の中央を急峻な山岳が縦断し，アジア大陸東岸との間に日本海を挟み，モンスーンの影響を強く受けることなどから，降水の地域性や季節性の違いは大きい．

年降水量で日本を区分すると，多降水地域は九州・四国・紀伊半島・東海地方の南岸沿いと北陸・東北地方の日本海側に，少降水地域は北海道・東北地方の太平洋側・関東平野・山梨および長野・瀬戸内海沿岸に位置している．月別降水量は太平洋沿岸型と日本海沿岸型に大別され，太平洋沿岸では春・夏季の梅雨および夏・秋季の台風による降水が多く，日本海沿岸では冬季の降雪による降水が多い．

b．標高と降水の関係

局地的にみると，降水量は標高の高いところほど多い傾向がある（標高効果）．時間単位の降水の場合には標高効果は現れにくいが，日単位の降水の場合に標高効果がみられ，月単位の降水の場合には明瞭な標高効果がみられる（鈴木他, 2001）．

日本全国の1990～1999年の10年間の気象庁の地域気象観測システム（アメダス）降水量データを土地利用および標高別に整理した調査によれば（澤野他, 2005），年

平均降水量は全国平均の 1,819.2 mm y^{-1} に対し，森林域では 1,900.7 mm y^{-1}，農地域では 1,565.7 mm y^{-1}，都市域では 1,575.0 mm y^{-1} である．森林域では年降水量は標高とともに増加する傾向があるが，農地域および都市域の年降水量は同じ標高の森林域の年降水量よりも少なく，標高によらずほぼ一定もしくは減少する傾向がある（図 2.1）．

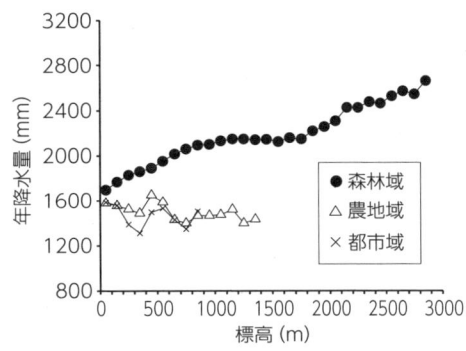

図 2.1　日本の地目別の標高と年降水量の関係（澤野他，2005）

2.3　降　水　量　観　測

降水量は，降水が流れ去らずに地表面上を覆ったと仮定した水深であり，雪などの固形降水の場合はそれを溶かした場合の水深である（気象庁，1998）．降水量は瞬間値ではなく，観測時刻前の一定時間（1時間，1日など）の総量であり，一般に mm 単位で表す．降水強度は，一般にその降水が 1 時間続いたとした値（mm h^{-1}）で表す．

a. 直接的な降水量観測

降水量の直接的な地上観測には，通常直径 20 cm の受水器をもつ雨量計（rain gauge）が用いられる．雨量計には，貯水型雨量計と自記雨量計がある（図 2.2）．

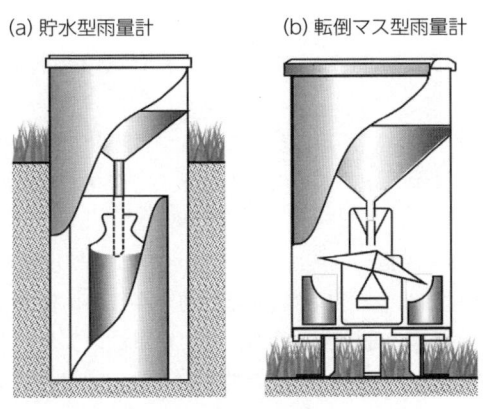

図 2.2　地上雨量計

貯水型雨量計は，受水器・漏斗・貯水器（瓶）で構成され，降水を受水器で受け，漏斗を通して貯水器にためる装置である．降水量は，貯水器にたまった降水を受水口の断面積で除し，水深換算して求める．観測は毎日定時に行う．雪などの固形降水がたまっている場合は，ぬるま湯などで溶かして計測する．

自記雨量計として一般に使用されているのは転倒マス型雨量計である．転倒マス型雨量計は，受水器・漏斗・転倒マスで構成されている．転倒マスは2つに仕切られ，常にどちらかが漏斗の直下に位置している．降水は受水器から漏斗を通して上側転倒マスに導かれ，一定量（一般に降水量0.5mm相当）の降水が入ると転倒マスが転倒し，今まで下側に位置していた転倒マスが上側に位置し，漏斗から新たに導かれる降水を受ける．雪などの固形降水の観測を行う場合は，ヒーターなどで固形降水を溶かして計測する．降水量は，転倒時刻あるいは一定時間内の転倒回数を記録することによって観測する．

降水は風の影響がない水平な地上で観測するのが理想である．近くに建物や林がある場合，風の乱れの影響を防ぐため，雨量計は建物や林の高さの2～4倍以上離れた位置に設置する．雨量計は風の影響を受けないようにできるだけ低く設置する．貯水型雨量計は本体を土中に埋め，転倒マス型雨量計は地表面付近に固定する．

現在，日本では気象庁が約1,300か所（約17km間隔），国土交通省が約3,200点，都道府県が約5,400点で自記雨量計を用いた地上降水観測を実施している．

b. 間接的な降水量観測

気象レーダー（weather radar）はパラボラアンテナなどからマイクロ波と呼ばれる電波を大気に発射し，雨滴や雲によって散乱・反射されて戻ってきた電波を観測することによって雨雲の位置や降水の強度・分布・動き・量などを把握する測器である．気象レーダーでは，波長約10cmのSバンド（3GHz帯），波長約5cmのCバンド（4～8GHz帯），波長約3cmのXバンド（8～12GHz帯）の電波が利用されている（図2.3）．

Sバンドは降水減衰が小さいため定量的な観測や広範囲の観測には有利であるが，巨大なアンテナが必要でコストも高いことなどから，現在では国内2か所の観測に限定されている．

Cバンドレーダーは，受信信号の強さから降水の強度と分布を測るレーダーである．同じ降水強度の雨では，大きい雨粒が多い方が小さい雨粒が多い場合より受信信号が強くなるため，降水量を推定する場合，地上雨量計観測値による補正が必要である．Cバンドレーダーでは，レーダー反射因子Zと地上雨量計による降水強度Iの関係を次式で表し，同定されたパラメータ$α$, $β$を用いて降水量を推定する．

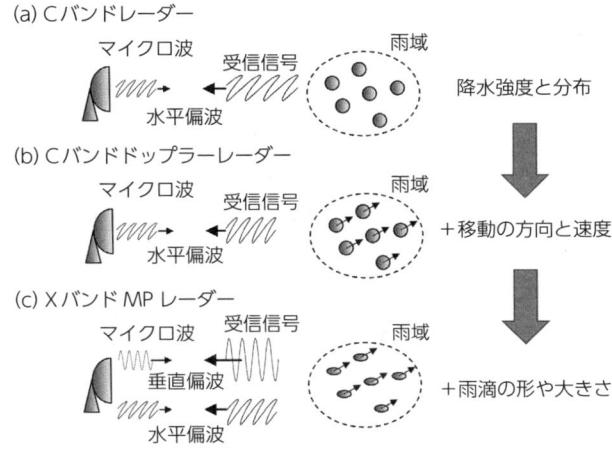

図 2.3 気象レーダーの概要

$$Z = \alpha \cdot I^\beta \tag{2.7}$$

α, β の概略値は，層状性降水では $\alpha=200$, $\beta=1.6$, 対流性降水では $\alpha=300$, $\beta=1.4$ である．

例題 2.2　レーダー雨量

レーダー反射因子 Z は単位体積中に含まれる降水粒子の直径 D（mm）の 6 乗の総和であり，$mm^6 m^{-3}$ 単位で表される．

$$Z = \int_0^\infty N(D) D^6 dD$$

ここで，$N(D)$ は単位体積中に含まれる直径 $D \sim D+dD$ の降水粒子の個数（個/m^3）である．Z の変化幅が極めて大きいため，レーダー反射因子はその常用対数の 10 倍の値である dBZ で表されることが多い．

$$dB Z = 10 \times \log_{10} Z$$

dB$Z=45$ のとき，代表的な層状性降水および対流性降水の降水強度を求めなさい．

[解答]

$$Z = 10^{dB Z/10} = 10^{45/10} = 10^{4.5} = 31{,}623 \ mm^6 \ m^{-3}$$

この値と，各降水の代表的なパラメータ α および β を（2.7）式に代入すれば，降水強度が得られる．

層状性降水：$I = \left(\dfrac{Z}{\alpha}\right)^{1/\beta} = \left(\dfrac{31{,}623}{200}\right)^{1/1.6} = 23.7 \ mm \ h^{-1}$

対流性降水：$I = \left(\dfrac{Z}{\alpha}\right)^{1/\beta} = \left(\dfrac{31{,}623}{300}\right)^{1/1.4} = 27.9 \ mm \ h^{-1}$

2015年現在Cバンドレーダーは，気象庁が合計20基，国土交通省が合計26基を配備し，5分間隔で観測し，半径120 km 範囲の1 km メッシュ降水量を5分ごとに配信している．なお，気象庁は受信周波数の変化から降水の動き（風向・風速）を観測できるCバンドドップラーレーダーを導入している．

Xバンドレーダーは波長が短いため観測範囲が狭いが，高分解能の観測が可能である．国土交通省は直交する2種類のXバンド偏波（水平・垂直）を送信するXバンドマルチパラメータ（MP）レーダー網を構築している．XバンドMPレーダーは，偏波により雨粒の形状を把握することが可能で，雨滴の扁平度から地上雨量計による補正なしで降水量をほぼリアルタイムで推定可能である．2015年現在，XバンドMPレーダーは全国に合計39基配備されており，1分間隔で観測され，半径60 km 範囲の 250 m メッシュ降水量が1分ごとにWeb配信されている．

2.4　降水量統計値の種別

降水量は，少なすぎれば渇水，多すぎれば洪水などの災害が発生する．したがって，対象とする事象によって取り扱う降水量の種類，項目，期間は異なる．

降水量の合計値の対象期間は，時間，日，半旬，旬，月，3ヶ月，年などである．降水量の極値は，10分間，1時間，24時間，日などの最大値が対象とされ，半旬，旬，月，3ヶ月，年などで整理されている．降水量の極値・順位値の対象期間は統計開始から現在に至る期間で，多い方からの項目としては日降水量，日最大10分間降水量，日最大1時間降水量，月最大24時間降水量，月降水量，3ヶ月降水量，年降水量，少ない方からの項目としては月降水量，3ヶ月降水量，年降水量などがある．

降水の度数は，半旬・旬・月・3ヶ月・年などの期間における所定の日降水量以上の日数，降水の継続期間は，暖候期および寒候期における所定の日降水量の条件に合った最大継続期間である．

2.5　降水量の空間分布

地上雨量計によって観測される降水量は観測地点における降水量であり，地点降水量（point precipitation）と呼ばれる．一方，対象地域全体の降水量は面積降水量（areal precipitation）と呼ばれる．面積降水量は直接測定できないため，地点降水量を平均するか，地点降水量データと気象レーダーデータを組み合わせて算定される．流域を対象とした面積降水量は，流域平均降水量と呼ばれる．以下，流域平均降水量の算定法を例にして面積降水量の算定方法について解説する．

a. 地上降水量を用いた流域平均降水量の算定
1) 算術平均法

算術平均法（arithmetic average method）は，流域内およびその周辺の地点降水量（図2.4 (a)）を単純に算術平均する方法である．この方法を適用するには，流域内およびその周辺に多数の降水量観測点がほぼ均一に配置されている必要がある．

$$R_A = \frac{R_1 + R_2 + \cdots + R_n}{n} = \frac{\sum R_i}{n} \tag{2.8}$$

ここで，R_A は流域平均降水量（mm），R_i は観測点 i の降水量（mm），n は観測点数である．

2) ティーセン法

ティーセン法（Thiessen polygons method）は，地点降水量が代表となりうる領域を幾何学的に作成し，その領域の面積によって降水量を加重平均する方法である．隣接する降水量観測点を結んで三角形網をつくり（図2.4 (b)），各辺の垂直二等分線を引くと，降水量観測点を1つ含む多角形ができる．流域界を含む場合，この流域界を多角形の境界とする（図2.4 (c)）．このようにしてできた多角形が地点降水量を代表する領域であると仮定し，面積によって地点降水量を加重平均する．ティーセン法は作図に個人差が少なく簡単であることから，古くから広く利用されてきた．ただし，単純な幾何学的概念に基づくものであるため，地形などによる降水量分布の不均

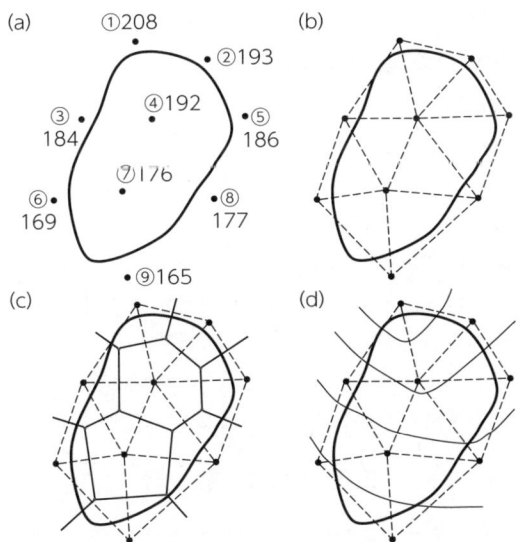

図2.4 地上雨量計観測値を用いた面積雨量の求め方
(a)流域と地点降水量 (mm), (b)地上雨量計の三角網, (c)ティーセン法, (d)等降水量線法.

一性を考慮する上では限界がある．

$$R_A = \frac{A_1 R_1 + A_2 R_2 + \cdots + A_n R_n}{A_1 + A_2 + \cdots + A_n} = \frac{\sum A_i R_i}{\sum A_i} = \frac{\sum A_i R_i}{A_A} \qquad (2.9)$$

ここで，A_A は流域面積，A_i は降水量観測点 i を囲む多角形の面積である．

3) 等降水量線法

等降水量線法（isohyetal method）は，地点降水量に基づいて等降水量線図を描き，隣り合う等降水量線に挟まれた面積によって降水量を加重平均する方法である（図2.4 (d)）．

$$R_A = \frac{A_1 \overline{R}_1 + A_2 \overline{R}_2 + \cdots + A_n \overline{R}_n}{A_1 + A_2 + \cdots + A_n} = \frac{\sum A_i \overline{R}_i}{\sum A_i} = \frac{\sum A_i \overline{R}_i}{A_A} \qquad (2.10)$$

ここで，A_i は等降水量線間の面積，$\overline{R}_i$ は等降水量線間の平均降水量（mm）である．

等降水量線を描くためには経験が必要であり，また観測点が多数配置されている必要がある．

4) 高度法（標高分割法）

高度法（hypsometric method）は，流域を標高に基づいていくつかの地帯に分割し，その高度別地帯面積によって降水量を加重平均する方法である．降水量には，高度別地帯に含まれる地点降水量，あるいは標高を説明変数とした地点降水量推定式による平均標高の地点降水量推定値が使用される．高度法は，多雪山地流域や雨量観測点が少ない標高の高い流域などの面積降水量の算定に有効である．

b. 解析雨量を用いた流域平均降水量の算定

地上雨量計は地点降水量を観測するものであるため，流域に多数の観測点を配置しても流域の降水量分布や流域平均降水量を精度よく評価することは難しい．一方，気象レーダーは広範囲に及ぶ降水の強度・分布と動きを測ることができるが，まだ定性的な評価に留まっている．そこで両者の長所を生かし，国土交通省と気象庁の気象レーダーによる空間的な降水量観測結果を，アメダスなどの地上雨量観測値で補正した解析雨量（radar-rain gauge analyzed precipitation）が利用されるようになった．解析雨量は降水量分布を1kmメッシュの分解能で解析したもので，30分ごとに作成されている．解析雨量を利用すると，流域内の降水量分布や流域平均降水量を把握できるのみならず，地上雨量計から外れた局所的な強雨も把握することが可能である．

2.6 DAD 解析

面積降水量は面積や降水継続時間によって変化するため，観測記録から降水量（depth），面積（area），継続時間（duration）の相互関係が解析される．この解析を

総称して DAD 解析（depth-area-duration analysis：DAD analysis）という．DAD 解析は主として洪水解析に用いられるので，最大降水量を対象とすることが多い．

a. 降水量と降水継続時間の関係

降水継続時間が長いほど降水量は多くなるが，降水強度は小さくなる．降水量と降水継続時間の解析は DD 解析（depth-duration analysis），降水強度と降水継続時間の解析は ID 解析（intensity-duration analysis）と呼ばれ，再現年（return period）に関するこれらの解析は，それぞれ DDF 解析（depth-duration-frequency analysis），IDF 解析（intensity-duration-frequency analysis）と呼ばれている．

例題 2.3　降水継続時間と降水量および降水強度との関係

表 2.1（a）に示す降水量データを用いて，降水継続時間 1, 2, 3, 6, 12, 24 時間の積算降水量最大値（mm）と降水強度（mm h^{-1}）を計算しなさい．

表 2.1　降水継続時間と降水量および降水強度との関係
(a) ある日の時間降水量

時刻	時間降水量 (mm)	時刻	時間降水量 (mm)
0:00～1:00	—	12:00～13:00	13.0
1:00～2:00	0.5	13:00～14:00	8.5
2:00～3:00	—	14:00～15:00	16.5
3:00～4:00	0.5	15:00～16:00	7.5
4:00～5:00	1.0	16:00～17:00	1.5
5:00～6:00	1.5	17:00～18:00	2.0
6:00～7:00	—	18:00～19:00	1.5
7:00～8:00	0.5	19:00～20:00	1.0
8:00～9:00	9.0	20:00～21:00	—
9:00～10:00	6.0	21:00～22:00	1.5
10:00～11:00	7.0	22:00～23:00	1.0
11:00～12:00	34.0	23:00～24:00	1.5

(b) 降水継続時間と降水強度

降水継続時間 (h)	時間帯	降水量 (mm)	降水強度 (mm h^{-1})
1	11:00～12:00	34.0	34.0
2	11:00～13:00	47.0	23.5
3	11:00～14:00	55.5	18.5
6	10:00～16:00	86.5	14.4
12	8:00～20:00	107.5	9.0
24	0:00～24:00	115.5	4.8

[解答] 降水継続1時間の最大積算降水量を探すと，11：00〜12：00の34.0 mmが最大であり，これを1時間で割った値が降水強度34.0 mm h^{-1}である．次に降水継続2時間の最大積算降水量値を探すと，11：00〜13：00の47.0 mmが最大であり，これを2時間で割った値が降水強度23.5 mm h^{-1}である．以降，同様の手順で最大積算降水量および降水強度を求めると，表2.1（b）が得られる．表に示されるように，降水強度は降水継続時間が長くなるほど小さくなる．

降水強度と降水継続時間の関係を表す式は数多く提案されている．

タルボット（Talbot）式： $I=\dfrac{a}{t+b}$ (2.11a)

シャーマン（Sherman）式： $I=\dfrac{a}{t^c}$ (2.11b)

久野-石黒式： $I=\dfrac{a}{\sqrt{t}+b}$ (2.11c)

3定数型降水強度（クリーブランド）式： $I=\dfrac{a}{t^c+b}$ (2.11d)

ここで，Iは降水強度（mm h^{-1}），tは降水継続時間（min），a, b, cは地域や対象とする降水によって異なる経験定数である．降水強度Iは降水継続時間内の降水が1時間続くと仮定した場合の降水量である．例えば10分間降水量観測値が10 mmであった場合，その10分間の降水強度は60 mm h^{-1}である．1時間降水量観測値が60 mmであった場合，その1時間の平均降水強度も60 mm h^{-1}である．

降水量観測データが十分に蓄積されていなかった時代には，日降水量R_{day}から任

表2.2 福岡県福岡ブロックの降水強度式の事例（福岡県，2015）

降水強度式	$I=\dfrac{a}{t^c+b}$					
降水継続時間	短時間降水強度（1〜180 min）			長時間降水強度（1〜24 h）		
確率規模＼定数	a	b	c	a	b	c
1/200	5,205.4	25.27	0.85	3,501.9	21.59	0.75
1/100	4,755.9	24.78	0.85	3,185.0	21.05	0.75
1/50	1,884.0	8.06	0.70	2,890.9	20.97	0.75
1/10	793.3	2.62	0.60	2,207.3	21.51	0.75
1/5	508.4	1.15	0.55	1,857.7	20.63	0.75
1/3	582.7	2.14	0.60	1,584.3	20.02	0.75

※代表観測所：福岡気象台，資料期間：1909〜2004年，資料数：96

意降水継続時間中の降水強度 I を推定する以下のような式が適用されていた.

物部式： $$I=\frac{R_{day}}{24}\left(\frac{24\times 60}{t}\right)^{2/3} \quad (2.12\text{a})$$

伊藤A式： $$I=\frac{347.1}{t^{1.35}+1,502}\cdot R_{day} \quad (2.12\text{b})$$

しかし近年,降水量観測データの蓄積が進んだことから,各県でブロック別・再現期間別に降水強度式が提供されている(表2.2).

近年災害が激甚化していることから,可能最大降水量PMP(probable maximum precipitation)の重要性が増してきた.可能最大降水量は,最近の気象条件下のある所与の継続時間における理論的に最大の降水量であり,統計的手法や理論的なシミュレーションによって推定されている.世界で記録された既往最大降水量に基づいた可能最大降水量推定式として以下の式(木口・沖,2010)が提案されている.

回帰式： $$R_{PM}=44.58\cdot t^{0.5043} \quad (2.13\text{a})$$

上側包絡線： $$R_{PM}=64.1547\cdot t^{0.5} \quad (2.13\text{b})$$

ここで, R_{PM} は可能最大降水量 (mm) である.

b. 降水量と面積の関係

降水量と面積の解析は,DA解析(depth-area analysis)と呼ばれている.地域内で降水が一様に生じることは少なく,面積が大きいほど面積降水量は小さくなる.

1) 地上降水量を用いる場合

地域内で観測された地点降水量を大きいものから順に $R_1, R_2, R_3, \cdots, R_n$ (mm),その地点降水量が代表するティーセン法などによるブロック面積を $A_1, A_2, A_3, \cdots, A_n$ とすれば,その累積面積 $\sum A_i$ の面積降水量 R_A (mm) は,次式で表される.

$$R_A=\frac{\sum A_i R_i}{\sum A_i} \quad (2.14)$$

地点降水量最大値に対する面積降水量の比率は,面積降水量換算係数 ARF(areal reduction factor)と呼ばれ,以下のような式が提案されている.

Horton (1924)： $$\frac{R_A}{R_{\max}}=\exp(-aA^b) \quad (2.15\text{a})$$

Woolhiser and Schwalen (1960)： $$\frac{R_A}{R_{\max}}=1-\frac{a}{R_{\max}}A^b \quad (2.15\text{b})$$

角屋・永井 (1979)： $$\frac{R_A}{R_{\max}}=\frac{1}{1+aA^b} \quad (2.15\text{c})$$

ここで, $R_{\max}$ は地点降水量最大値, a, b は経験定数である.

2) 気象レーダー観測値を用いる場合

解析雨量を用いたDA解析には，流域全体を覆うグリッドセル上で降水量の空間分布を解析する面積固定法（constant area method）と雨量固定法（fixed rainfall method）がある（宝・端野，2000）．

面積固定法は，対象グリッドセル範囲内で半径一定の円を移動させ，その円の面積に対する最大面積降水量を検出し，円の半径を順次増加させてDA関係を求める方法である．雨量固定法は，x-y平面に流域を覆うグリッド，z軸に降水量をとった三次元グラフを作図し，降水中心のグリッドセルから降水面積を順次拡大させて，その面積に対する最大面積降水量を計算してDA関係を求める方法である．

c. 降水量・面積の関係・継続時間（DAD解析）

DAD解析は，DD関係とDA関係を統合系で表す．DAD式には，1つの関数形で直接表現する形式と，DD式とDA式を結合する形式がある．

$$\text{Fletcher（1950）：} \quad R_{At} = \sqrt{t}\left(a + \frac{b}{\sqrt{A}+c}\right) \tag{2.16a}$$

$$\text{角屋・永井（1979）：} \quad R_{At} = \frac{at}{t^b + ct^d(A-A_0)^e + f} \tag{2.16b}$$

$$\text{桑原（1986）：} \quad R_{At} = a\sqrt{t}\exp(-bt^{-c}A^d) \tag{2.16c}$$

$$\text{宝・端野（2000）：} \quad R_{At} = a \cdot t^{1-b}\exp\{-ct^{-d}(A-A_0)^e\} \tag{2.16d}$$

ここで，R_{At}は降水継続時間tに対する面積雨量，A_0はR_{At}が可能最大地点降水量と等しくなる面積，a, b, c, d, e, fは経験定数である．

2.7 林内雨

降水は，校庭などの裸地土壌面や湖沼などの水面には直接到達する．一方，都市域・農地域・森林域では，降水の一部は都市建造物や植物群落などに遮断されるが，都市建造物による遮断は微小であり，ほぼ無視できる（仲吉他，2007）．本節では，森林域を対象にして，樹冠で遮断された後に林床に到達する林内雨に関してまとめる．

a. 樹冠における降水配分

森林に降った降水（林外雨，gross precipitation）は，一部は直接林床に達するが（直達雨，free throughfall），残りは樹冠に遮断される（図2.5）．遮断された降水は，一部は滴下し（滴下雨，drip），一部は飛散し（飛散雨，splash），一部は葉，枝，幹を伝って流下する（樹幹流，stem flow）．直達雨，滴下雨，飛散雨を分離するのは難

しいため，通常は合わせて樹冠通過雨（throughfall）として扱う．樹冠通過雨量と樹幹流量を合わせた量が，林床に達する林内雨量（net precipitation）である．樹冠に遮断された降水で林床に到達せず蒸発によって大気中に失われる雨水は，遮断蒸発（interception）と呼ばれる．

$$R_G = E_W + R_N = E_W + (R_T + R_S) \tag{2.17}$$

ここで，R_G は林外雨量，E_W は遮断蒸発量，R_N は林内雨量，R_T は樹冠通過雨量，R_S は樹幹流量である．

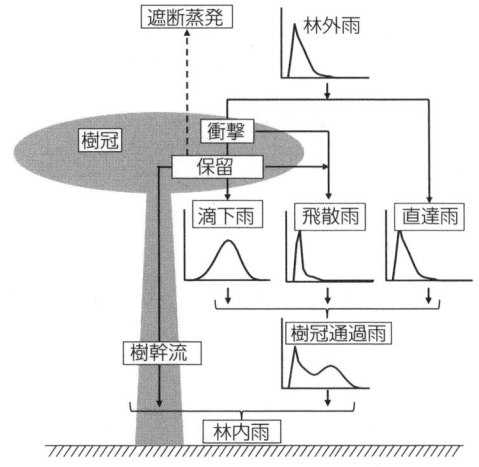

図 2.5 樹冠に到達した降水の配分と雨滴径分布（Nanko et al. (2006) を改変）

b. 林床における降水観測

1) 林外雨量の観測方法

林外雨量の観測方法は，通常の降水量の観測方法と同じである．

2) 樹冠通過雨量の観測方法

樹冠通過雨量は立木密度や樹冠の粗密を代表する林床で観測するため，できる限り降水の受水面積を大きくする必要がある．そのため，林内に雨量計を多数設置するか，樋を複数設置して集水するか，あるいはビニールシートなどで区画全面への降水を集水して観測する方法がとられる（図 2.6）．

3) 樹幹流量の観測方法

樹幹流量は，胸高付近の樹幹に設置した樹幹流集水器で捕捉した樹幹流水を，転倒マス型雨量計や貯水タンクに導水することで観測する（図 2.7）．樹幹流集水器は，厚さ 1〜2 cm のウレタンラバーや直径 1〜2 cm のビニールチューブを幹に巻き，その周囲に高さ 10 cm 程度の厚手のビニールシートを巻き付け，隙間を水漏れ防止シリコン充填剤で埋めて作成する．

林分樹幹流量の測定には，対象林分のすべての樹木の樹幹流量（体積）を測定し，林分面積で割る全木法と，林分から代表木を抽出し，その樹幹流量の平均値を林分樹幹流量とする代表木法がある．

(a) 樋を用いる方法

(b) 雨量計を多数設置する方法

図 2.6 樹冠通過雨量の測定法

図 2.7 樹幹流量の測定法

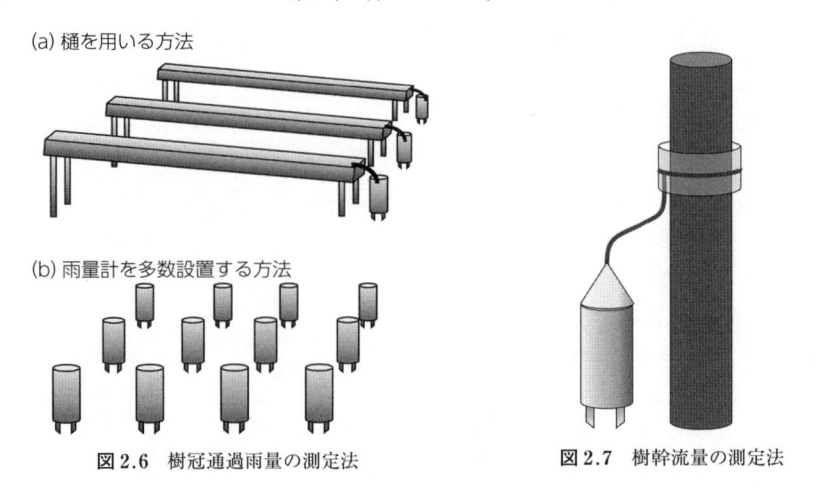

c. 林床に降る雨の特性

日本の森林における数ヶ月〜年間（非積雪条件）の降水配分率観測結果によれば，常緑広葉樹のマテバシイを除けば概ね同様の傾向を示し，樹冠通過雨が降水の大半を占め（50〜87%），樹幹流率は小さい（1〜27%）．樹冠通過雨と樹幹流は相殺するような形で配分されるため，林内雨率の差は比較的小さい（70〜94%）．森林のタイプ別でみると，林内雨率は竹林が最も大きく（88〜90%），広葉樹林がそれに次ぎ（76〜94%），針葉樹人工林が最も小さい（70〜86%）．

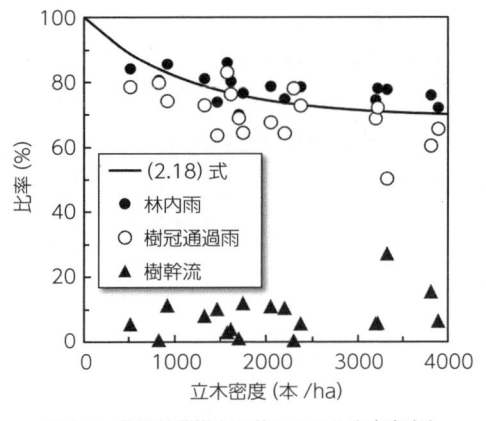

図 2.8 常緑針葉樹人工林における立木密度と降水配分比率の関係

針葉樹人工林の場合，立木密度が増加すると樹冠通過雨率が減少し，樹幹流率が増加する傾向がみられる（図 2.8）．樹冠通過雨率の減少に比べて樹幹流率の増加が少ないため，林内雨率も立木密度の増加に伴って減少する．日本の針葉樹人工林の立木密度と遮断率の関係（Komatsu et al., 2015）に基づけば，針葉樹人工林の林内雨率は次式で与えられる．

$$R_N/R_G = 0.692 + 0.308\exp(-0.00088\eta) \tag{2.18}$$

表 2.3 日本の森林の降水配分回帰式の係数 a および定数 b の事例

森林タイプ	樹種	樹冠通過雨		樹幹流		林内雨		出典
		a_T	b_T	a_S	b_S	a_N	b_N	
常緑広葉樹	ツブラジイ等	0.688	1.6	0.180	3.6	0.899	1.4	Masukata et al. (1990)
				0.229	0.3			
		0.767	1.6	0.145	5.8			
				0.155	1.1			
	マテバシイ	0.359	0.5	0.476	0.0	0.835	0.2	佐藤（未発表）
針葉樹人工林	ヒノキ	0.741	1.0	0.066	4.8	0.807	1.3	岩坪・堤（1967）
		0.683	1.8	0.118	3.3	0.801	2.0	Sun et al. (2014)
	スギ	0.682	1.8	0.124	2.6	0.806	1.9	佐藤（未発表）
	アカマツ・ヒノキ	0.783	1.9	0.041	7.5	0.824	2.2	西村（1973）
		0.81	1.8	0.11	4.4	0.92	2.1	鈴木他（1979）
常緑・落葉広葉樹林		0.589	0.9	0.264	4.6	0.853	2.0	岩坪・堤（1967）
		0.712	2.8	0.211	4.1	0.923	3.1	

ここで，η は立木密度（本/ha）である．

イベント降水（ある無降水時間で挟まれた一連降水）における林外雨量に対する樹冠通過雨量，樹幹流量，林内雨量の関係は次式で与えられる．

$$R_T = a_T(R_G - b_T) \tag{2.19a}$$

$$R_S = a_S(R_G - b_S) \tag{2.19b}$$

$$R_N = a_N(R_G - b_N) \tag{2.19c}$$

ここで，a, b は経験定数，添え字 T, S, N はそれぞれ樹冠通過雨量，樹幹流量，林内雨量を示す（表2.3）．定数 b はそれぞれの降水配分が発生するために必要な初期の林外雨量に相当し，定数 a はその後の降水配分率を示す．表2.3 に示すように，樹冠通過雨は林外雨量1〜2 mm を超えると発生するが，樹幹流の発生にはさらに多くの林外雨が必要となる場合が多い．(2.19) 式に示されるように，樹冠通過雨量，樹幹流量，林内雨量は林外雨量と線形関係にある．すなわち，林外雨量が閾値を超えると，樹冠通過雨率，樹幹流率，林内雨率は林外雨量によらずほぼ一定の値をとる．

［大槻恭一］

演習問題

問 2.1［空気塊の上昇に伴う気温減率］

空気塊に熱の出入りがない状態（断熱）で上昇すると，周囲の気圧が低くなるので空気塊は膨張し，気温が低下する．高度の上昇によって空気塊の気温が低下する割合を断熱減率と呼ぶ．乾燥空気と湿潤空気の断熱減率は，次式で与えられる．

乾燥断熱減率： $\Gamma_d = -\dfrac{dT}{dz} = \dfrac{g}{c_p}$ (2.20a)

湿潤断熱減率： $\Gamma_m = -\dfrac{dT}{dz} = \Gamma_d \dfrac{1+\dfrac{l\varepsilon e_{sat}}{pR_{da}T}}{1+\dfrac{l^2\varepsilon^2 e_{sat}}{c_p p R_{da}T^2}}$ (2.20b)

ここで，T は気温（K），z は高度（m），g は重力加速度（m s^{-2}），c_p は空気の定圧比熱（J kg^{-1} K^{-1}），l は水の蒸発潜熱（J kg^{-1}），e_{sat} は飽和水蒸気圧（hPa），p は気圧（hPa），R_{da} は乾燥空気の気体定数（J kg^{-1} K^{-1}）である．

乾燥断熱減率と，気圧 800 hPa，気温 10℃ で飽和している空気の湿潤断熱減率を求めなさい．なお，$g=9.8$ m s^{-2}，$c_p=1,004$ J kg^{-1} K^{-1}，$l=2.5\times10^6$ J kg^{-1}，$\varepsilon=0.622$，$R_{da}=287$ J kg^{-1} K^{-1} として計算しなさい．

問 2.2 ［可降水量］

表 2.4 に示す F 市の高層気象観測データから各層の飽和水蒸気圧（hPa），水蒸気圧（hPa），比湿（kg kg^{-1}），水蒸気量（kg m^{-2}）を求め，この時の F 市の可降水量（mm）を求めなさい．なお，飽和水蒸気圧はマレー式（水面上）で求めなさい．

表 2.4 F 市の高層気象観測データ

気圧 P (hPa)	気温 T (℃)	相対湿度 RH (%)
999	22.2	96
925	20.9	89
900	19.4	92
850	16.8	95
800	14.4	97
700	9.1	100
600	2.4	100
500	-3.8	100
400	-13.5	99
350	-20.8	96
300	-29.4	91
250	-38.9	85

問 2.3 ［降水量と気候］

降水量は気候区分において，エネルギー要素（気温，放射，蒸発散位など）と共に重要な要素である．Uchijima and Seino (1985) はエネルギー換算した降水量と純放射量の比である放射乾燥度 RDI を用いて自然植生の純一次生産量 NPP を求めるモデルを提案している．

$$\mathrm{RDI} = \dfrac{R_n}{lR} \quad (2.21\mathrm{a})$$

$$\mathrm{NPP} = 0.29\exp(-0.216\cdot\mathrm{RDI}^2)\dfrac{R_n}{41.84} \quad (2.21\mathrm{b})$$

ここで，R_n は年純放射量（MJ m^{-2} y^{-1}），l は水の蒸発潜熱（MJ kg^{-1}），R は年降水量（mm y^{-1}），NPP は自然植生の年純一次生産量（乾物 t ha^{-1} y^{-1}）である．

年降水量 250, 500, 1,000, 2,000, 4,000 mm，年純放射量 250, 500, 1,000, 2,000, 4,000 MJ m^{-2} の RDI および NPP を推定しなさい．なお，$l=2.46$ MJ kg^{-1} として計算しなさい．

問2.4 ［平均法，ティーセン法，等降水量線法による流域平均降水量の算定］

図2.4に示した降水量観測点における日降水量観測値およびティーセン法による分割面積，等降水量線法による分割面積を表2.5，2.6に示した．算術平均法，ティーセン法，等降水量線法により流域平均降水量を求めなさい．

表2.5 流域の日降水量とティーセン法による分割面積

観測点	①	②	③	④	⑤	⑥	⑦	⑧	⑨	計
日降水量 R_i (mm)	208	193	184	192	186	169	176	177	165	—
分割面積 A_i (km²)	5.9	6.7	7.7	26.2	7.1	5.8	27.3	9.1	6.4	102.2

表2.6 流域の等降水量線幅と平均日降水量および分割面積

等降水量線幅 (mm)	160〜170	170〜180	180〜190	190〜200	200〜210	計
平均日降水量 R_i (mm)	168	175	185	195	203	—
分割面積 A_i (km²)	7.8	33.3	34.3	22.9	3.9	102.2

問2.5 ［高度法による流域平均降水量の算定］

流域面積 $A=102.2\,\text{km}^2$ の山地流域の標高別面積を表2.7に示す．この流域では，降水量観測地点の標高 z (m) と冬期間の降水量 R (mm) の関係は次式で表すことができる．

$$R = 0.9137z + 472.8$$

この流域における冬季の流域平均降水量を高度法によって求めなさい．

表2.7 流域の標高帯別面積

標高範囲 (m)	平均標高 z_i (m)	面積 A_i (km²)
200〜400	300	13.0
400〜600	500	25.1
600〜800	700	30.9
800〜1,000	900	24.0
1,000〜1,200	1,100	7.6
1,200〜1,400	1,300	1.6
計		102.2

問2.6 ［降水継続時間と降水強度の関係］

福岡県F市のある流域A，Bの洪水到達時間がそれぞれ20 min，50 min であった．表2.2を用いて，流域A，Bの洪水到達時間における1/5，1/10，1/50年確率の降水強度を求めなさい．なお，F市の1時間以内の降水強度の補正係数は1.0である．

問2.7 ［間伐が林内雨量に及ぼす影響］

立木密度 1,000，1,500，2,000，2,500，3,000 本/ha の針葉樹人工林に30％，50％間伐（本数）を行った場合の林内雨量と林内雨量増分を（2.18）式を用いて計算しなさい．なお，年降水量は $1,700\,\text{mm}\,\text{y}^{-1}$ とする．

文　献

福岡県：福岡県降雨強度式のダウンロード，http://www.pref.fukuoka.lg.jp/contents/kouukyodo.html（閲覧日：2016 年 2 月 2 日）

岩坪五郎・堤　利夫：森林内外の降水中の養分量について（第 2 報），京都大学農学部演習林報告, **39**, 110-124（1967）

角屋　睦・永井明博：洪水比流量曲線へのアプローチ，京都大学防災研究所年報, **22**(B-2), 195-208（1979）

木口雅司・沖　大幹：世界・日本における雨量極値記録，水文・水資源学会誌, **23**（3）, 231-247（2010）

気象庁：気象観測の手引き，気象庁（1998）

仲吉信人他：屋外都市スケールモデルにおける降雨中遮断蒸発実験，水工学論文集, **51**, 253-258（2007）

西村武二：山地小流域における養分物質の動き，日本林学会誌, **55**（11）, 323-333（1973）

澤野真治他：森林における年降水量の農地・都市域との違い，水文・水資源学会誌, **18**（4）, 435-440（2005）

鈴木雅一他：桐生試験地における樹冠通過雨量, 樹幹流下量, 遮断量の研究（I）樹冠通過雨量と樹幹流下量について，日本林学会誌, **61**（6）, 202-210（1979）

鈴木善晴他：標高依存直線に基づいた降雨分布の地形依存特性の解明，水工学論文集, **45**, 301-306（2001）

宝　馨・端野典平：レーダー雨量を用いた DAD 解析と那珂川における可能最大洪水の推定，京都大学防災研究所年報, **43**（B-2）, 167-176（2000）

Komatsu, H. et al.：Models to predict changes in annual runoff with thinning and clearcutting of Japanese cedar and cypress plantation in Japan, *Hydrol. Proc.*, **29**, 5120-5134（2015）

Masukata, H. et al.：Throughfall, stemflow and interception of rainwater in an evergreen broadleaved forest, *Ecol. Res.*, **5**, 303-316（1990）

Murray, F. W.：On the computation of saturation vapor pressure, *J. Appl. Meteor.*, **6**, 203-204（1967）

Nanko, K. et al.：Evaluating the influence of canopy species and meteorological factors on throughfall drop size distribution, *J. Hydrol.*, **329**, 422-431（2006）

Sun, X. et al.：Incident rainfall partitioning and canopy interception modeling for an abandoned Japanese cypress stand, *J. For. Res.*, **19**（3）, 317-328（2014）

Uchijima, Z. and Seino, H.：Agroclimatic evaluation of net primary productivity of natural vegetations, *J. Agr. Met.*, **40**(4), 343-352（1985）

第3章 蒸発散

蒸発散（evapotranspiration）は，地表の液状水が気化して大気へ放出される現象であり，海や湖などの水体（water body），地表の土壌水（soil water），植物に遮断された水などの気化による蒸発（evaporation）と，気孔を通じた植物体内の水の気化による蒸散（transpiration）の総称である．

3.1 蒸発散と水・熱・炭素収支

蒸発散は，地球上の水収支，熱収支，炭素収支の要となる重要な水文過程である（図3.1）．流域の水収支式，熱収支式，炭素収支式はそれぞれ次式で表される．

$$R = E + Q_{so} + Q_{go} + \Delta S \tag{3.1}$$

$$R_n = lE + H + M + G \tag{3.2}$$

$$\mathrm{GPP} = \mathrm{NPP} + \mathrm{RA} \tag{3.3}$$

ここで，R は降水量，E は蒸発散量，Q_{so} は地表水流出量，Q_{go} は流下水流出量，ΔS は貯留量変化，R_n は純放射量（net radiation），l は水の蒸発潜熱（latent heat of vaporization），H は顕熱輸送量（sensible heat），M は生化学的貯熱量，G は物理的貯熱量，GPP は総一次生産量，NPP は純一次生産量，RA は植物呼吸量である．

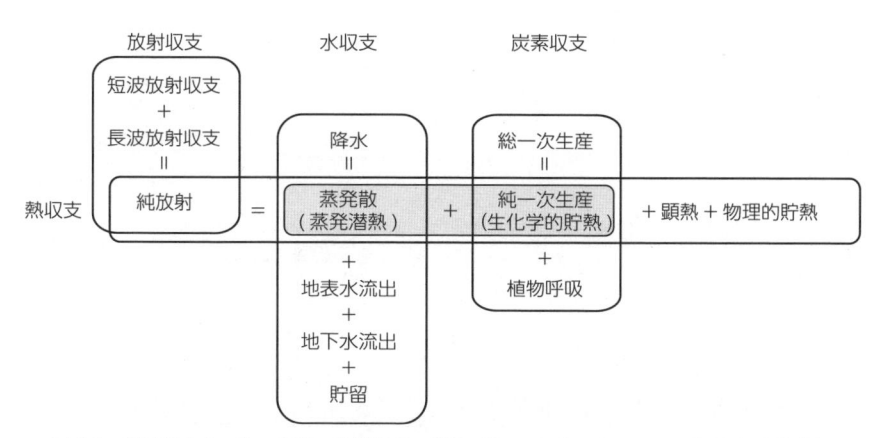

図3.1 蒸発散と水・熱・炭素・放射収支の関係（Campbell and Norman（1998）を改変）

a. 蒸発散と水収支

地球全体を対象とすると，蒸発散量は降水量と等しく，ともに $1,133$ mm y^{-1} である．地球上の陸地を対象とすると，降水量 800 mm y^{-1} に対して蒸発散量 484 mm y^{-1} であり，陸地では降水量の約 60% が蒸発散量として消費されている（図1.2）．なお，蒸発散量は対象とする地目や地域の気候（降水量，放射，気温など）によって異なる．一般に，草地や湖と比べると森林からの蒸発散量の方が多い（近藤，1994）．世界各地の森林流域の年間水収支観測値によれば，森林の年蒸発散量は年降水量の 40〜100% を占めている（図3.2）．

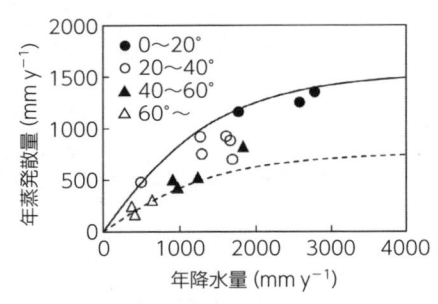

図3.2 緯度別の森林の年降水量と年蒸発散量の関係（Komatsu et al.（2012）より作成）線は Zhang et al.（2001）モデルによる推定値（実線：100%，破線：50%）．

b. 蒸発散と熱収支

水の蒸発潜熱は次式で表される．

$$l = 2,500.8 - 2.3668 T \tag{3.4}$$

ここで，l は水の蒸発潜熱（kJ kg^{-1}），T は温度（℃）である．

すなわち，水の蒸発潜熱は約 $2,500$ kJ kg^{-1}（600 cal g^{-1}）であり，水 1 g を 1℃ 加熱するのに必要なエネルギーの約 600 倍に相当する．地球表面の全天日射量は 184

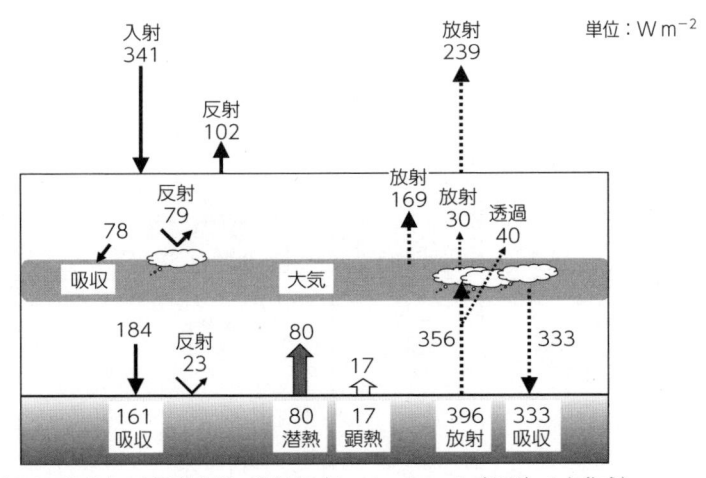

図3.3 地球上の年平均放射・熱収支（Trenberth et al.（2009）より作成）

W m^{-2}，純放射量は 98 W m^{-2}，蒸発潜熱は 80 W m^{-2} と推定されているので，地球上では全天日射量の約 43%，純放射量の約 82% が蒸発潜熱として消費されていることになる（図 3.3）．このように，蒸発散によって多量の水蒸気とともに，多量の潜熱が大気へ放出されている．

c. 蒸発散と炭素収支

植物は，太陽光のうち光合成有効波長域（400～700 nm）の光を利用して，根から吸い上げた水と気孔から取り込んだ大気中の二酸化炭素 CO_2 を用いて光合成（photosynthesis）し，葉緑素内で有機物（グルコース $C_6H_{12}O_6$）を合成する．

$$6\,CO_2 + 12\,H_2O + 688\,kcal = C_6H_{12}O_6 + 6\,H_2O + 6\,O_2 \tag{3.5}$$

1 mol の CO_2 を光合成するためには，2 mol の水と約 114 kcal のエネルギーが必要である．純光合成（総光合成－呼吸）に利用されるエネルギーは，純放射量の 5% 未満（Jones, 2014），全天日射量の 3～6% 程度である（Brutsaert, 2005）．

光合成に直接必要な水とエネルギーは多くないが，光合成によって間接的に消費される水とエネルギーは膨大である．その理由は，植物が葉の気孔を開放して光合成するとき，不可避的に蒸散によって多量の水蒸気が放出されるからである．蒸散によって失われる水量は，光合成に直接必要な水量の約 200 倍である．蒸散量は蒸発散量の約 60% を占めているので，蒸発散は炭素循環とも深く関わっている．

> **蒸発散研究の小史**
>
> 蒸発散は紀元前 8 世紀には概念的に認識されていた．しかし，蒸発散が量的にとらえられるようになったのは，17 世紀のことである．17 世紀，河川水源の研究を行っていたフランスのペロー（Perrault）が歴史上初めて信頼できる精度で蒸発量の観測を行った（Brutsaert, 1982）．その後は灌漑用水量を正確に求めることを目的とした農業工学分野を中心に研究が展開されてきた（Penman, 1948; Monteith, 1965）．しかし，20 世紀後半から水需給逼迫・地球温暖化・砂漠化・温室効果ガス増加などの環境問題が地球規模で顕在化し，これら諸問題に深く関わっている蒸発散が学際的に研究されるようになった．

3.2 放射収支

放射収支は蒸発散と密接に関わっており，蒸発散量の推定に広く使用されている．

a. 放射の基礎

電磁波を全波長にわたって完全に吸収・放射できる仮想的な物体を黒体（black body）と呼ぶ．黒体からの分光放射束密度（radiant spectral flux density）はプランクの法則（Planck law），最大放射波長はウィーンの変位則（Wien displacement law），放射束密度はステファン-ボルツマンの法則（Stefan-Boltzmann law）で表される．

プランクの法則：
$$I_b(\lambda, \mathbf{T}_s) = \frac{2\pi hc^2}{\lambda^5[\exp(hc/k_B\lambda \mathbf{T}_s) - 1]} \quad (3.6)$$

ウィーンの変位則：
$$\lambda_{\max} = \frac{0.00289777}{\mathbf{T}_s} \quad (3.7)$$

ステファン-ボルツマンの法則： $I = \sigma \mathbf{T}_s^4 \quad (3.8)$

ここで，$I_b(\lambda, \mathbf{T}_s)$ は分光放射束密度（W m^{-2} m^{-1}），λ は波長（m），$\lambda_{\max}$ は最大放射波長（m），$\mathbf{T}_s$ は表面温度（K），π は円周率，c は光速（2.9979×10^8 m s^{-1}），h はプランク定数（6.6261×10^{-34} J s），k_B はボルツマン定数（1.3806×10^{-23} J K^{-1}），I は放射束密度（W m^{-2}），σ はステファン-ボルツマン定数（5.67051×10^{-8} W m^{-2} K^{-4}）である．

図3.4に，太陽と地球の表面温度に相当する5,780 Kと288 Kに対して算定した分光放射束密度を示す．両者は3〜4 μmの間で少し重なっているが，重なっている部分のエネルギーはごくわずかである．したがって，太陽放射（日射）は短波放射，地球熱放射は長波放射として分類されることもある．

放射はいくつかの波長域に分けられる．図3.5の上段は，自然環境下における重要な波長域であり，上半部は太陽放射と地球熱放射の波長域，下半分は3つの重要な波長域（紫外域，可視域，赤外域）を示している．中段は，2つの紫外域と可視域の各色の波長域を示している．下段は，分光放射と生物反応の関係を示している．

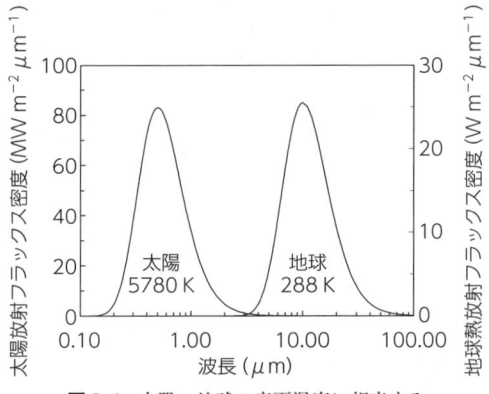

図3.4 太陽，地球の表面温度に相当する 5,780 K，288 K の放射

光合成有効波長域は400〜700 nmで可視域とほぼ一致している．この波長域の放射束密度は光合成有効放射 PAR（photosynthetically active radiation，単位：

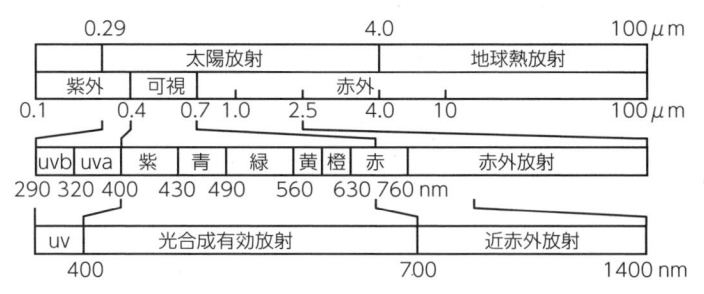

```
          0.29                    4.0              100μm
       ┌──────────────────────┬───────────────────────┐
       │       太陽放射        │      地球熱放射        │
       ├────┬──┬──────────────┼───────────────────────┤
       │紫外│可視│    赤外     │                       │
    0.1├────┴──┼───┬───┬──────┼─────┬─────────────────┤100μm
          0.4 0.7 1.0  2.5   4.0   10
       ┌──┬──┬──┬──┬──┬──┬──┬─────────────────┐
       │uvb│uva│紫│青│緑│黄橙│赤│    赤外放射      │
       └──┴──┴──┴──┴──┴──┴──┘
       290 320 400 430 490 560 630 760 nm
       ┌──┬─────────────────┬──────────────┐
       │uv│   光合成有効放射   │   近赤外放射    │
       └──┴─────────────────┴──────────────┘
       400                  700           1400 nm
```

図 3.5　放射スペクトル (Campbell and Norman (1998) を改変)

W m^{-2}),光量子束密度は光合成有効光量子束密度 PPFD (photosynthetic photon flux density,単位:μmol m^{-2} s^{-1})と呼ばれ,全天日射の約 45% を占めている.PAR は純一次生産量の光利用効率(light use efficiency)の評価,PPFD は光合成と放射の関係の評価に使用されることが多い.PAR と PPFD の変換定数は,概ね 2.17×10^5 J mol^{-1} である.

例題 3.1　放射束密度と光粒子束密度の関係

全天日射量が 1,000 W m^{-2} のときの PAR および PPFD を概算しなさい.

[解答]

$$\mathrm{PAR} = 1{,}000\,\frac{\mathrm{J}}{\mathrm{m^2 s}} \times 0.45 = 450\ \mathrm{W\ m^{-2}}$$

$$\mathrm{PPFD} = 450\,\frac{\mathrm{J}}{\mathrm{m^2 s}} \times \frac{1}{2.17 \times 10^{-5}}\,\frac{\mathrm{mol}}{\mathrm{J}} = 2.07 \times 10^{-3}\,\frac{\mathrm{mol}}{\mathrm{m^2 s}} = 2{,}070\ \mu\mathrm{mol\ m^{-2}\ s^{-1}}$$

b. 大気外日射

1) 地球-太陽間の距離,太陽高度と日射量の関係

地球は太陽の周りを約 365.25 日の周期で楕円軌道を描いて公転している(図 3.6).地球-太陽間距離 d は,平均距離 d_0 (1.496×10^8 km)との相対距離 d/d_0 (AU,天文単位)で表される.d/d_0 は通日 DOY (day of year)を用いて推定できる.通日とは 1 月 1 日から数えた日数で,1 月 1 日なら 1,2 月 1 日なら 32,12 月 31 日なら 365 または 366 である.

$$d/d_0 = 1 + 0.01676 \times \cos(0.01721 \times (\mathrm{DOY} - 186)) \qquad (3.9)$$

地球-太陽間距離が平均にある ($d = d_0$) ときに大気上端で太陽光線に垂直な面が受ける日射量 S_0 は 1,367 W m^{-2} で,太陽定数(solar constant)と呼ばれている.任意距離 d における大気外垂直面日射量 S_{p0} は,d/d_0 の 2 乗に逆比例する.

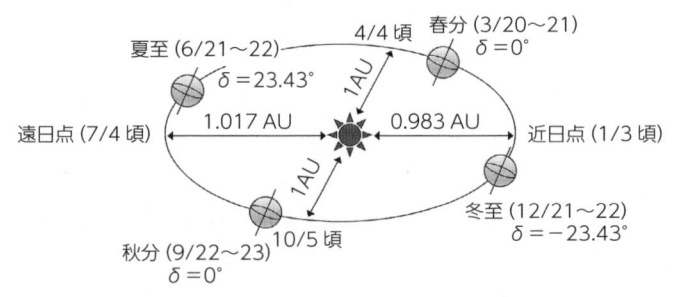

図 3.6 地球と太陽の距離と太陽赤緯の関係

$$S_{p0} = \frac{S_0}{(d/d_0)^2} \tag{3.10}$$

地球は公転面に対して 66.56° 傾いた地軸を軸にして公転している．したがって，太陽は夏至には北緯 23.43° の北回帰線上，冬至には南緯 23.43° の南回帰線上，春分と秋分には赤道上にある．太陽光線が地球赤道面となす角 δ は太陽赤緯（declination of the sun）と呼ばれ，夏至には 23.43°，冬至には −23.43°，春分と秋分には 0° になる．

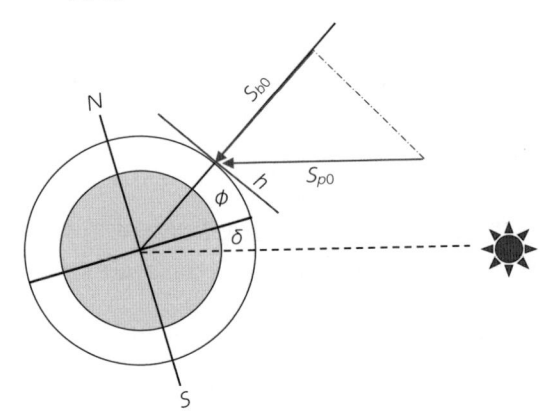

図 3.7 大気外垂直面日射と大気外水平面日射の関係

δ も DOY から推定できる．

$$\delta = 23.43 \times \cos(0.01689 \times (\text{DOY} - 173)) \times (\pi/180) \quad \text{rad} \tag{3.11}$$

任意日時の太陽高度（solar elevation）h は，緯度，太陽赤緯，時角（hour angle）ω によって決まる．

$$\sin h = \sin\phi \sin\delta + \cos\phi \cos\delta \cos\omega \tag{3.12}$$

ここで，ϕ は緯度（rad），ω は時角（rad）である．時角 ω は時刻を角度で表したものであり，南中時を 0（0°），半日を π（180°）として，午前側を負，午後側を正とした値である．

任意距離 d，任意時刻 ω の大気外水平面日射量 S_{b0} は，次式で表される（図 3.7）．

$$S_{b0} = S_{p0} \cdot \sin h = \frac{S_0}{(d/d_0)^2} \sin h \tag{3.13}$$

2) 可照時間と大気外水平面日射量

日の出時（$-\omega_0$）および日没時（ω_0）には太陽は地平線にあり $h=0$ であるから，日の出時および日没時の時角 ω_0 は次式より算定できる．

$$\omega_0 = \cos^{-1}(-\tan\phi \tan\delta) \tag{3.14}$$

可能最大日照時間は可照時間（possible duration of sunshine）と呼ばれ，日の出（$-\omega_0$）から日没（$+\omega_0$）までの角度を時間に換算して次式より推定できる．

$$N = 2\omega_0 \times \left(\frac{24}{2\pi}\right) \tag{3.15}$$

ここで，N は可照時間（h）である．

大気外水平面日射量日量（MJ m^{-2}）は，(3.13)式を日積算した次式から推定できる．

$$S_{b0} = \frac{86{,}400}{\pi} \frac{S_0}{(d/d_0)^2}(\omega_0 \sin\phi \sin\delta + \cos\phi \cos\delta \sin\omega_0) \times 10^{-6} \tag{3.16}$$

例題 3.2　可照時間および大気外水平面日射量の推定

鳥取市（北緯 35°29′）における 12 月 22 日の可照時間および大気外水平面日射量を求めなさい．

[解答]　$\phi = 0.6193$ rad，DOY = 356 であるから，(3.9)式より $d/d_0 = 0.9836$，(3.11)式より $\delta = -0.4084$ rad（$= -23°40′$），(3.14)式より $\omega_0 = 1.257$ rad，(3.15)式より $N = 9.60$ h，(3.16)式より $S_{b0} = 16.36$ MJ m^{-2} を得る．

c. 日射の成分

日射は，直達日射（direct solar radiation）および散乱日射（diffused solar radiation）として地表面に到達する．

直達日射量 S_p は，太陽光線に対して垂直な面上の太陽放射量であるが，水平面に換算した水平面直達日射量 S_b として表されることもある．

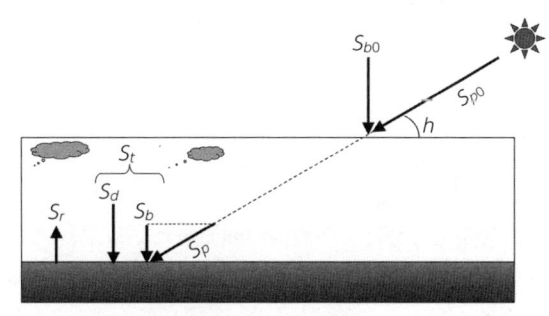

図 3.8　日射の成分

$$S_b = S_p \sin h \tag{3.17}$$

水平面直達日射量 S_b と散乱日射量 S_d を加えたものが全天日射量（global solar radiation）S_t である（図 3.8）．

$$S_t = S_b + S_d \tag{3.18}$$

1) 直達日射量

直達日射量 S_p は次式より算定できる (Campbell and Norman, 1998).

$$S_p = S_{p0} \tau^m \tag{3.19}$$

ここで, m は大気路程, τ は大気透過率である.

大気路程 m は, 日射が大気を透過する経路長の天頂方向への経路長に対する比率であり, 太陽高度 $10°$ 以上の場合は次式で求められる.

$$m = \frac{p}{p_0 \sin h} \tag{3.20}$$

ここで, p は大気圧 (hPa), p_0 は海面気圧 ($\approx 1,013$ hPa) である.

大気透過率 τ は, 曇天時には 0.4 より低く, 晴天時 0.6〜0.7, 快晴時には 0.75 程度である.

2) 散乱日射量

散乱日射量 S_d は実際には地表面の反射の影響を受けるが, このような複雑な条件を考えなければ, 次式により近似できる (Campbell and Norman, 1998).

$$S_d = 0.3(1 - \tau^m) S_{p0} \sin h \tag{3.21}$$

d. 放射収支

地表面における放射収支 (radiation balance) は次式で表され, 正味の放射量は純放射量 (net radiation) と呼ばれている.

$$R_n = (S_t - S_r) + (L_a - L_g) \tag{3.22}$$

ここで, R_n は純放射量, S_r は反射日射量, L_a は下向き長波放射量, L_g は上向き長波放射量で (図 3.9), 単位は秒単位の場合は W m^{-2}, 日単位の場合は MJ m^{-2} である.

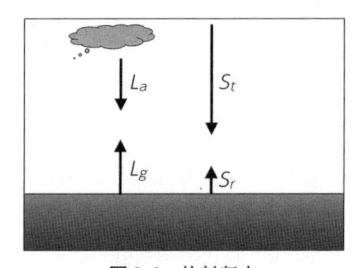

図 3.9 放射収支

1) 全天日射量

日射量として最も一般的に観測されているのは, 全天日射量 S_t である (2010 年現在気象庁 49 地点). 新エネルギー総合開発機構 (NEDO) は, 日本全国の気象官署およびアメダスの 837 地点の 20 年間の観測データを用いて, 全天日射量および各時間の方位角別・傾斜角別日射量データを Web 上で提供している.

全天日射量日量は, 大気外水平面日射量日量に基づいて, 日照時間, 雲量, 気温などを変数として求められることが多い.

i) 日照時間を説明変数とした推定式

この推定式は，日射量と密接に関わる日照時間（直達日射量 S_p が 120 W m^{-2} 以上の時間）を変数としているため精度が高い．日本では日照時間の観測は気象官署およびアメダス 4 要素観測点で行われているが，観測地点は約 850 か所（約 21 km 間隔）にすぎないため，適用範囲は限定される．

$$\frac{S_t}{S_{b0}}=a+b\left(\frac{n}{N}\right) \quad (3.23)$$

ここで，n は日照時間 (h)，a, b は経験定数で，Penman (1963) は $a=0.18$, $b=0.55$ を，大槻他 (1984) は日本の定数として $a=0.19$, $b=0.51$ を提案している．

ii) 雲量を説明変数とした推定式

この推定式は，日射量に間接的に関わる雲量を変数としたものである．雲量は雲が天空を占める割合で，目視で容易に観測できるが，データの蓄積は多くない．

$$\frac{S_t}{S_{b0}}=a+bC+cC^2 \quad (3.24)$$

ここで，C は雲量（0～1），a, b, c は経験定数で，Black (1956) は $a=0.803$, $b=-0.340$, $c=-0.458$ を提案している．

iii) 気温日較差を説明変数とした推定式

Bristow and Campbell (1984) は，気温の日較差（日最高気温－日最低気温）を変数にした全天日射量推定式を提案した．気温の観測データの蓄積は時間的にも空間的にも多いので，この式が適応できる場合は多い．

$$\frac{S_t}{S_{b0}}=a\{1-\exp(-b\Delta T_a^c)\} \quad (3.25a)$$

ここで，ΔT_a は気温日較差（℃），a, b, c は経験定数で，篠原他 (2007) は $a=0.76$, $c=2.2$ とし，b を次式から求めれば (3.25a) 式を全国に適用できるとしている．

$$b=0.036\exp(-0.154\overline{\Delta T_a}) \quad (3.25b)$$

ここで，$\overline{\Delta T_a}$ は月平均気温日較差（℃）である．

2) 反射日射量

反射日射量 S_r は，次式で表される．

$$S_r=\alpha S_t \quad (3.26)$$

ここで，α はアルベドと呼ばれる短波長域の反射率である（表 3.1）．

3) 下向き長波放射量

地球上の物体は常温の範囲では黒体に近い灰色体とみなすことができるので，長波放射量は射出率 ε を適用することによってステファン-ボルツマン式から算定できる．

$$L=\varepsilon\sigma \mathbf{T}_s^4 \quad (3.27)$$

表3.1 様々な表面のアルベド (Campbell and Norman, 1998)

表面	反射率	表面	反射率
イネ科草原	0.24〜0.26	雪（新しい）	0.75〜0.95
コムギ	0.16〜0.26	雪（古い）	0.40〜0.70
トウモロコシ	0.18〜0.22	土壌（湿，暗色）	0.08
ビート	0.18	土壌（乾，暗色）	0.13
ジャガイモ	0.19	土壌（湿，明色）	0.10
落葉樹林	0.10〜0.20	土壌（乾，明色）	0.18
針葉樹林	0.05〜0.15	砂（乾，白色）	0.35
ツンドラ	0.15〜0.20	道路，アスファルト	0.14
ステップ	0.20	市街地域（平均）	0.15

表3.2 様々な表面の射出率 (Campbell and Norman, 1998)

表面	射出率	表面	射出率
トウモロコシの葉	0.94	人の皮膚	0.98
タバコの葉	0.97	カンジキウサギ	0.99
マメ類の葉	0.94	カリブー	1.00
ワタの葉	0.96	タイリクオオカミ	0.99
サトウキビの葉	0.99	ハイイロリス	0.99
ポプラの葉	0.98	窓ガラス	0.90〜0.95
サボテン	0.98	コンクリート	0.88〜0.93
磨いたクロム	0.05	土壌	0.93〜0.96
アルミニウム箔	0.06	水	0.96

ここで，L は長波放射量（W m^{-2}），T_s は物体の表面温度（K）である．大半の自然表面の射出率は 0.95〜1.0 で，平均射出率は 0.97 と仮定できる（表3.2）．ステファン-ボルツマン定数 σ は，日単位の場合 4.8992×10^{-9} MJ m^{-2} K^{-4} d^{-1} である．

下向き長波放射量は，次式より推定できる（Campbell and Norman, 1998）．

$$L_a = \varepsilon_a \sigma T_a^4 \tag{3.28a}$$

$$\varepsilon_a = (1 - 0.84C)\varepsilon_{ac} + 0.84C \tag{3.28b}$$

$$\varepsilon_{ac} = 9.2 \times 10^{-6} T_a^2 \tag{3.28c}$$

ここで，L_a は下向き長波放射量（W m^{-2}），ε_a は空の射出率，ε_{ac} は快晴時の空の射出率，T_a は気温（K）である．

気象庁は5地点で下向き長波放射量を観測している．

4) 上向き長波放射量

地表面から射出される上向き長波放射量 L_g は，次式より推定できる．

$$L_g = \varepsilon_g \sigma T_g^4 \tag{3.29}$$

ここで，L_g は上向き長波放射量（W m^{-2}），ε_g は地表面の射出率，T_g は地表面温度（K）である．

5) 純放射量

純放射量は，放射収支計（上下放射量の収支測定，放射収支各項測定）を用いて測定される．地表の放射要素（反射日射，上向き長波放射）が含まれているため，純放射量観測値の代表性は観測地点に限られる．したがって，純放射量は一般には測定されておらず，調査・研究目的等の観測に限られている．

Penman (1963) は，次の純放射量日量の推定式を提案した．

$$R_n = R_{ns} + R_{nl} \tag{3.30a}$$

$$R_{ns} = (1-\alpha)S_{b0}\{a+b(n/N)\} \tag{3.30b}$$

$$R_{nl} = -\sigma \mathbf{T}_a^4 (0.56 - 0.09\sqrt{0.75 e_a})\{0.10 + 0.90(n/N)\} \tag{3.30c}$$

ここで，R_{ns} は正味短波放射量（MJ m^{-2}），R_{nl} は正味長波放射量（MJ m^{-2}），e_a は水蒸気圧（hPa）である．

FAO は，長波収支式に次式を提案している（Allen et al., 1998）．

$$R_{nl} = -\sigma \left(\frac{\mathbf{T}_{\max} + \mathbf{T}_{\min}}{2}\right)^4 (0.34 - 0.0443\sqrt{e_a}) \left\{1.35 \frac{S_t}{S_c} - 0.35\right\} \tag{3.31a}$$

$$S_c = (a+b)S_{b0} \tag{3.31b}$$

$$S_c = (0.75 + 2 \times 10^{-5} z)S_{b0} \tag{3.31c}$$

ここで，$\mathbf{T}_{\max}$, $\mathbf{T}_{\min}$ はそれぞれ最高気温（K），最低気温（K），S_c は快晴日の全天日射量で，a, b は (3.23) 式の経験定数，z は標高（m）である．

上述の純放射量は水平表面を対象としたものであるが，対象表面を斜面，葉，樹冠等にした場合，次式のようになる．

$$R_n = R_{abs} - F_e \varepsilon_s \sigma \mathbf{T}_s^4 \tag{3.32a}$$

$$R_{abs} = a_S (F_p S_p + F_d S_d + F_r S_r) + a_L (F_a L_a + F_g L_g) \tag{3.32b}$$

ここで，R_n は純放射量（W m^{-2}），R_{abs} は吸収放射量（W m^{-2}），a は放射吸収率で，添え字 S, L はそれぞれ日射，長波放射を示す．F は対象表面と各種放射源との間の形態係数で，添え字 p は直達放射，d は散乱放射，r は反射放射，a は大気からの下向き長波放射，g は地表面からの上向き長波放射，e は対象物の全表面と完全な球状の視野との間の形態係数である．例えば，周辺からの反射日射の入射がない水平地表面の場合，放射表面は片面なので，$F_p = \sin h$, $F_d = F_a = F_e = 1$, $F_r = F_g = 0$（反射日射および上向き長波放射の入射がないため）である．地上にある水平な葉面の場合，放射表面は上下両面にあるため，$F_p = 0.5 \sin h$, $F_d = F_r = F_a = F_g = 0.5$, $F_e = 1$ である．

3.3 蒸発散量の測定法

蒸発散量は，ルーチン観測に適した実用的な測定法が確立されておらず，現段階では目的に応じて様々な方法で測定されている．

a. 水収支法

流域では，次の水収支式が成立する．

$$E=(R+Q_{si}+Q_{gi})-(Q_{so}+Q_{go})-\Delta S \qquad (3.33)$$

ここで，E は蒸発散量，R は降水量，Q_{si} は地表流入量，Q_{gi} は地下流入量，Q_{so} は地表流出量，Q_{go} は地下流出量，ΔS は貯留量変化である．

1) 流域水収支法

降水を除いて流域外から水の流入がなく，地下水流出が無視できる流域では，次の水収支式が成立する．

$$E=R-Q_{so}-\Delta S \qquad (3.34)$$

貯留量変化 ΔS が無視できる期間を選べば，流域蒸発散量は次式より算定できる．

$$E=R-Q_{so} \qquad (3.35)$$

i) 年流域水収支法

水収支期間を，水年あるいは暦年程度の長期間に選定すると貯留量変化を無視できるという仮定で（3.35）式より流域蒸発散量を算定する方法を年流域水収支法という．なお，年降水量が貯留量変化に対して小さい場合や，風化花崗岩のように流域貯留量が大きい場合などでは，貯留量変化を無視できない場合がある．

ii) 短期流域水収支法

1年未満であっても貯留量変化を無視できる水収支期間を選べば，（3.35）式より流域蒸発散量を推定できる．高瀬・丸山（1978）は，基底流出段階の一定の基準流量になった時点を水収支期間の起点，終点としている（図3.10）．鈴木（1985）は3連続無降雨日の最終日を水収支期間の起点・終点の候補とし，その候補日の日流量の差が日流量の2%以内で，かつ候補日間の日数が9〜59日の期間を水収支期間としている．稲葉他（2009）は平均流況曲線の順位から複数の基準流量を選定し，設定条件を満たす水収支期間を採用している．

2) 土壌水分減少法

土層別に土壌水分減少量を測定し，土層の厚さを乗じた値から蒸発散量を算定する方法を土壌水分減少法（soil moisture depletion method）と呼ぶ．

$$E=\sum_{i=1}^{n}(\theta_i'-\theta_i)L_i \qquad (3.36)$$

ここで，θ_i' は初期体積含水率，θ_i は終期体積含水率，L_i は土層の厚さである．

土壌水分減少法は，畑地灌漑における消費水量の決定に利用されている．なお，対象土壌層と下層との水の出入りが無視できない場合には適用は難しい．

3.3 蒸発散量の測定法

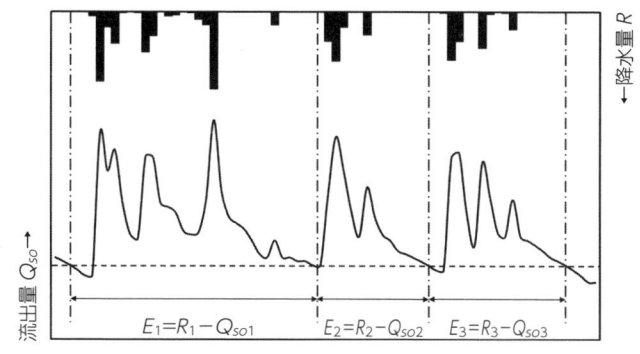

降水量 R

流出量 Q_{so}

$E_1=R_1-Q_{so1}$　　$E_2=R_2-Q_{so2}$　　$E_3=R_3-Q_{so3}$

図 3.10　短期流域水収支における水収支期間の取り方

3) ライシメータ法

ライシメータ法（lysimeter method）は，ライシメータ（lysimeter）と呼ばれる金属やコンクリートなどでつくられた土壌槽の水分減少量を測定することによって蒸発散量を算定する方法である．ライシメータ法は，水収支を厳密に測定できるという長所があるが，対象土壌系がライシメータ壁によって周辺の土壌と隔離されるため，根の伸長が制限されるなど，自然とは異なる条件となるという短所がある．

4) ポロメータ法

ポロメータ法（porometer method）は，個葉あるいはその一部を小型のチャンバー（密封箱）で挟み，その中に空気を送風し，チャンバー内空気と通気空気の水蒸気密度の差と通気量から蒸散量を求める方法である．測定葉面の温度を測定し，葉内温度は葉面温度と等しく，葉内は飽和していると仮定すれば，気孔抵抗を計算できる．ポロメータ法では CO_2 濃度を測定することによって光合成量も測定できる．

5) チャンバー法

植物体を透明なチャンバーで密封し，チャンバー通気出入口の水蒸気密度の差と通気流量から蒸発散量を測定する方法をチャンバー法（chamber method）という．チャンバー法では，通気出入り口の CO_2 濃度を測定することによって光合成量も同時に測定できる．自然状態の植物体の蒸発散量を直接測定できるという利点を有するが，植物体を覆うことによって大気の環境条件が不自然になるという欠点を有する．

6) 林内雨量測定法

林内雨量測定法は，林外雨量 R_G と樹冠通過雨量 R_T および樹幹流量 R_S を測定し，両者の残差から遮断蒸発量 E_W を測定する方法である．

$$E_W = R_G - (R_T + R_S) \tag{3.37}$$

7) 計器蒸発量測定法

水を張った円形の容器の水収支から蒸発量を測定する方法を計器蒸発量測定法（pan evaporation method）という．日本では，気象庁が小型蒸発計（直径20 cm，水深10 cm），大型蒸発計（直径1.2 m，水深約25 cm）を用いて計器蒸発量を観測してきたが，小型蒸発計の観測は1965年頃，大型蒸発計の観測は2002年に廃止された．FAOでは，計器蒸発量を基準蒸発散量の一つとしており（Allen et al., 1998），現在でも計器蒸発量を観測している国は少なくない．

b. 蒸散流測定法

蒸散流測定法（sap flow method）は，植物体の茎あるいは樹幹の中の樹液流速を測定し，個体や群落の蒸散量を測定する方法である．蒸散流測定法は個体〜林分〜流域規模の多様な空間スケール，10分単位〜年単位の多様な時間スケールの蒸発散量の測定ができるので適応範囲が広い．したがって蒸散流測定法は，山地地形が大半を占める日本の森林蒸発散量の測定法としての適用性は高い．

1) 茎／幹熱収支法

茎／樹幹の一部に巻き付けたヒーターを定電圧で連続的に加熱し，加熱した部位の熱収支を解いて蒸散量を算定する方法を茎／幹熱収支法（stem heat balance method）という．この方法は，樹液流量の絶対量を測定できる長所があるが，適応できるサイズに限界があり，太い樹木への適応は難しいという短所を有する．

2) ヒートパルス法

茎／樹幹に挿入したヒーターを瞬間的に加熱し，ヒーター上下への熱の伝達速度から蒸散量を算定する方法をヒートパルス法（heat pulse method）という．この手法も草本類から木本類まで幅広く適用できる．省電力で，遠隔地で電源が得られなくても長期間の観測が可能という長所を有するが，樹液流速の絶対値を直接得られないので，樹液流量を得るためには較正が必要という短所がある．

3) 熱消散法

樹幹の上下に温度センサープローブを挿入し，ヒーターを内装した上部プローブを定電圧で連続的に加熱して，上下プローブの温度差から蒸散量を測定する方法を熱消散法（heat dissipation method）といい，開発者の名前にちなんでグラニエ（Granier, 1987）法とも呼ばれている．

熱消散法は較正なしで樹液流速の絶対量を測定でき，電源が確保できれば適用が容易であるため，世界で広く利用されている．

c. 微気象学的方法

地表面に接する厚さ数十mの気層を接地境界層（surface boundary layer）と呼ぶ．接地境界層内では，大小様々な空気の渦（eddy）が乱流（turbulent flow）と呼ばれる時間的・空間的に不規則な運動を繰り返して上層と下層が混合され，気温差や物質の濃度の差に応じて運動量，熱エネルギー，水蒸気，CO_2 などが輸送される．

1) 渦相関法／乱流変動法

渦相関法（eddy correlation method／eddy covariance method）は，対象とする表面上で乱流変動を測定し，物理量と風速の鉛直成分の共分散を計算して物理量の輸送量を求める方法である．一般には 10～20 Hz でサンプリングし，30～60 分間の観測データを用いて計算される．蒸発散の輸送量は次式で算定される．

$$E = \rho_a \overline{q'w'} \tag{3.38}$$

ここで，E は蒸発散量（$kg\,m^{-2}\,s^{-1}$），ρ_a は空気の密度（$kg\,m^{-3}$），q は比湿（$kg\,kg^{-1}$），w は風速の鉛直成分（$m\,s^{-1}$）で，$\overline{}$（バー）は平均，$'$（プライム）は偏差を示す．

渦相関法は，生態系と大気間の水蒸気，CO_2，エネルギー輸送量を測定する標準的な観測方法である．1998年に渦相関法を用いた陸域生態系と大気間の水蒸気，CO_2，エネルギー輸送量の観測ネットワーク（FLUXNET）が設立され，1999年にアジアの観測ネットワーク（AsiaFlux），2006年には日本の観測ネットワーク（JapanFlux）が設立された．2014年現在，世界では650以上の観測タワー，日本国内では31の観測タワーで長期輸送量観測が行われている．

> **例題 3.3　渦相関法の算定式**
>
> 渦相関法において蒸発散量が（3.38）式で表されることを示しなさい．
>
> **［解答］** 鉛直方向の風速 w（$m\,s^{-1}$）と比湿 q（$kg\,kg^{-1}$）を時間平均値と偏差に分解すると，それぞれ $\overline{w}+w'$，$\overline{q}+q'$ で表される．単位体積中に含まれる水蒸気量は $\rho_a q$（kg）であるから，平均時間内の蒸発散量は次式で表される．
>
> $$E = \rho_a \overline{qw} = \rho_a \overline{(\overline{q}+q')(\overline{w}+w')} = \rho_a(\overline{q}\,\overline{w} + \overline{q}\,\overline{w'} + \overline{q'\,\overline{w}} + \overline{q'w'}) = \rho_a(\overline{q}\,\overline{w} + \overline{q'w'})$$
>
> $\overline{q'}=0$，$\overline{w'}=0$ であり，平均時間内の $\overline{w}$ は一般に極めて小さく $\overline{w}=0$ と仮定できるので，$E = \rho_a \overline{q'w'}$ と表すことができる．

2) 空気力学法

空気力学法（aerodynamic method）は，乱流輸送を物理量と風速の鉛直分布から推定する方法である．各量の時間平均値を用いるため，渦相関法に比べて応答の遅い

測器でも利用可能である．空気力学法には，傾度法とバルク法がある．

i) 傾度法

傾度法（gradient method／profile method）は，傾度を用いて物理量の輸送量を求める方法である．蒸発散の輸送量は次式で算定される．

$$E = -\rho_a K_E \frac{\partial q}{\partial z} \quad (3.39)$$

ここで，K_E は水蒸気輸送に関する乱流拡散係数（m^2 s^{-1}），z は高度（m）である．

平坦な地表面上の風速，気温，比湿などは，高度の対数に比例する形で鉛直分布する．風速の鉛直分布の対数則式は次式で与えられる．

$$u = \frac{u^*}{k} \ln \frac{z-d}{z_0} \quad (3.40)$$

ここで，u^* は摩擦速度（m s^{-1}），k はカルマン定数（0.4），d は地面修正量（m），z_0 は粗度（m）である．

(3.39)，(3.40) 式を解くことにより，蒸発散量は高度 z_1，z_2 の風速と比湿を用いて，次式から推定できる．

$$E = -\rho_a k^2 \frac{K_E}{K_M} \frac{(u_1-u_2)(q_1-q_2)}{\{\ln(z_2/z_1)\}^2} \quad (3.41)$$

ここで，K_M は運動量に関する乱流拡散係数（m^2 s^{-1}）である．大気が中立（気温減率が乾燥断熱減率と等しい）に近い場合は，$K_E = K_M$ と仮定できるので，(3.41) 式から K_E と K_M を消去できる．

ii) バルク法

バルク法（bulk transfer method）は，物理量の輸送量を接地気層内の1高度における風速と，その高度および地表面における物理量の差によって表す方法で，水面や積雪面からの蒸発量の測定に有効である．水面では空気は飽和していると仮定できるので，水面の比湿 q_s を $q_{sat}(T_s)$ と置き，蒸発散量を次式で表すことができる．

$$E = \rho_a C_E u \{q_{sat}(T_s) - q\} \quad (3.42)$$

ここで，C_E は蒸発バルク輸送係数，T_s は地表面の温度（℃），q_{sat} は飽和比湿（kg kg^{-1}）である．

$$C_E = \frac{k^2}{\ln\left[(z-d)/z_0\right] \cdot \ln\left[(z-d)/z_q\right]} \quad (3.43)$$

ここで，z_q は比湿分布に対する粗度長（m）である．

バルク式は，水蒸気輸送に電気のオームの法則を適用し，蒸発散量を抵抗およびコンダクタンスなどを用いて表されることも多い．

$$E = \rho_a g \{q_{sat}(T_s) - q\} = \rho_a \frac{q_{sat}(T_s) - q}{r} \quad (3.44)$$

(a) 気孔 (b) 群落

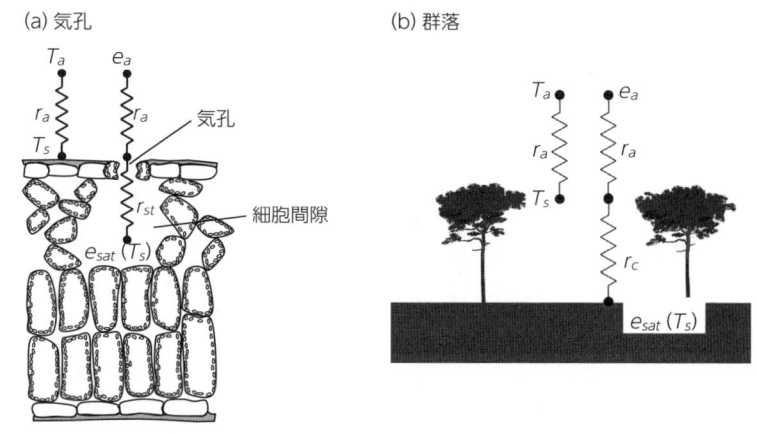

図 3.11 気孔および群落の構造と抵抗の関係の概念図

ここで，g はコンダクタンス（m s^{-1}），r は抵抗（s m^{-1}）である．

オームの法則の適用によって，気孔あるいは群落（図 3.11）内部から大気への水蒸気輸送すなわち蒸散に関する抵抗とコンダクタンスは次式で表される．

気孔抵抗　　　　　　　$r = r_{st} + r_a$　　　　　　　　　(3.45a)

気孔コンダクタンス　　$\dfrac{1}{g} = \dfrac{1}{g_{st}} + \dfrac{1}{g_a}$　　　　(3.45b)

群落抵抗　　　　　　　$r = r_c + r_a$　　　　　　　　　(3.45c)

群落コンダクタンス　　$\dfrac{1}{g} = \dfrac{1}{g_c} + \dfrac{1}{g_a}$　　　　(3.45d)

ここで，添え字 a は境界層，st は気孔，c は群落の値であることを示す．

3) 熱収支法

地表に到達した純放射は，蒸発散のために消費される蒸発潜熱輸送量 lE（latent heat flux），大気を温める顕熱輸送量 H（sensible heat flux），地中を温める地中熱流量 G（soil heat flux）に配分される．

$$R_n = lE + H + G \tag{3.46}$$

顕熱輸送量と蒸発潜熱輸送量の比 H/lE はボーエン比（Bowen ratio）β と呼ばれている．顕熱と蒸発潜熱の拡散係数が等しいと仮定すると，ボーエン比は 2 高度の気温，比湿から次式で表される．

$$\beta = \frac{c_p(T_1 - T_2)}{l(q_1 - q_2)} \approx \gamma \frac{T_1 - T_2}{e_1 - e_2} \tag{3.47}$$

$$\gamma = \frac{c_p p}{\varepsilon l} = \frac{c_p p}{0.622\, l} \tag{3.48}$$

ここで，c_p は空気の定圧比熱（≃1.004〜1.013 kJ ℃$^{-1}$ kg^{-1}），γ は乾湿計定数

($hPa\,℃^{-1}$), p は気圧 (hPa) であり,添え字1,2は任意の測定高度を示す.乾湿計定数は標準気圧下では $0.66\sim0.67\,hPa\,℃^{-1}$ である.

(3.46) 式を β を用いて整理すると次式のようになる.

$$lE = \frac{R_n - G}{1+\beta} \tag{3.49}$$

(3.49) 式より蒸発散量を算定する方法は,熱収支法 (energy balance method) あるいはボーエン比法 (Bowen ratio method) と呼ばれている.

3.4 蒸発散量の推定法

蒸発散量は,測定法が確立されていないこと,測定値が地表面の影響を強く受けるため地域代表性が乏しいことなどから,一般地上気象観測項目に含まれていない.したがって,蒸発散量は他の一般地上気象観測データを用いて推定することが多い.

a. 物理モデル
1) 湿潤面蒸発散量
蒸発散量の中で最も扱いやすい条件は,地表面が湿潤で飽和している状態である.
i) 蒸発散位
地表面が短い丈の草で覆われ,水が十分に供給されている条件下の蒸発散は蒸発散位 (potential evapotranspiration) と定義され,灌漑計画や気候区分など広い分野において蒸発散量の基準として使用されている.蒸発散位の算定法の中で最も一般的に使用されているのが,次式に示すペンマン式 (Penman, 1948;1963) である.

$$E_p = \frac{\Delta}{\Delta+\gamma}\left(\frac{R_n}{l}\right) + \frac{\gamma}{\Delta+\gamma}f(u_2)\{e_{sat}(T_a) - e_a\} \tag{3.50a}$$

$$f(u_2) = 0.26(1 + 0.537 u_2) \tag{3.50b}$$

ここで,E_p は蒸発散位 ($mm\,d^{-1}$),Δ は温度-飽和水蒸気圧曲線の勾配 ($hPa\,℃^{-1}$),γ は乾湿計定数 ($hPa\,℃^{-1}$),$f(u_2)$ は風速関数,u_2 は高度2mの風速 ($m\,s^{-1}$) である.

ペンマン式は地表面が飽和しているという仮定のもとで熱収支法と空気力学法を組み合わせた式であり,当初浅い水体からの蒸発量を推定する式として提案されたが (Penman, 1948),後に蒸発散位推定式として提案された (Penman, 1963).

ii) 基準蒸発散量
基準蒸発散量 (reference evapotranspiration) は,基準作物に十分に水を供給した場合の蒸発散量であり,対象表面をより明確に定義した蒸発散位であるとされる.国連食糧農業機関 (Food and Agriculture Organization of the United Nations, FAO) の作物蒸発散量算定ガイドライン (Allen et al., 1998) では,基準作物を「高さ0.12

m，抵抗 70 s m^{-1}，アルベド 0.23 の仮想的な作物」，基準蒸発散量を「基準作物で覆われた境界層抵抗が $208/u_2$（s m^{-1}）（u_2 は地表 2 m 高さの風速）の広大な地表面で，水不足がない条件で，地表 2 m 高さで測定した気象観測値を用いて FAO ペンマン-モンティース式で算定した蒸発散量」と定義している．この FAO ペンマン-モンティース式は，次のような式である．

$$E_r = \frac{0.408\Delta(R_n-G) + \gamma \dfrac{900}{T_a+273} u_2[e_{sat}(T_a)-e_a]}{\Delta + \gamma(1+0.34u_2)} \tag{3.51}$$

ここで，E_r は FAO 基準蒸発散量（mm d^{-1}），G は地中熱流量（MJ m^{-2} d^{-1}）であり，e_{sat}，e_a の単位は kPa，γ，Δ の単位は kPa ℃$^{-1}$ である．

iii）平衡蒸発量

平衡蒸発量（equilibrium evaporation）E_{eq} は，飽差が 0 になった場合の蒸発散位である（Slatyer and McIloy, 1961）．平衡蒸発量は，ペンマン式の第 1 項に相当する．

$$E_{eq} = \frac{\Delta}{\Delta + \gamma}\left(\frac{R_n}{l}\right) \tag{3.52}$$

iv）広域湿潤面蒸発量

広域湿潤面蒸発量 E_{pot} は，移流のない広大で均一な湿潤面で生じる蒸発散量である．この定義を満たす様々な表面における観測結果から，平衡蒸発量の約 1.26 倍になることが知られている（Priestley and Taylor, 1972）．

$$E_{pot} = 1.26 \frac{\Delta}{\Delta + \gamma}\left(\frac{R_n}{l}\right) \tag{3.53}$$

例題 3.4　様々な蒸発散量の算定

高度 2 m で測定した純放射量が 12.0 MJ m^{-2}，気温が 20.0℃，湿度が 70%，風速が 2.0 m s^{-1} で，$c_p = 1.004$ kJ ℃$^{-1}$ kg^{-1} とし，標準気圧下における蒸発散位，平衡蒸発量，広域湿潤面蒸発量を求めなさい．

［解答］　(3.4) 式より $l = 2,453.5$ J g^{-1}，(3.48) 式より $\gamma = 0.667$ hPa ℃$^{-1}$ である．(2.1) 式より $e_{sat}(T_a) = 23.4$ hPa であるから，$e = e_{sat} \times 0.7 = 16.4$ hPa．温度飽和水蒸気圧の勾配 Δ は (2.1) 式を温度 T_a で微分した次式より算定できる．

$$\Delta = \frac{bc}{(T_a+c)^2} e_{sat} = \frac{17.2693882 \times 237.3}{(20.0+237.3)^2} \times 23.4 = 1.45 \tag{3.54}$$

したがって，(3.50)，(3.52)，(3.53) 式より，$E_p = 4.5$ mm d^{-1}，$E_{eq} = 3.3$ mm d^{-1}，$E_{pot} = 4.2$ mm d^{-1} である．

2) 実蒸発散量

自然条件下の蒸発散量を，実蒸発散量（actual evapotranspiration）と呼ぶ．実蒸発散量の場合，乾湿条件を考慮する必要があるため，推定手順は煩雑である．

i) ペンマン-モンティース式

ペンマン-モンティース式（Monteith, 1965）は，ペンマン式に抵抗あるいはコンダクタンスの概念を導入して実蒸発散量を推定する式であり，ビッグリーフモデルとも呼ばれている（図 3.11）．

$$lE = \frac{\Delta(R_n - G) + \rho_a c_p \{e_{sat}(T_a) - e_a\}/r_a}{\Delta + \gamma(1 + r_c/r_a)} \tag{3.55a}$$

$$lE = \frac{\Delta(R_n - G) + \rho_a c_p g_a \{e_{sat}(T_a) - e_a\}}{\Delta + \gamma(1 + g_a/g_c)} \tag{3.55b}$$

森林のように樹高が高く粗度の大きい群落では，g_a は g_c に比べて 1～2 オーダー大きい．

ii) 作物係数法

灌漑作物の蒸発散量は，生育段階別に見ると蒸発散位あるいは基準蒸発散量にほぼ比例するので，生育段階別の作物係数 K_c（crop coefficient）を蒸発散位あるいは基準蒸発散量に乗じることによって求めるのが一般的である．

$$E = K_c \cdot E_p \quad \text{あるいは} \quad E = K_c \cdot E_r \tag{3.56}$$

iii) 補完関係法

地表面が乾燥するに従って実蒸発散量は減少するのに対し，計器蒸発量や蒸発散位は増加する．Bouchet（1963）は，この両者には補完関係（complementary relationship）があることを発表した．その後，Morton（1965）は補完関係を「蒸発散位は地域の乾湿状態に応じて実蒸発散量に対して補完的に変化し，両者の和は広域湿潤面蒸発散量の2倍に等しい」とし，次式を提案した．

$$E = 2E_{pot} - E_p \tag{3.57}$$

ここで，E_{pot} は広域湿潤面蒸発散量，E_p は蒸発散位であり，一般に前者の算定にはプリーストリー-テイラー式，後者の算定にはペンマン式が使用される．

補完関係法には，CRAE モデル（complementary relationship areal evapotranspiration；Morton, 1983），AA モデル（advection aridity；Brutsaert and Stricker, 1979），GG モデル（Granger and Gray；Granger and Gray, 1989）などがある．

b. 経験モデル

経験モデルは，気象資料と蒸発散量を経験的に関連づけたものであり，温度法，放射法，蒸発計法などに大別される．

1) 温度法
i) ブラネイ-クリドル式

ブラネイ-クリドル（Blaney-Criddle）式は，灌漑計画における消費水量を推定する方法として開発されたものである（Blaney and Criddle, 1950）．

$$E_p = d_L(0.46T_a + 8) \tag{3.58a}$$

$$d_L = \frac{N}{\frac{365}{\sum N}} \times 100 \tag{3.58b}$$

ここで，E_p は蒸発散位（mm d^{-1}），d_L は年可照時間に対する日可照時間の割合（%），T_a は平均気温（℃），N は日可照時間（h）である．

ブラネイ-クリドル式は，FAO（Doorenbos et al., 1977）の灌漑計画における最も簡便な消費水量推定法として採用されている．

ii) ソーンスウェイト式

ソーンスウェイト（Thornthwaite）式は，気候学，水文学の分野で広く適用されている方法である（Thornthwaite, 1948）．

$$E_p = 16\left(\frac{10T_m}{I}\right)^a \left(\frac{N_m}{12}\right)\left(\frac{1}{30}\right) \tag{3.59a}$$

$$I = \sum_{m=1}^{12}\left(\frac{T_m}{5}\right)^{1.514} \tag{3.59b}$$

$$a = (492{,}390 + 17{,}920I - 77.1I^2 + 0.675I^3) \times 10^{-6} \tag{3.59c}$$

ソーンスウェイト式は，蒸発散位を乾燥地域では過小評価，湿潤地域では過大評価するという構造的欠陥があり，利用が滞っていた．しかし近年，GIS の普及が進み，各種情報のメッシュ化データベースの構築が進む中で，実質的に気温データのみを必要とするソーンスウェイト式の利便性が再認識されるようになっている．

iii) ハモン式

ハモン（Hamon）式は工学分野で広く使用されている蒸発散位の推定法である（Hamon, 1961）．

$$E_p = 140\left(\frac{N}{12}\right)^2 \rho_{v,sat} \tag{3.60}$$

ここで，$\rho_{v,sat}$ は飽和絶対湿度（kg m^{-3}）である．

iv) 小松式

Komatsu et al.（2010）は，日本ではソーンスウェイト式およびハモン式による蒸発散位算定値は，年総量では森林流域実蒸発散量と概ね一致するが，季別では夏季に過大，冬季に過小であること，気温を変数とした次の線形回帰式を用いれば，森林流域蒸発散量をより高い精度で推定できることを報告している．

$$E_{FW}=3.48T_m+32.3 \tag{3.61}$$

ここで，E_{FW} は森林流域蒸発散量（mm month^{-1}）である．

2) 放射法

i) マッキンク式

Makkink（1957）式は全天日射 S_t を変数とした基準蒸発散量推定式であり，実蒸発散量の推定にも適用されている．

$$E_r=a\frac{\Delta}{\Delta+\gamma}\left(\frac{S_t}{l}\right)+b \tag{3.62}$$

ここで，a, b は経験定数である．

ii) 平衡モデル

平衡モデル（equilibrium model）は，平衡蒸発量に土壌水分や降水量のパラメータを導入することによって経験的に実蒸発散量を推定する方法である．

$$E=a\frac{\Delta}{\Delta+\gamma}\left(\frac{R_n}{l}\right) \tag{3.63}$$

ここで，a は経験定数である．

小松（2007）は，世界の 67 地点の森林蒸発散量に関する経験定数を表 3.3 のようにまとめ，針葉樹に関する経験定数 a と樹高との間には次式が成立するとしている．

表 3.3　様々な森林の平衡モデルの係数 a（小松，2007）

気候帯	広葉樹林	針葉樹林
熱帯	0.83±0.12	—
温帯	0.82±0.16	0.65±0.25
亜寒	1.09	0.55±0.06
平均	0.83±0.15	0.63±0.23

	常緑広葉樹	落葉広葉樹
平均	0.80±0.14	0.87±0.16

$$a=-0.269\ln(h)+1.31 \tag{3.64}$$

ここで，h は樹高（m）である．

3) 簡易水収支式

i) ジャン式

Zhang et al.（2001）は，森林・草地流域蒸発散量の推定式を提案した．

$$E=P\left(\frac{1+w\dfrac{E_0}{R}}{1+w\dfrac{E_0}{R}+\dfrac{R}{E_0}}\right) \tag{3.65}$$

ここで，E は年流域蒸発散量（mm y^{-1}），R は年降水量（mm y^{-1}）で，E_0 は年最大流域蒸発散量定数（森林流域の場合 1,410，草地流域の場合 1,100），w は植物有効水分定数（森林流域の場合 2，草地流域の場合 0.5）である．

森林・草地が混交する流域蒸発散量は，次式を提案している．

$$E_M=fE_F+(1-f)E_G \tag{3.66}$$

ここで，f は森林率（流域面積に対する森林面積の比率）で，E の添え字 M, F, G はそれぞれ森林・草地混交流域，森林流域，草地流域の値を示す．

ii）ジャン-小松式

Komatsu（2012）は，ジャン式は世界の他の気候の森林流域蒸発散量の推定には適さないことを実証し（図 3.2 参照），北緯 60°～南緯 60° の森林流域で得られた 829 の森林流域年蒸発散量観測データから，年最大流域蒸発散量 E_0 は気温に依存して変化することを報告し，これを（3.64）式に適用することを提案している．

$$E_0 = 0.488 T_a^2 + 27.5 T_a + 412 \tag{3.67}$$

ここで，T_a は年平均気温（℃）である．

iii）樹冠遮断率法

日本では，針葉樹林の樹冠遮断率は立木密度の関数で表すことができる（Komatsu et al., 2015）．

$$E_W/R = 0.308\{1 - \exp(-0.000880\eta)\} \tag{3.68}$$

ここで，E_W は遮断蒸発量（mm y^{-1}），η は立木密度（本/ha）である．

3.5　様々な地目の蒸発散

蒸発散は，地表面の水分状態，植生の状態によって大きく変化する．例えば，砂漠のような乾燥条件下では蒸発散量はほとんど 0 で，純放射の大半は顕熱輸送と地中熱に配分される．地表面が湿潤になるに従って，蒸発潜熱輸送が純放射に占める割合は増加し，地表面が飽和すると純放射の大半は蒸発潜熱輸送に配分される．地表面と大気間に植生が介在すると，蒸発散過程は複雑に変化する．

a．農地からの蒸発散

図 3.12 に，近接する裸地，畑，水田の熱収支を示した．裸地の場合，蒸発潜熱輸送量は顕熱輸送量より多いが，顕熱輸送量は少なくない．畑の場合，純放射の大半が蒸発潜熱輸送に消費されている．水田の場合，群落は純放射に加えて大気から顕熱の供給を受け，蒸発潜熱輸送量は純放射量を上回っている．なお水田の場合，湛水の貯熱変化量も大きく，蒸発潜熱輸送は純放射に対して位相が遅れている．

農地からの蒸発散は，群落を一つの表面（ビッグリーフ）として扱う場合と，土壌面蒸発と植物体からの蒸散の和として扱う場合がある．FAO 作物蒸発散量算定ガイドライン（Allen et al., 1998）では，前者の場合は単一作物係数を用い，後者の場合は作物と土壌の状態を考慮した二重作物係数を用いている．

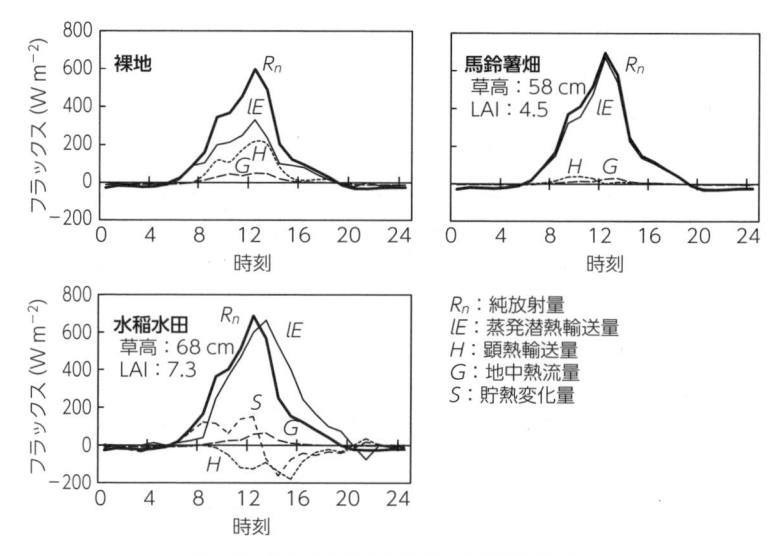

図3.12 様々な地目の熱収支（北海道深川市）

R_n：純放射量
lE：蒸発潜熱輸送量
H：顕熱輸送量
G：地中熱流量
S：貯熱変化量

b. 森林からの蒸発散量

図3.13は，森林の約50％が畑地に造成された愛媛県の造成畑地流域（11.7 ha）と，その近傍にある森林流域（21.0 ha）における流域蒸発散量および蒸発散位の季別変化を示したものである．観測期間の平均年降水量は約1,750 mm y^{-1}である．森林流域の蒸発散量は，蒸発散位の多寡にかかわらず蒸発散位とほぼ等しいかやや小さい．一方，造成畑地流域の蒸発散量は，蒸発散位が比較的少ない年には蒸発散位とほぼ一致しているが，蒸発散位が多い年には春から夏にかけてかなり抑制されている．これは，この程度の降水量では森林蒸発散量は降水の多寡の影響を受けないが，植生量が少なく裸地状態になることがある造成畑地の場合，降水の少ない年には蒸発散が抑制されることを示唆している．

c. 森林における蒸散と遮断蒸発

森林の場合，林床面蒸発散量は少なく樹冠遮断量が多いため，蒸発散量は一般には遮断蒸発量と蒸散量の和として扱うことが多い．

図3.14に，滋賀県の針葉樹林（主としてアカマツ，ヒノキ）における遮断蒸発量と蒸散量の年変化の測定例を示す．森林の蒸散量は概ね日射量に対応し，夏に多く冬に少ないという明確な季節変化をするのに対し，遮断蒸発量は降雨の頻度と強度に依存し，年間を通じて15～35 mm month^{-1}の値をとっている．日本の森林の年間蒸発

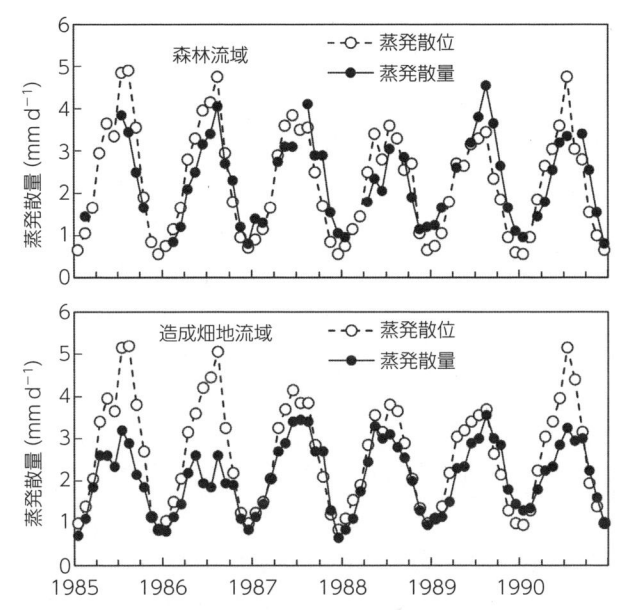

図 3.13 森林流域と造成畑地流域の蒸発散量と蒸発散位（Takase et al.（1994）を改変）

散量は湖面の蒸発散量より約 30％多いが，これは主として降雨日の遮断蒸発量の寄与によるといわれている（近藤，1994）．

近年，日本では過密高齢人工林が増加しており，間伐が推奨され，強度間伐も実施されるようになってきた．その結果，樹冠が開け，林床がかなり開放される状況が生まれつつある．この場合，従来無視されてきた林床面蒸発散量が増加し，蒸散量，樹冠遮断量だけでなく，林床面蒸発散量を考慮する必要がある．

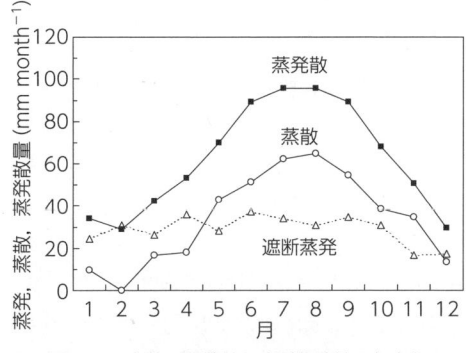

図 3.14 森林の蒸散量と遮断蒸発量の年変化（Suzuki（1980）より作成）

d. 蒸発散に対する放射の寄与

蒸発散に対する放射と大気需要の寄与を比較するために，ペンマン-モンティース式を放射項（第 1 項）と空気力学項（第 2 項）に分けて，両者を比較することがある（McNaughton and Jarvis, 1983）．

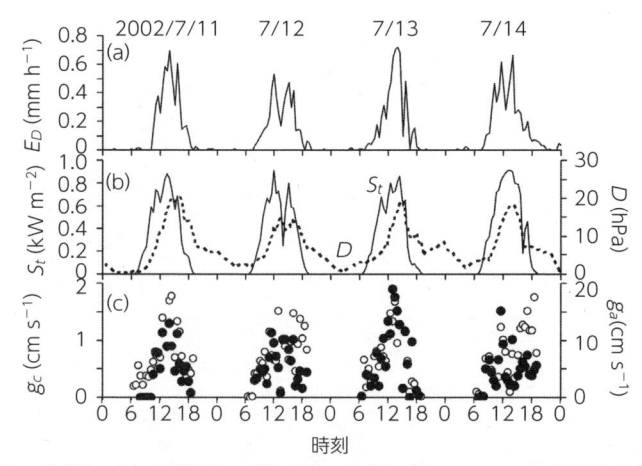

図3.15 熱帯林における蒸散量と関連要素の日変化（Kumagai et al.（2004）を改変）
● : g_c, ○ : g_a.

$$E_D = \frac{\Delta(R_n - G) + \rho_a c_p g_a D}{l\{\Delta + \gamma(1 + g_a/g_c)\}} = \Omega E_{eq} + (1-\Omega) E_{imp} \quad (3.69a)$$

$$E_{imp} = \frac{\rho_a c_p}{l\gamma} g_a D \quad (3.69b)$$

$$\Omega = \frac{\Delta + \gamma}{\Delta + \gamma(1 + g_a/g_c)} \quad (3.69c)$$

ここで，Ω は乖離率（decoupling coefficient）と呼ばれ，蒸散量 E_D に占める平衡蒸発量 E_{eq} の割合であり，0～1 の値をとる．

図3.15は，マレーシアの熱帯林（平均群落高：約 40 m，LAI：4.8～6.8，平均6.2）における蒸散量と関連要素の日変化を示したものである．蒸散量 E_D は全天日射量 S_t とよく似た変化をしており，群落コンダクタンス g_c は境界層コンダクタンス g_a のほぼ10%のオーダーで蒸散量に似た変化をしている．

乾燥期には乖離率が小さく，蒸散量は群落コンダクタンスに対応して変化するのに対し，湿潤期には乖離率が大きく，群落コンダクタンスに対する蒸散量の依存性は低下する（Kumagai et al., 2004）．Jarvis and McNaughton（1986）は，乖離率は，草地では0.8～0.9，農地

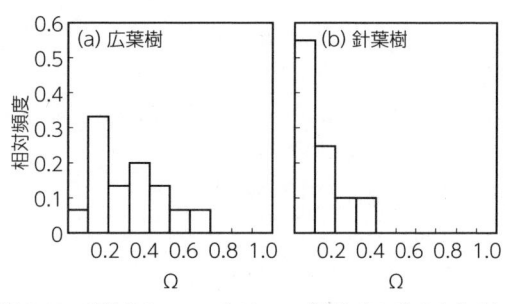

図3.16 乖離率 Ω のヒストグラム（小松（2003）より作成）

では 0.4～0.7，森林では 0.1～0.2 という値を報告している．小松（2003）は，広葉樹林 15 例，針葉樹林 20 例の乖離率を整理し，針葉樹林ではほぼ 0.1～0.2 の値をとるが，広葉樹林では約 60% が 0.2 を超え，0.4～0.7 となるものも 27% と少なくないことを報告している（図 3.16）． ［大槻恭一］

演習問題

問 3.1 ［地球と太陽の黒体放射］

地球および太陽の放射束密度 I，最大放射の波長 λ_{max} および放射束密度 I_b を求めなさい．なお，地球および太陽は黒体であると仮定し，表面温度をそれぞれ 288 K，5,780 K として計算しなさい．

問 3.2 ［地表面と葉面の放射収支］

標高 800 m の草原において，快晴で太陽高度が 60° のとき，気温が 30℃，草原の表面温度が 35℃，草原に立つ樹木の水平葉の葉温が 30℃ であった．草原と水平葉の純放射量を求めなさい．なお，葉の短波放射吸収率を 0.5 として計算しなさい．

問 3.3 ［地面修正量 d と粗度長 z_0 の算定］

畑地で風速を測定したところ，表 3.4 のような測定結果を得た．地面修正量 d と粗度長 z_0 を求め，高度 0.4 m，5 m における風速を求めなさい．

表 3.4　畑地上の風速分布

高度(m)	0.5	1.0	2.0	4.0	8.0
風速(m s^{-1})	1.00	2.55	3.70	4.65	5.55

問 3.4 ［バルク法］

ある湖面における 1 時間平均微気象観測値が，大気圧 $p=1,000$ hPa，水面温度 $T_s=25℃$，湖面上 2 m の気温 $T_a=30℃$，相対湿度 RH$=50\%$，風速 $u=4.0$ m s^{-1} であった．気温 30℃ における空気の密度 $\rho_a=1.165$ kg m^{-3}，水温 25℃ における水の密度 $\rho_w=997.0$ kg m^{-3} である．水面上の運動量輸送および水蒸気輸送の粗度長 z_0，z_q はいずれも 2.5×10^{-4} m として，バルク法を用いてこの 1 時間の湖面蒸発量を推定しなさい．

問 3.5 ［ボーエン比熱収支法］

1 時間平均の微気象観測値が，純放射量 600 W m^{-2}，地中熱流量 100 W m^{-2}，25 cm，50 cm 高さの気温がそれぞれ 25.0℃，23.0℃，水蒸気圧がそれぞれ 22.0 hPa，18.0 hPa であった．ボーエン比法より 1 時間当たりの蒸発散量を算定しなさい．なお，空気の定圧比熱 $c_p=1.006$ kJ ℃$^{-1}$ kg^{-1}，大気圧 $p=1,013$ hPa として算定しなさい．

問 3.6 ［経験法による蒸発散量の推定］

表 3.5 に F 市における月平均気温を示す．ブラネイ-クリドル式，ソーンスウェイト式，ハモン式を用いて月平均蒸発散位，小松式を用いて月平均森林流域蒸発散量を求めなさい．なお，F 市の緯度は 33°34.9′ である．

表 3.5 F 市における月平均気温

月	1	2	3	4	5	6	7	8	9	10	11	12
気温(℃)	7.5	7.6	11.5	15.6	20.5	22.6	27.1	26.5	24.2	19.7	14.7	7.6

問 3.7 ［群落コンダクタンスと境界層コンダクタンス］

畑地で気象観測を行った結果，1 時間平均値が，気圧 $p=1,000$ hPa，気温 $T_a=25℃$，水蒸気圧 $e_a=20$ hPa，作物群落の表面温度 $T_s=30℃$，群落コンダクタンス $g_c=0.015$ m s^{-1}，境界層コンダクタンス $g_a=0.150$ m s^{-1} であった．作物群落表面が飽和しているとき，1 時間あたりの蒸発散量を算定しなさい．なお，水の密度は 997.0 kg m^{-3} として計算しなさい．

文　献

稲葉誠博他：1 水年を通して日蒸発散量を算出する短期水収支法，日本森林学会誌，**91**（2），63-70（2009）

大槻恭一他：気象資料から推定したわが国の蒸発散量，農業土木学会論文集，**112**，25-32（1984）

小松　光：森林群落で計測される乖離率（decoupling factor）の値，水文・水資源学会誌，**16**（4），423-438（2003）

小松　光：森林からの蒸散を比較する（森林水文学編集委員会編：森林水文学），131-147，森北出版（2007）

近藤純正：水環境の気象学―地表面の水収支・熱収支―，朝倉書店（1994）

篠原慶規他：日最高，最低気温から全天日射量を推定する方法―日本への適用可能性―，水文・水資源学会誌，**20**（5），462-469（2007）

鈴木雅一：短期水収支法による森林流域からの蒸発散量推定，日本林学会誌，**67**（4），115-125（1985）

高瀬恵次・丸山利輔：水収支法による季別流域蒸発散量の推定，農業土木学会論文集，**76**，1-6（1978）

Allen, R. G. et al.：Crop Evapotranspiration, FAO Irrigation and Drainage Paper, 56, FAO（1998）

Black, J. N.：The distribution of solar radiation over the Earth's surface, *Arch. Meteor. Geophys. Bioklimatol. Ser. B*, **7**（2），165-189（1956）

Blaney, H. F. and Criddle, W. D. : Determining Water Requirements in Irrigated Area from Climatological Irrigation Data, USDA, Soil Conservation Service, Tech. Pap., 96 (1950)

Bouchet, R. J. : Evapotranspiration reelle et potentielle, signification climatique, *Int. Assoc. Sci. Hydrol.*, **14**, 543-824 (1963)

Bristow, K. L. and Campbell, G. S. : On the relationship between incoming solar radiation and daily maximum and minimum temperature, *Agric. For. Meteorol.*, **31**, 159-166 (1984).

Brutsaert, W. and Stricker, H. : An advection-aridity approach to estimate actual regional evapotranspiration, *Water Resour. Res.*, **15** (2), 443-450 (1979)

Brutsaert, W. : Evaporation into the Atmosphere : Theory, History and Applications, D. Reidel Publishing Co. (1982)

Brutsaert, W. : Hydrology : An Introduction, Cambridge University Press (2005)

Campbell, G. S. and Norman, J. M. : An Introduction to Environmental Biophysics, Springer (1998)

Doorenbos, J. et al. : Guidelines for Predicting Crop Water Requirements, FAO Irrigation and Drainage Paper, 24, FAO (1977)

Granger, R. J. and Gray, D. M. : Evaporation from natural nonsaturated surfaces, *J. Hydrol.*, **111**, 21-29 (1989)

Granier, A. : Evaluation of transpiration in a Douglas-fir stand by means of sap flow measurements, *Tree Physiol.*, **3**, 309-320 (1987)

Hamon, W. R. : Estimating potential evapotranspiration, *Proc. Am. Soc. Civ. Eng.*, **87**, 107-120 (1961).

Jarvis, P. G. and McNaughton, K.G. : Stomatal control of transpiration : Scaling up from leaf to region, *Adv. Ecol. Res.*, **15**, 1-49 (1986)

Jones, H. G. : Plants and Microclimate : A Quantitative Approach to Environmental Plant Physiology, Cambridge University Press (2013)

Komatsu, H. et al. : A simple model to estimate monthly forest evapotranspiration in Japan from monthly temperature, *Hydrol. Proc.*, **24**, 1896-1911 (2010)

Komatsu, H. et al. : Simple modeling of global variation in annual forest evapotranspiration, *J. Hydrol.*, **420-421**, 380-390 (2012)

Komatsu H. et al. : Models to predict changes in annual runoff with thinning and clearcutting of Japanese cedar and cypress plantations in Japan, *Hydrol. Proc.*, **29**, 5120-5134 (2015)

Kumagai, T. et al. : Transpiration, canopy conductance and the decoupling coefficient of a lowland mixed dipterocarp forest in Sarawak, Borneo : dry spell effects, *J. Hydrol.*, **287** (1-4), 237-251 (2004)

McNaughton, K. G. and Jarvis, P. G. : Predicting effects of vegetation changes on transpiration and evaporation, Water Deficits and Plant Growth (Kozlowski, T. T. ed.), 1-47, Academic Press (1983)

Makkink, G. F. : Testing the Penman formula by means of lysimeters, *J. Inst. Water Eng.*, **11**, 277-288（1957）

Monteith, J. L. : Evaporation and environment, *Symp. Soc. Exp. Biol.*, **19**, 205-234（1965）

Monteith, J. L. and Untworth, M. H. : Principles of Environmental Physics, 3rd ed., Academic Press（2007）

Morton, F. I. : Potential evaporation and river basin evaporation, *J. Hydraul. Div. Am. Soc. Civ. Eng.*, **91**（HY6）, 67-97（1965）

Morton, F. I. : Operational estimates of areal evapotranspiration and their significance to the science and practice of hydrology, *J. Hydrol.*, **66**, 1-76（1983）.

Penman, H. L. : Natural evapotranspiration from open water, bare soil and grass, *Proc. R. Soc. London*, **A193**, 120-146（1948）

Penman, H. L. : Vegetation and Hydrology（Technical Communication No. 53, Commonwealth Bureau of Soils, Harpenden）Commonwealth Agricultural Bureaux（1963）

Priestley, C. H. B. and Taylor, R. J. : On the assessment of surface heat flux and evaporation using large scale parameters, *Mon. Weather Rev.*, **100**, 81-92（1972）

Slatyer, R. O. and McIlroy, I. C. : Practical Micrometeorology, CSIRO-UNESCO（1961）.

Suzuki, M. : Evapotranspiration from a small catchment in Hilly Mountains（I）, *J. Jpn. Forest. Soc.*, **62**（2）, 46-53（1980）

Takase, K. and Sato, K. : Comparison of evapotranspiration between a reclaimed upland field and a forest catchment, *J. Jpn. Soc. Hydrol. Water Resour.*, **7**（6）, 495-502（1994）

Thornthwaite, C. W. : An approach toward a rational classification of climate, *Geogr. Rev.*, **38**, 55-94（1948）

Trenberth, K. E. et al. : Earth's global energy budget, *Bull. Am. Meteorol. Soc.*, **90**, 311-323（2009）.

Zhang, L. et al. : Response of mean annual evapotranspiration to vegetation changes at cathment scale, *Water Resour. Res.*, **37**, 701-708（2001）

第4章 地表水

4.1 流　　域

a. 流域と地形

地表水は地形に沿って流域内を流動しているので，まずは流域とその地形を概説する．

河川を流れている水は，ある地域に降った降水（雨・雪・霰など）が河道に流出してきたものである．この地域，すなわち河川・湖沼などへ水を供給する降水の降下域のことを流域（または集水域）といい，その面積を流域面積という．

1) 流域面積と主河道長の関係

一般に，流域面積が大きくなるに従って主河道も長くなる．両者の関係は次のハック（Hack）の法則で表される．

$$L = \alpha A^\beta \tag{4.1}$$

A は流域面積（km²），L は主河道長（km）で一般に流域下流端から上流に向けて河道を遡るルートのうちで最も長いものを指し，幹線流路長ともいう．β は定数でほぼ 0.6 である．α は定数で，$\beta=0.6$ のとき $\alpha=1.35$ である（図 4.1）．

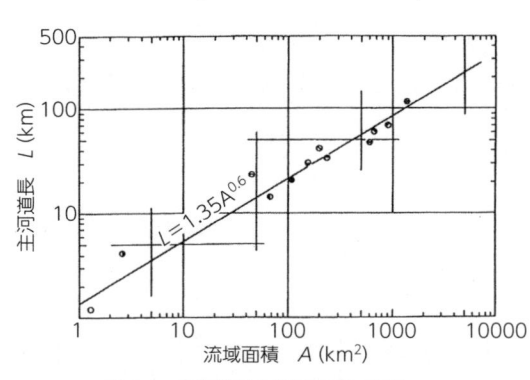

図 4.1　主河道長と流域面積の関係

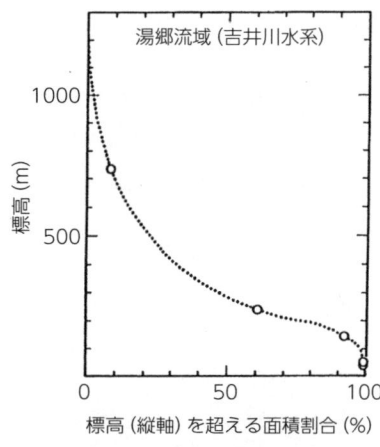

図 4.2　面積・高度曲線の例

2) 面積・高度曲線

面積・高度曲線は，ある標高以上の面積が流域内にどの程度の割合で存在するかを表す曲線であり（図4.2），降水量や積雪・融雪量の解析など，水文量が標高によって変化する場合によく利用される．そのほか，侵食度や河川発達度などの地形の判断対比にも使われている．

b. 河道の次数化と地形則

1) 次数化方式と地形4則

流域の河道は，地形図で見ると樹枝状に伸びていることが多い．この河道網を定量的に議論する際の基本となるのは，河道の次数化である．これまでに提案された方法のうち，現在よく用いられるのはホートン（Horton）方式を改良した次のストレーラー（Strahler）方式である．この方式では，まず①流域最上流部の河道を1次とし（図4.3），次に②1次と1次の河道が合流したものを2次河道とし，③2次と2次の河道が合流したものを3次河道，3次と3次の河道が合流したものを4次河道…とする．すなわち，次数が同じu次とu次の河道が合流して，$(u+1)$次河道となるようにする．なお，④u次河道にそれよりも低位の$(u-1)$次以下の河道が合流しても河道の次数は変化せず，u次のままとする．

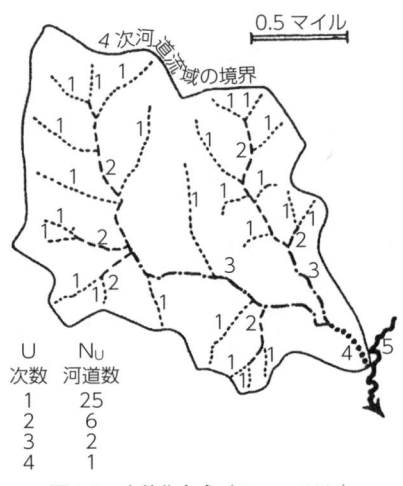

図4.3 次数化方式（Chow, 1964）

U 次数	N_U 河道数
1	25
2	6
3	2
4	1

この次数化方式に基づいた地形則のうち，次の4法則がよく知られている．

(1) 河道数則：　　$N_u/N_{u+1}=R_B$,　R_B：分岐比　　　　　　　　　　(4.2)

(2) 河道長則：　　$L_{u+1}/L_u=R_L$,　R_L：河道長比　　　　　　　　　(4.3)

(3) 河道勾配則：　$S_u/S_{u+1}=R_S$,　R_S：河道勾配比　　　　　　　　(4.4)

(4) 集水面積則：　$A_{u+1}/A_u=R_A$,　R_A：集水面積比　　　　　　　　(4.5)

ここで，N_u, L_u, S_u, A_u はそれぞれu次河道の数，平均河道長，平均河道勾配，u次河道（下流端で）の平均集水面積である．

2) 地形量の計測

地形量の計測には地形図を用いるが，すべての河道が表示されているわけではなく，小規模の河道は省略されている場合が多い．地形則を吟味する場合や流出解析を

行う場合では，どこまでを河道とみなすかが問題となる場合がある．一般には，大流域では地形図に記載されている河道をそのまま採用することが多い．小流域では，現地踏査または地形図の等高線の幅とその奥行の比から河道を定義することもある．

　流域に降った雨水は斜面を流れて河道に流入するので，降水と水文流出の関係を議論するには斜面長や斜面勾配が重要になってくる．斜面勾配の計測には谷線法と交点法がよく用いられる（角屋，1979）．

i) 谷線法

　まず河道に沿って一定間隔に測点をとり，測点近傍に谷があればそれに沿い，谷がなければ等高線に直角方向に（雨水の流れる経路を想定しながら）稜線まで進む．平均斜面勾配 s は各測点に対応する斜面勾配の加重平均で求まる．

$$s = \frac{\sum h_i}{\sum L_i} \tag{4.6}$$

h_i および L_i は，それぞれ測点 i の標高差および水平長である．

ii) 交点法

　ホートン法とも呼ばれる交点法は，まず対象地域の地形図上に適当な大きさの方眼を入れ，等高線との交点の総数を N とする．例えば，図 4.4 のように隣り合う等高線に挟まれた方眼長を l，等高線の角度を θ とすると，法線長は $d=l\sin\theta$ になるから，全交点数 N が十分大きいとして $\theta=0 \sim \pi/2$ の間の $\sin\theta$ の平均値 $2/\pi$ を用いると，$d=(2/\pi N)\sum l$ となる．よって，斜面平均勾配 s は次式で決まる．

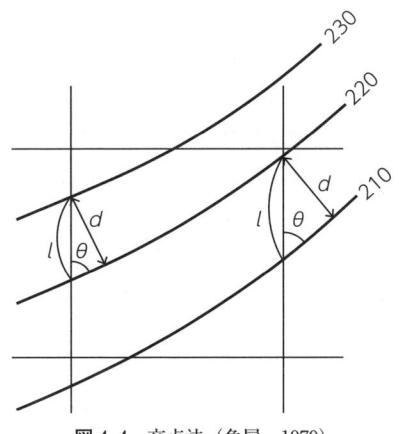

図 4.4　交点法（角屋，1979）

$$s = \frac{h}{d} = \frac{\pi}{2} \cdot \frac{Nh}{\sum l} = 1.571 \cdot \frac{Nh}{\sum l} \tag{4.7}$$

ここで，h は等高線間隔，$\sum l$ は方眼紙縦延長である．　　　　　　　　　　　［近森秀高］

4.2　浸入・窪地貯留

a.　浸　　入

1) 浸入と浸入能

　雨水が地表面から土壌中に入る現象を浸入（infiltration）という．雨水が浸入する速度を浸入強度といい，とくに地表面に十分な水の供給がある場合の最大浸入強度を

浸入能（infiltration capacity）という．降雨強度が浸入能を上回ると，降雨余剰（rainfall excess）が生じて，地表流が発生する．降雨時の浸入強度を i'，浸入能を i，降雨強度を r，降雨余剰（強度）を r_e とすると，これらは次式の関係をもつ．

$$r_e = r - i, \quad i' = i \quad (r > i \text{ のとき}) \tag{4.8a}$$

$$r_e = 0, \quad i' = r \quad (r \leq i \text{ のとき}) \tag{4.8b}$$

2) 浸入能の測定

浸入能の測定法には，円筒法（シリンダー法）と散水法（人工降雨法）がある．

円筒法は，地表面に金属製の円筒を打ち込み，円筒内に水を供給して水位を一定に保った状態で，積算浸入量と浸入開始後の経過時間の関係を測定する方法である．湛水状態で測定するため，冠水型浸入能試験ということもある．

円筒内にはフックゲージをつけ，円筒内の水位がフックゲージ先端に保たれるように水を供給する．フックゲージがないときは円筒内側に目印の水位線を記入すればよい．円筒にはマリオットタンクかそれに代わるもので水を供給し，浸入開始からの経過時間と水供給量の積算値を記録する．図4.5の写真に示すような二重円筒を用い，内側円筒と外側円筒の間にも水を供給しつつ内側円筒での浸入量を測定すれば，円筒の外側に水が拡散する影響を抑えることができる．円筒法は，後述の散水法に比べて測定が容易であることが利点であるが，湛水状態で浸入能を測定することから，降雨時の浸入能に比べて測定値が概して過大となることが難点である．

図4.5 円筒法による浸入能の測定

散水法は，ノズルやスプリンクラーを用いて，地表面に自然降雨に近い状態で水を供給し，水の供給強度と地表面での流出強度の差から浸入能を測定する方法である．湛水下で測定を行う円筒法とは異なり，実降雨に近い状態で浸入能が測定できることが利点であるが，装置が大がかりで設置や測定に手間がかかることから，多地点での測定には向いていない．

3) 浸入能方程式

浸入能を超える強度の降雨が継続した場合，浸入能は降雨初期に大きく，降雨の継続とともに減少しやがて一定値に漸近する．このような浸入能の時間的変化を表す曲線を浸入能曲線といい，その曲線を表す式を浸入能方程式という．代表的な浸入能方程式は以下の通りである．

フィリップ (Philip) 式： $i = \dfrac{1}{2} S t^{-1/2} + A$ (4.9)

ホートン (Horton) 式： $i = i_c + (i_0 - i_c) e^{-kt}$ (4.10)

ここで，i は浸入能，t は浸入開始後の経過時間，S は定数（sorptivity），A は最終浸入能，i_0 は初期浸入能，i_c は終期浸入能，k は定数である．

フィリップ式は，土壌水分の鉛直1次元不飽和流に関する偏微分方程式（リチャーズ式，5.2節参照）の近似解として導出されたものである．ホートン式は経験式であるが，これもリチャーズ式から導出することができ，理論的根拠をもつ式である．

フィリップ式の S，A，ホートン式の i_0，i_c，k は土壌や地目によって異なり，同じ場所でも S，i_0 は土壌の初期含水量によって異なる．林地（8地点）と造成畑（12地点）において，円筒法で測定した積算浸入量にフィリップ式を当てはめて求めた浸入能曲線を図4.6に示す．全般に林地の浸入能は造成畑の浸入能より大きい．林地の浸入能曲線は奈良県の山林小流域で，造成畑の曲線は隣接する造成農地小流域で得たものであるが，同じ流域，同じ地目であっても測定地点によって浸入能が大きく変動することがわかる．

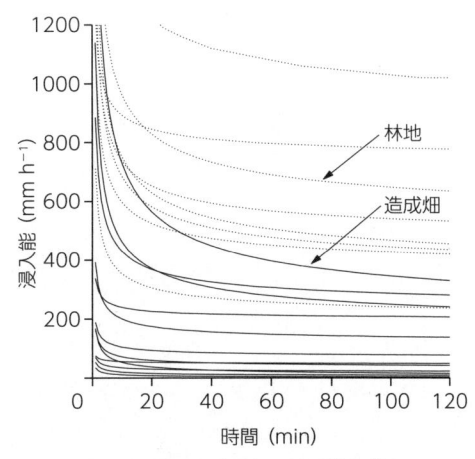

図4.6 林地と造成畑の浸入能曲線
（田中丸他（1984）を改変）

例題4.1 積算浸入量と降雨余剰の計算

浸入能の時間的変化がホートン式（(4.10)式）で表されるものとする．この式を用いて，降雨継続時間 T，一定降雨強度 r ($r > i_0$) の降雨が降ったときの積算浸入量 I とこの降雨によって生じた降雨余剰の積算量 R_e を求めなさい．

さらに，$i_0 = 12\ \mathrm{mm\ h^{-1}}$，$i_c = 3\ \mathrm{mm\ h^{-1}}$，$k = 0.5$ として，$r = 20\ \mathrm{mm\ h^{-1}}$，$T = 4\ \mathrm{h}$ の降雨が降ったときの積算浸入量 I と降雨余剰の積算量 R_e を求めなさい．

[解答] I はホートン式を積分した次式で求められる．また，R_e は rT から I を差し引いて求められる．

$$I = \int_0^T i\, dt = \left[i_c t - \dfrac{i_0 - i_c}{k} e^{-kt} \right]_0^T = i_c T + \dfrac{i_0 - i_c}{k}(1 - e^{-kT})$$

$$R_e = rT - I = rT - i_c T - \frac{i_0 - i_c}{k}(1 - e^{-kT})$$

ついで，上式に $i_0=12\text{ mm h}^{-1}$, $i_c=3\text{ mm h}^{-1}$, $k=0.5$, $r=20\text{ mm h}^{-1}$, $T=4\text{ h}$ を代入して，

$$I = 3\times 4 + \frac{12-3}{0.5}(1-e^{-0.5\times 4}) = 27.6\text{ mm}, \quad R_e = 20\times 4 - 27.6 = 52.4\text{ mm}$$

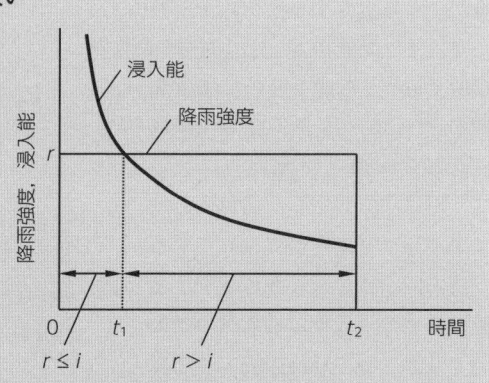

降雨強度が浸入能を下回るときの扱い

　浸入能方程式は，降雨強度が浸入能を上回っているときの浸入能と浸入開始後の経過時間との関係を表しているが，実際には降雨強度が浸入能を下回る時間帯が生じるため，式の適用に際して工夫が必要である．降雨強度が浸入能を下回るときは，浸入能方程式に対する時間を次のように補正すればよい．

図 4.7 降雨強度が浸入能を下回るときの扱い

　図 4.7 のように，降雨強度が r で一定のケースを考え，浸入能を i とする．降雨開始から時刻 t_1 までは $r \leq i$ で，降雨はすべて浸入し降雨余剰が発生しないが，時刻 t_1 以降は $r > i$ となって降雨余剰が発生する．

　このとき，時刻 t_1 までの積算浸入量は同時刻までの総降雨量に等しく，また時刻 t_1 の浸入能は降雨強度に一致することから，次式が成り立つと考える．

$$\int_0^{t_1} r\, dt = \int_0^{t'_1} i\, dt, \quad i[t'_1] = r$$

t'_1 は $r < i$ のときに適用される補正時間で，$i[t'_1]$ は時刻 t'_1 の浸入能を表す浸入能方程式である．浸入能 i がフィリップ式で与えられる場合，上式は次式となる．

$$r\, t_1 = S\cdot(t'_1)^{1/2} + A\cdot t'_1, \quad \frac{1}{2}S\cdot(t'_1)^{-1/2} + A = r$$

上式の第2式を t'_1 について解き，これを第1式に代入すると次式を得る．

$$t'_1 = \frac{S^2}{4(r-A)^2}, \quad t_1 = \frac{S^2}{r}\left[\frac{1}{2(r-A)} + \frac{A}{4(r-A)^2}\right]$$

　このようにすれば，降雨余剰が発生し始める時刻 t_1 が求められる．時刻 t_2 まで降雨が継続するとき，積算浸入量 I と降雨余剰の積算値 R_e は次式で求められる．

$$I = rt_1 + \int_{t'_1}^{t'_1+t_2-t_1} i\, dt = rt_1 + [S\, t^{1/2} + At]_{t'_1}^{t'_1+t_2-t_1}$$

$$= rt_1 + S \cdot (t'_1 + t_2 - t_1)^{1/2} + A \cdot (t'_1 + t_2 - t_1) - S \cdot (t'_1)^{1/2} - A \cdot t'_1$$

$$R_e = rt_2 - I$$

実降雨を対象とするときは，降雨データの時間刻み Δt の間は降雨強度を一定として，Δt ごとに計算を進めるのが一般的である．いま，時刻 t の浸入能を $i[t']$，時刻 $t\sim t+\Delta t$ の降雨強度を r とする．t' は時刻 t に対応する補正時間であるが，時刻 t までの計算で求められているとする．

時刻 t において $r \geq i[t']$ ならば，時刻 $t\sim t+\Delta t$ の降雨余剰（強度）r_e を次式で求め，時刻 $t+\Delta t$ での浸入能を $i[t'+\Delta t]$ とする．

$$r_e = \left(r\Delta t - \int_{t'}^{t'+\Delta t} i\, dt \right) \Big/ \Delta t$$

時刻 t において $r < i[t']$ ならば，次式から $t'+\Delta t'$ を求めた後，$i[t'+\Delta t']$ を計算する．

$$r\Delta t = \int_{t'}^{t'+\Delta t'} i\, dt$$

その結果，$r \leq i[t'+\Delta t']$ であれば，時刻 $t\sim t+\Delta t$ の降雨余剰（強度）r_e を 0 とし，時刻 $t+\Delta t$ での浸入能は，先に求めた $i[t'+\Delta t']$ とする．

一方，$r > i[t'+\Delta t']$ となった場合は，時刻 $t\sim t+\Delta t$ の途中で浸入能が降雨強度を下回ったと考えられるから，上述の要領で $i = r$ となる時刻 t_e とそれに対応する補正時間 t'_e を求めた後，時刻 $t\sim t_e$ では降雨余剰が発生せず，時刻 $t_e \sim t+\Delta t$ では降雨余剰が発生するとして，降雨余剰（強度）r_e と時刻 $t+\Delta t$ での浸入能を計算する．

b. 窪地貯留

降雨強度が浸入能を超えたときに発生する降雨余剰は，降雨初期において地表面の大小様々の窪地に一時的に貯留される．これを窪地貯留（depression storage）という．窪地が雨水で満たされた後の降雨余剰は，地表流として流下し，後述する直接流出成分を形成する．この窪地貯留の容量は，山地，丘陵地，森林地帯などでは 5〜6 mm 程度，都市域では 1〜2 mm 程度といわれている．窪地に貯留された水の一部は蒸発し，残りは地中へゆっくりと浸入する．

なお，降雨開始後に河川流量が増え始めるまで，すなわち直接流出の開始までの雨量を初期損失（initial loss）という．この初期損失は，樹木による降雨遮断，表層土壌の水分増加，窪地貯留などからなっており，その量は流域の地被状態や表層土壌の降雨直前の乾湿状態に大きく左右されるが，山地流域における最大値は 20〜40 mm 程度といわれている．

[田中丸治哉]

4.3 流量観測

a. 流量の観測

水位や流量など水に関する諸量の時間経過を示す図をハイドログラフ（hydrograph）という．流域の水収支や流出特性を把握する上でとりわけ欠かせない河川流量のハイドログラフを得るためには，時間的に連続した流量観測が必要である．連続的な流量観測には，堰・フリュームによる方法と水位流量曲線による方法が一般的である．

1) 堰・フリュームによる方法

流域面積が小さい流域では，堰・フリュームによる流量観測が適用できる．

堰による方法では，河道に堰板の上縁を鋭くした刃形堰を設け，堰の越流水深を測定する．刃形堰には，三角堰と長方形堰（全幅堰・四角堰）があり，とくに小流量には前者が適する．図4.8に三角堰の写真を示す．

図4.8 三角堰
（奈良県五條市・山林小試験流域）

各堰の形状と合わせて越流水深を流量に変換する堰公式がJIS規格化されており，後述する方法で越流水深を連続的に測定・記録し，堰公式で流量に変換する．JIS規格外の堰を設置したときは既存の堰公式が適用できないことから，流量と越流水深の関係を実測して実験式を作成しなければならない．

堰を設置する位置によっては，地下水の一部が堰を通過せず，流域の全流出成分を把握できないことがある．これを避けるためには，谷が狭く河床に岩盤が露出している地点を選び，河床の岩盤に密着するように堰を築造する．また，堰の切り欠き部に落葉や枯枝がたまり，越流水深を上昇させることがあるため，堰の直上流にはスクリーンを設置する．さらに，定期的な維持管理としてスクリーンにたまった落葉などを除去するとともに，堰の上流側に滞積した土砂を除去する必要がある．

一方フリュームは，河道に狭窄部をもつ水路を設置し，狭窄部とその上流で水位を測定するか，あるいは底勾配も変化させて限界流を生じさせ，上流側の水位（常流水深）のみを測定するもので，水理学上の法則（ベルヌーイの定理）に基づいて流量を求める．土砂の流出が多いときや堰の設置に必要な落差がとれないときは，フリュームによる流量観測が適している．また，堰に比べて設置が容易で，小さな渓流や斜面規模の観測プロットでもよく利用される．

2) 水位流量曲線による方法

　一般河川では，河川水位から水位流量曲線（rating curve）によって流量を求める方法がよく用いられる．水位流量曲線はある河川断面における水位と流量の関係を表現した曲線であり，あらかじめ作成されていれば，その断面における水位を測定することで流量を求めることができる．

　水位流量曲線の作成には，様々な水位に対する流量の直接観測を実施しておく必要がある．通常，図 4.9 に示すように河川断面をいくつかの小区間に分割して，各区間の平均流速と断面積を測定して積を区間流量とし，それらを合計して流量を求める．各区間の流速測定には，可搬式流速計による方法，浮子による方法，非接触型流速計による方法などがある．

　可搬式流速計には回転式流速計と電磁流速計があり，これらを流水に挿入して測定するが，水面から 6 割の水深における流速（$v_{0.6}$）を区間の平均流速とする 1 点法もしくは水面から 2 割の水深での流速（$v_{0.2}$）と 8 割の水深での流速（$v_{0.8}$）の平均を区間の平均流速とする 2 点法（図 4.9）を採用することが多い．一方，浮子による方法では区間ごとに浮子を流下させ，上流側の測線から下流側の測線まで流下するのに要する時間を測定し，測線間の距離を流下時間で除して流速を求める．非接触型流速計は，流水に触れずに河川の表面流速を計測するもので，電波流速計と超音波流速計がある．

　こうして得られた水位－流量関係に，放物線（$Q=a(H+b)^2$，Q：流量，H：水位，a, b：係数）などの曲線式を当てはめて水位流量曲線とするが，複数の曲線式を組み合わせることもある．マンニングの平均流速公式で水位－流量関係を表現することもあるが，水位に応じて粗度係数が変化する場合はそれを考慮する．なお，洪水による河床変動が生じれば水位と流量の関係も変化するので，その際には水位流量曲線を更

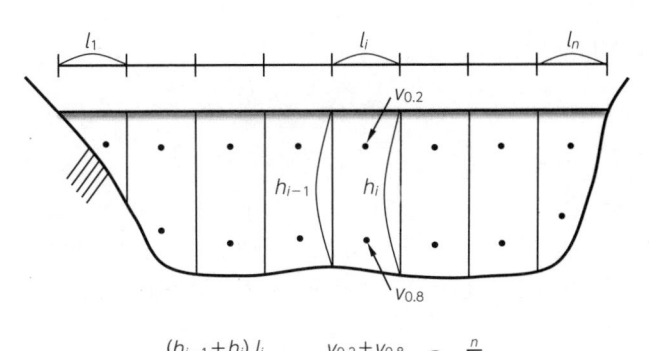

$$a_i = \frac{(h_{i-1}+h_i)\,l_i}{2},\ v_i = \frac{v_{0.2}+v_{0.8}}{2},\ Q = \sum_{i=1}^{n} a_i v_i$$

図 4.9 河川流量の直接観測

新しなければならない．また，水位流量曲線による方法は水位と流量の間に一価関係が成立することを前提としており，背水の影響がある低平域や感潮域には適用できない点に注意しなければならない．

b. 水位の観測

堰・フリュームによる方法，水位流量曲線による方法のいずれについても，連続的な水位観測が必要である．自記水位計としては，フロート式と圧力式がよく用いられる．フロート式は，河川水を河岸に設けた量水井に引き込み，そこにフロートを浮かべて水位を測定するものである．圧力式は，圧力センサーを水中に沈め，静水圧を測って水位を求めるものである．最近は，非接触型の超音波式水位計や電波式水位計を用いることもある．これらの水位計は，水面の上方に設置した装置から超音波ないし電波を発射し，水面で反射して戻ってくるまでの時間を測定するものである．

記録部については，以前は記録紙に水位をペン書きするアナログ式のものが一般的であったが，現在は水位データを任意の時間間隔でデータロガーに記録するデジタル式のものが利用されるようになっている．

c. ハイドログラフ

河川流量のハイドログラフ（hydrograph）は，横軸に時間をとり，縦軸に河川流量をとったものである．洪水時など事象ごとのハイドログラフでは，横軸を時間（h単位），縦軸を流量（$m^3 s^{-1}$単位）とすることが多いが，縦軸を流出高（$mm\ h^{-1}$単位）とすることもある．流量（$m^3 s^{-1}$）を流出高（$mm\ h^{-1}$）に直す際には，流量に$3.6/A$（Aは流域面積（km^2））を乗じる．また，1年間などの長期ハイドログラフでは，横軸を時間（d単位），縦軸を日平均流量（$m^3 s^{-1}$単位）もしくは日流出高（$mm\ d^{-1}$単位）とすることが多い．日平均流量（$m^3 s^{-1}$）を日流出高（$mm\ d^{-1}$）に直すには，日平均流量に$86.4/A$を乗じる．

[田中丸治哉]

4.4 降雨と流出

雨水が地表や地中を流れて河川へ流出し，河川流量を増大させる過程を降雨流出過程あるいは単に流出過程という．降雨流出過程を明らかにすることは，地球上の水循環を扱う水文学の重要な課題の1つであるが，河川計画（治水や利水），灌漑排水，水資源の開発・管理，水環境の保全・管理といった工学的な観点からも，雨量と河川流量の関係の把握は重要である．ここでは，降雨流出過程について概観するとともに，流出成分の分離について述べる．

a. 降雨流出過程

　樹木に覆われた山腹斜面をもつ流域を対象とすれば，雨水が地上に到達して流出するまでの過程は以下のようになる．まず，雨が降れば雨水の一部は樹冠に遮られ，残りは地表に直接到達する．樹冠に遮断され，葉面に付着した雨水はやがて蒸発するが，一部は枝葉から地表に滴下するか樹幹を流下して地上に到達する．

　山林斜面の表層には枯葉や腐植が滞積しているため，かなり透水性が高く，地表に到達した雨水の多くはすみやかに地中に浸入してゆくが，踏み固められた林道や透水性の低い裸地などでは，降雨強度が土壌の浸入能を上回れば降雨余剰が生じる．降雨余剰はまず地表面の窪地に貯留されるが，やがて窪地からあふれて地表を流下し始める．これをホートン型の地表流（Hortonian overland flow）という．

　一方，斜面の土壌は透水性の異なるいくつかの互層で構成されており，上層ほど透水性が高いと考えられる．地中に浸入した水は，一部は鉛直方向に降下浸透し，一部は層内を不飽和状態で，さらに層と層の境界面上を飽和状態で斜面下方に向かって流下する．この地中流れを中間流（interflow）または側方浸透流（throughflow）という．とくに飽和側方浸透流は，斜面下端に近づくにつれて徐々に水深（層と層の境界面上に形成された飽和部分の高さ）を増してゆき，その水深が表層土の層厚を超えると流水が地上に現れる．これを復帰流（return flow）という．そのため，斜面下端の河道近傍では斜面上に飽和域が形成され，飽和域に降った雨は地表を表面流として流下する飽和地表流（saturated overland flow）となる．この飽和域は，降雨の継続とともに斜面下端から斜面上方に向かって徐々に拡大してゆき，降雨終了後は徐々に縮小してやがて消失する．

　これらの流出経路に加えて，山林斜面の土層内には自然に形成された直径数cm程度の空隙（パイプ）があり，この空隙を比較的速く流下するパイプ流（pipe flow）があることも確認されている．また，鉛直方向に深く浸透した雨水は，やがて地下水面に達してゆっくりと流出する．これを地下水流といい，その流出は降雨終了後も継続する．

　このような一連の流出過程の概略は図4.10のようにまとめられる．かつては，ホートンの浸入能理論に基づいて，降雨による洪水流出はホートン型の地表流が流域全体にわたって発生することで形成されると考えられてきた．しかし，その後の1960年代から1970年代にかけて行われた詳細な現地観測やライシメータなどによる実証的な研究を経て，自然流域ではホートン型の地表流が流域全体に生じることはまれであり，流域の一部（流出寄与域）でのみ発生すること，洪水流出の形成には地表流に加えて側方浸透流やパイプ流も寄与していることが見出されている．

　これらの知見を総合すれば，洪水流出の発生形態は次の3タイプに分類される

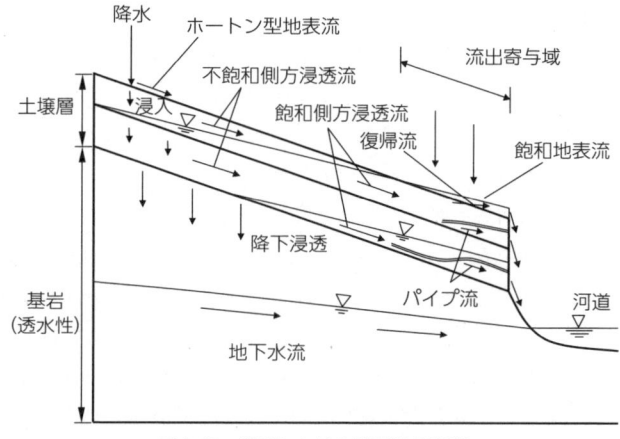

図 4.10 斜面における降雨流出過程

(Dunne, 1983). ここでの浅い地中流とは，前述の中間流もしくは側方浸透流を指していると考えてよい.

① ホートン型地表流が卓越するタイプ（浅い地中流は重要ではない）：乾燥気候や亜湿潤気候，植生が少ない土地，人為的に開発された土地に見られる.
② 飽和域の直接降雨と復帰流が卓越するタイプ（浅い地中流は重要ではない）：湿潤気候，植生が豊富な土地，薄い土壌層，緩傾斜の凹型斜面，広い谷底に見られる.
③ 浅い地中流が卓越するタイプ（ピークは復帰流と直接降雨による）：湿潤気候，植生が豊富な土地，急傾斜の直線状斜面，高透水性の厚い土壌層，狭い谷底に見られる.

なお，流域全体が開発されている場合を除くと，ホートン型地表流は流域全体ではなく流域内の透水性の低い箇所のみで発生すると考えられる．また，先に述べたように飽和域は降雨に伴って拡大・縮小することから，飽和地表流と復帰流の発生域は時間的に変動すると考えられる．このように，流域の一部のみが洪水流出の発生に寄与するという考え方を部分寄与域概念（partial source area concept）といい，洪水流出の発生に寄与する領域が時間的に変動するという考え方を変動寄与域概念（variable source area concept）という.

b. 流出成分とその分離
1) 流出成分
ハイドログラフは，a. 項で述べた様々な流出経路を通った水から形成されており，

4.4 降雨と流出

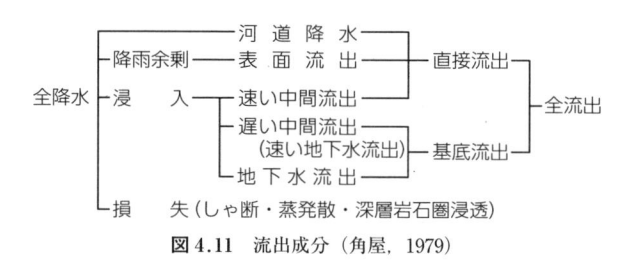

```
                ┌─ 河 道 降 水 ─┐
       ┌─ 降雨余剰 ─┤              ├─ 直接流出 ─┐
       │          └─ 表 面 流 出 ─┘            │
全降水 ─┤          ┌─ 速い中間流出 ─┐            ├─ 全流出
       │          ├─ 遅い中間流出 ─┤            │
       ├─ 浸  入 ─┤ （速い地下水流出） ├─ 基底流出 ─┘
       │          └─ 地 下 水 流 出 ─┘
       └─ 損  失（しゃ断・蒸発散・深層岩石圏浸透）
```

図4.11 流出成分（角屋，1979）

その流出経路に基づいて図4.11に示すような流出成分に分けることができる．河道降水は河道に直接降った雨水で，流域内に大きな湖沼がない限りは無視できる程度のものであり，表面流出成分に含めて扱える．表面流出（surface runoff）は，地表面を流下して河道に到達する雨水であり，前述の地表流に相当する．中間流出（sub-surface runoff）は，地中に浸入した後に比較的浅い土層を流下して河道に到達する雨水で，側方浸透流に相当する．これを速い中間流出と遅い中間流出に分けることも多い．地下水流出（groundwater runoff）は，深部に浸透した後に長い時間をかけて流出する雨水である．

なお，洪水流出解析などの実用上の解析では，ハイドログラフを洪水の主成分である直接流出（direct runoff）とそれ以外の基底流出（base flow）の2成分に分けることが多い．この場合，表面流出と中間流出を直接流出，地下水流出を基底流出とし，また中間流出を2つに分ける場合は，表面流出と速い中間流出を直接流出，遅い中間流出と地下水流出を基底流出とするのが一般的である（図4.11）．

2) ハイドログラフの分離

ハイドログラフをいくつかの流出成分に分離する方法には，ハイドログラフ逓減部に注目した図解法，数値フィルターによる方法，水質情報による方法などがある．

図解法にはいろいろな方法があるが，ここでは古典的であるが最も代表的なバーンズ（Barnes）の方法（図4.12）について説明する．これは，各流出成分がそれぞれ固有の逓減特性をもつことに着目したもので，その手順は次のようになる：①片対数紙上にハイドログラフを描く．②地下水流出逓減部の直線をピーク時刻まで逆挿し，立ち上がり点と結んだ線を地下水流出の分離線とする．③全流出量から地下水流出量を差し引いて，表面流出と中間流出からなるハイドログラフを描く．④このグラフより地下水流出と同様の手順で中間流出の分離線を得て，表面流出と中間流出を分離する．

バーンズ法では，ハイドログラフのピーク時刻を各流出成分のピーク時刻として，ピークから t 単位時間後の流量を次式としている．

$$Q_t = Q_s K_s^t + Q_i K_i^t + Q_g K_g^t \tag{4.11}$$

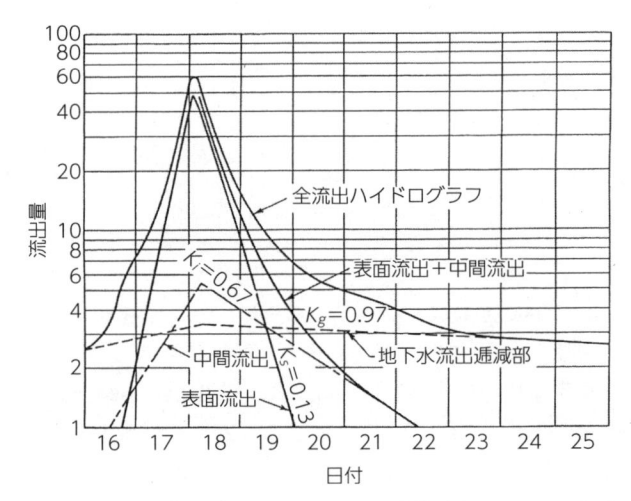

図4.12 Barnes法によるハイドログラフの分離 (Linsley et al., 1975)

ここで，Q_tはピークからt単位時間後の流量，Q_s，Q_i，Q_gはそれぞれピーク時の表面，中間，地下水流出量，K_s，K_i，K_gはそれぞれ表面，中間，地下水流出の逓減係数（$0<K_s<K_i<K_g<1$）である．

一方，日野・長谷部（1985）は，ハイドログラフ逓減部の勾配から分離時定数を求め，その分離時定数を用いた数値フィルターでハイドログラフを表面・中間流出成分と地下水流出成分に分離する方法（フィルター分離AR法）を提示している．

水質情報による方法は，陽イオン（K^+，Na^+，Ca^{2+}，Mg^{2+}）や陰イオン（NO_3^--N，SO_4^{2-}，Cl^-）などの溶存物質をトレーサーとして，流出経路の異なる流出成分を量的に分離するものである．トレーサーには環境同位体（^{18}O，^3H）や電気伝導度も利用できる．溶存物質濃度による成分分離は，流量の連続式と質量保存則に基づく次式によって行われる．

$$Q_d = Q(C_b - C)/(C_b - C_d) \tag{4.12}$$

$$Q_b = Q(C - C_d)/(C_b - C_d) \tag{4.13}$$

ここで，Qは流量，Q_dは直接流出量，Q_bは基底流出量，Cは河川水のトレーサー濃度，C_dは直接流出のトレーサー濃度，C_bは基底流出のトレーサー濃度である．なお，C_dは雨水の濃度で代用し，C_bには降雨前の河川水濃度を用いることが多い．

c. 基底流出量の分離と総直接流出高の計算

後述する洪水流出解析では，観測ハイドログラフから基底流出量を分離した後，ハイドログラフから基底流出量を差し引いて求められる直接流出量を解析対象とする．

基底流出量の分離には b. 項で述べた各手法が適用できるが，実用上は簡便な図解法を適用することが多い．

図解法による分離には，①単純に水平分離する方法（図 4.13 の AC 線），②先に述べたバーンズ法（基底流出のピーク時刻がハイドログラフのピーク時刻に一致するとした AFB 線），③速い中間流出の終了時刻が片対数紙上のハイドログラフ減水部の第 2 折曲点に相当すると考え，これと立ち上がり点 A と結ぶ方法（AB 線）などがあり，いずれも挿入した線の上側を直接流出とし，下側を基底流出とする．

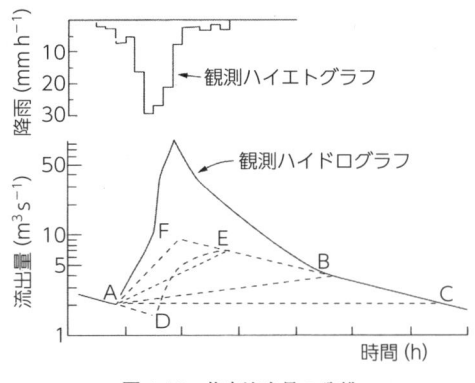

図 4.13 基底流出量の分離

一般に基底流出は，図 4.13 に示すように，降雨開始からある時間低減を続けた後（AD 線）に増加し始め，降雨終了後しばらくしてピークに達し（DE 線），その後再び低減する（EBC 線）と考えられる．そこでこれに近い分離線として，④片対数紙上に描いたハイドログラフ上の基底流出減水部に相当する直線（CB 線）を降雨終了時刻まで逆挿し，これを立ち上がり点 A と結ぶ方法（AEB 線）も提案されている．

上述の方法で観測ハイドログラフから基底流出量を分離した後，(4.14) 式で一定時間間隔 Δt（h 単位）ごとの直接流出量を求め，(4.15) 式で直接流出高の総量（総直接流出高）を求める．総直接流出高は，後述する有効降雨の推定に利用される．

$$Q_{di} = Q_i - Q_{bi} \tag{4.14}$$

$$D = \sum Q_{di}\left(\frac{3.6}{A}\cdot \Delta t\right) \tag{4.15}$$

ここで，Q_i は観測流出量（$m^3 s^{-1}$），Q_{di} は直接流出量（$m^3 s^{-1}$），Q_{bi} は基底流出量（$m^3 s^{-1}$），i は一定時間間隔 Δt ごとに付したデータ番号，D は総直接流出高（mm），A は流域面積（km^2）である．ただし，各流量が流出高（$mm\ h^{-1}$）で与えられているときは (4.15) 式に代えて $D = \sum Q_{di}\Delta t$ とする．流量データが 10 分間隔のときは $\Delta t = 1/6\,h$ とし，1 時間間隔のときは $\Delta t = 1\,h$ とするが，一般に流域面積が小さいときは Δt を小さくとることが望ましい．

例題 4.2　基底流出量の分離と総直接流出高の計算

表 4.1 は，三重県と奈良県にまたがる青蓮寺ダム流域（$100.0\,km^2$）の洪水記録

表 4.1 基底流出量の分離と総直接流出高の計算例

時間番号	観測降雨 (mm h^{-1})	観測流出量 (m^3 s^{-1})	観測流出高 (mm h^{-1})	基底流出 (mm h^{-1})	直接流出 (mm h^{-1})
1	0.0	2.33	0.084	0.084	0.000
2	0.0	2.06	0.074	0.074	0.000
3	0.0	2.06	0.074	0.074	0.000
4	0.0	2.06	0.074	0.074	0.000
5	0.0	2.06	0.074	0.074	0.000
6	0.0	2.06	0.074	0.074	0.000
7	0.0	2.06	0.074	0.074	0.000
8	0.0	1.93	0.069	0.069	0.000
9	0.3	1.93	0.069	0.069	0.000
10	0.6	1.93	0.069	0.069	0.000
11	3.4	1.93	0.069	0.069	0.000
12	14.6	1.93	0.069	0.069	0.000
13	21.3	6.23	0.224	0.073	0.151
14	26.3	19.52	0.703	0.078	0.625
15	28.3	73.41	2.643	0.082	2.561
16	39.6	237.54	8.551	0.087	8.465
17	35.7	551.04	19.837	0.092	19.746
18	13.7	478.84	17.238	0.097	17.141
19	4.0	325.58	11.721	0.102	11.619
20	2.1	241.24	8.685	0.108	8.576
21	0.6	185.35	6.673	0.114	6.558
22	0.2	126.23	4.544	0.121	4.423
23	0.2	118.70	4.273	0.128	4.145
24	0.2	98.13	3.533	0.135	3.398
25	0.0	87.25	3.141	0.143	2.998
26	0.0	78.06	2.810	0.151	2.659
27	0.0	69.80	2.513	0.159	2.353
28	0.0	52.46	1.889	0.169	1.720
29	0.0	50.79	1.828	0.178	1.650
30	0.0	42.51	1.530	0.188	1.342
31	0.0	39.64	1.427	0.199	1.228
32	0.0	46.71	1.682	0.210	1.471
33	0.0	46.79	1.684	0.222	1.462
34	0.0	45.05	1.622	0.235	1.387
35	0.0	39.57	1.425	0.248	1.176
36	0.0	39.04	1.405	0.262	1.143
37	0.0	39.04	1.405	0.277	1.128
38	0.0	39.04	1.405	0.293	1.112
39	0.0	34.28	1.234	0.310	0.924
40	0.1	34.28	1.234	0.327	0.907
41	0.0	31.89	1.148	0.346	0.802
42	0.0	31.44	1.132	0.366	0.766
43	0.1	30.29	1.090	0.387	0.704
44	0.0	29.44	1.060	0.409	0.651
…	…	…	…	…	…
51	0.0	18.33	0.660	0.602	0.058
52	0.0	17.68	0.636	0.636	0.000
…	…	…	…	…	…
80	0.0	10.73	0.386	0.386	0.000
合計(mm)	191.3				116.790

注1) 観測降雨は青蓮寺ダム流域の流域平均降雨量, 観測流出量は青蓮寺ダム流入量, データの出典は国土交通省：水文水質データベースおよび気象庁：過去の気象データ検索.

注2) 時間刻みは1時間で, 時間番号1の観測降雨は2012年9月30日0：00〜1：00の降雨強度, 時間番号1の観測流出量は2012年9月30日1：00の青蓮寺ダム流入量.

4.4 降雨と流出

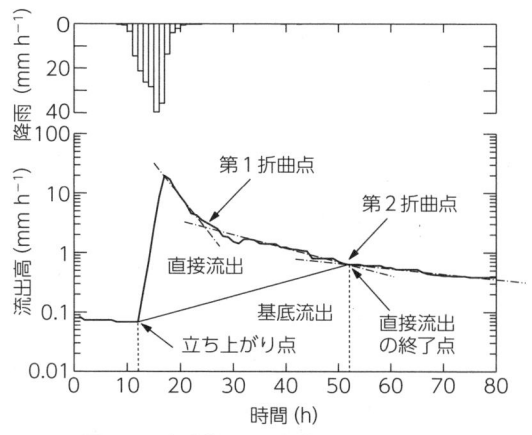

図 4.14 方法③による基底流出量の分離例

である（国土交通省：水文水質データベース）．洪水記録の時間刻みは 1 時間で，同表の第 1 列は時間番号，第 2 列は観測降雨（mm h^{-1}），第 3 列は観測流出量（m^3 s^{-1}），第 4 列は観測流出高（mm h^{-1}）である．観測降雨は流域平均降雨量で，流域内 5 雨量観測点の毎時降雨量（国土交通省：水文水質データベース，気象庁：過去の気象データ検索）の算術平均値である．片対数紙にハイドログラフを描き，方法③（図 4.13 の AB 線）で基底流出量を分離した後，総直接流出高を計算しなさい．

[**解答**] 横軸を時間（h），縦軸を流出高（mm h^{-1}）として，片対数紙にプロットしたハイドログラフを図 4.14 に示す．同図にはハイエトグラフ（降雨強度の経時変動を表したグラフ）も併記している．ハイドログラフの立ち上がり点は，原点から 12 時間目，ピーク後の減水部における第 1 折曲点を表面流出の終了時刻，第 2 折曲点を速い中間流出の終了時刻と考えると，直接流出の終了点は 52 時間目となる．この立ち上がり点と直接流出の終了点を結んだ直線を基底流出の分離線とする．

各時刻の基底流出高は片対数紙上で読み取ることができるが，次のように片対数紙上の直線を表す式に基づいて求めてもよい．立ち上がり点の流出高は 0.069 mm h^{-1} で，直接流出の終了点の流出高は 0.636 mm h^{-1} であるから，原点から i 時間目の基底流出高 $Q_b(i)$ は次式で求められる．

$$\log_{10} Q_b(i) = \frac{\log_{10} 0.636 - \log_{10} 0.069}{52 - 12}(i-12) + \log_{10} 0.069$$

上式において，$i = 12, 13, \cdots, 51, 52$ に対する $\log_{10} Q_b(i)$ を求め，これらを $Q_b(i)$ に変換する．例えば，$i = 20$ では $\log_{10} Q_b(20) = -0.968$ であるから，$Q_b(20) = 10^{-0.968} =$

0.108 となる．このようにして求めた基底流出高を表 4.1 の第 5 列に示す．

ついで，観測流出高から基底流出高を差し引けば，表 4.1 の第 6 列のように直接流出高 $Q_d(i)$ が求められ，総直接流出高は $\sum Q_d(i) \Delta t$ より 116.8 mm となる．

[田中丸治哉]

演 習 問 題

問 4.1　[河道次数]

図 4.15 の河川の，河口につながる最下流端の河道の次数を求めなさい．

問 4.2　[積算浸入能と降雨余剰]

ある地点の浸入能が次のフィリップ式で表されるとする．

$$i = \frac{1}{2} S\, t^{-1/2} + A,\ \ S = 12\ \mathrm{mm\ h^{-1/2}},\ \ A = 5\ \mathrm{mm\ h^{-1}}$$

ここで，i は浸入能（mm h^{-1}），t は浸入開始からの経過時間（h）である．この地点において，降雨強度 20 mm h^{-1}，継続時間 2 h の一定降雨があったときの積算浸入量と降雨余剰の積算値を求めなさい．

問 4.3　[河川流量の単位変換]

流域面積 A km^2 の流域では，m^3 s^{-1} 単位の河川流量 Q に $3.6/A$ を乗じることで，これを mm h^{-1} 単位の流出高 Q_h に変換できることを説明しなさい．さらに，m^3 s^{-1} 単位の日平均流量 Q に $86.4/A$ を乗じることで，これを mm d^{-1} 単位の流出高 Q_d に変換できることを説明しなさい．

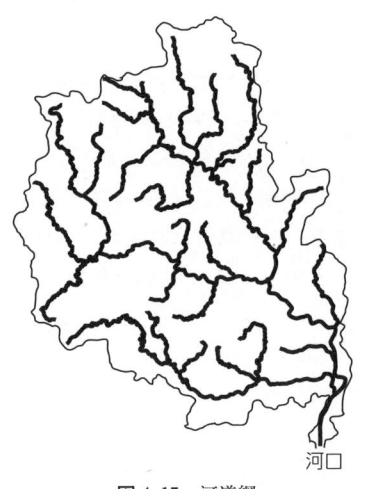

図 4.15　河道網

問 4.4　[ハイドログラフの成分分離]

溶存物質濃度によるハイドログラフの成分分離における (4.12) 式と (4.13) 式を導出しなさい．

文　　献

角屋　睦：流出解析手法（その 1）— 1．雨水流出現象とその計測・解析 —，農業土木学会誌，**47**(10), 811-821 (1979)

気象庁：過去の気象データ検索，http：//www.data.jma.go.jp/obd/stats/etrn/index.php（2015 年 10 月 16 日確認）

国土交通省：水文水質データベース，http：//www1.river.go.jp/(2015年10月16日確認)
田中丸治哉他：造成農地の透水性分布と洪水流出解析—農地造成に伴う流出特性の変化(II)—，農業土木学会論文集，**113**，8-16 (1984)
日野幹雄・長谷部正彦：水文流出解析，森北出版 (1985)
Chow, V. T. (ed.)：Handbook of Applied Hydrology, McGraw-Hill (1964)
Dunne, T.：Relation of field studies and modeling in the prediction of storm runoff, *J. Hydrol.*, **65**, 25-48 (1983)
Linsley, R. K. et al.：Hydrology for Engineers (2nd ed.), McGraw-Hill (1975)

第5章
土壌水と地下水

　一般に，地表面から下に掘り進むと周辺の土壌水分は徐々に増えていき，水分量はやがて飽和に達する．このとき，土壌の間隙水圧が大気圧に等しくなる面を自由地下水面という．この面を境にして，上部の不飽和帯に存在する水を（狭義の）土壌水（soil water），下部の飽和帯に存在する水を地下水（groundwater）と呼ぶ．土壌水は大気圧よりも低い圧力状態（負圧）にある水であり，地下水は大気圧より高い圧力（正圧）をもつ水である．土壌水と地下水は総称して地中水（subsurface water）と呼ばれる．

　地表面から自由地下水面までのほぼ平衡状態にある均質土壌の水分プロファイルは，模式的には図5.1のようになる．不飽和帯は通気帯（vadose zone）とも呼ばれ，さらに土壌水帯（soil water zone），中間帯（intermediate vadose zone），毛管水帯（capillary zone）に分けられる（Todd, 1980）．土壌水帯は地表面近傍に位置する領域であり，およそ植生の根群域の深さまでを指すことが多い．したがって，地表からの水の浸透，蒸発散など水の出入りに直接的に影響されて土壌水分量の変動が激しく，植物を含む生物活動の盛んなところでもある．中間帯は土壌水帯と毛管水帯との間の領域であり，その厚さは地下水面が深いほど大きくなる．逆に，地下水面が浅い場合には消失する．毛管水帯は，毛管上昇によって押し上げられた水の存在する領域である．地下水面直上で

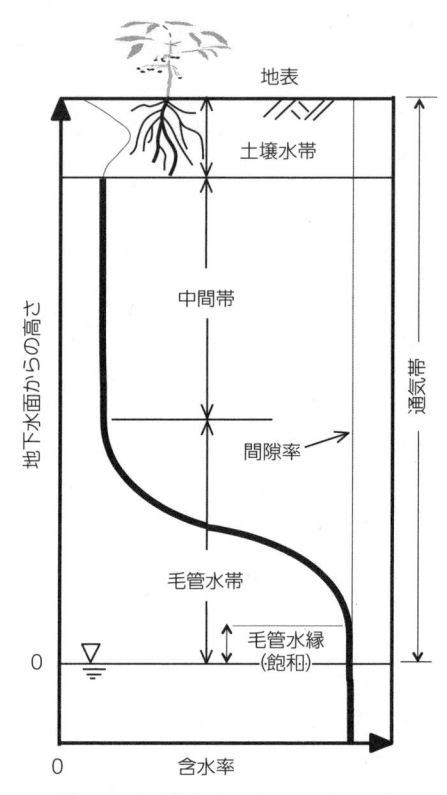

図5.1　土壌水分プロファイルと地下水

飽和しているにもかかわらず間隙水圧が負となる領域を，とくに毛管水縁（capillary fringe）と呼ぶ．

5.1 土壌水

a. 土壌水分量

土壌は，一般的には固相（土粒子），液相（水），気相（空気）から成り立っており，これを土壌の三相と呼ぶ（図 5.2）．

1) 土壌水分量の表し方

土壌水分量には，代表的な 3 つの表示方法がある．

$$\text{体積含水率：} \quad \theta = \frac{V_w}{V} \ (\text{m}^3\,\text{m}^{-3}) \tag{5.1}$$

$$\text{含水比：} \quad w = \frac{M_w}{M_s} \ (\text{kg}\,\text{kg}^{-1}) \tag{5.2}$$

$$\text{飽和度：} \quad s = \frac{V_w}{V_w + V_a} \ (\text{m}^3\,\text{m}^{-3}) \tag{5.3}$$

体積含水率（volumetric water content）と含水比（water content）には次の関係が成り立つ．

$$\theta = w\frac{\rho_b}{\rho_w} \tag{5.4}$$

ここで，$\rho_b(=M_s/V)$ は乾燥密度（kg m^{-3}），$\rho_w(=M_w/V_w)$ は水の密度（kg m^{-3}）である．含水比は，定容積で採土できなかった水分量の表示，間隙率の変化する泥炭土や粘質土の水分量を表すのに用いられる．水文学では，体積含水率と飽和度（degree of saturation）が広く用いられる．

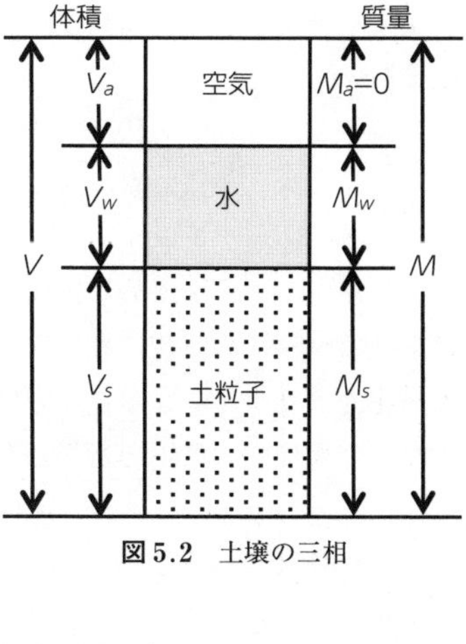

また，単位面積あたりの土壌断面に含まれている水分量で表す場合もある．深さ d の土壌断面に含まれる水分量 d_w は，次式で求めることができる．

$$d_w = \theta d \tag{5.5}$$

図 5.2 土壌の三相

この単位は降水量や蒸発散量と同じように，水深（例えば mm）の単位で表される．

2) 土壌水分量の測定法

土壌水分量の測定法には直接法と間接法がある．

i) 直接法（重量法）

湿潤土と乾燥土の質量を測定し，その差から土壌水分量を求める方法である．通常，乾燥土は，105℃の乾燥炉内において湿潤土を 18〜24 時間乾燥させて求める．

ii) 間接法

(1) 誘電率法

土壌の比誘電率を測定し，比誘電率と体積含水率のキャリブレーション式に基づき，間接的に土壌水分量を求める方法である．土壌を構成する物質の中では，水の比誘電率が約 81 と他の土壌構成物質（空気 1，土粒子 2〜5）より大きいため，これらの混合体として土壌の誘電率は水分量の多少によってほとんど決まる．誘電率法は土壌のこの性質を利用した方法であり，TDR（time domain reflectometry）法が広く用いられている．

代表的なキャリブレーション式としては，Topp et al.（1980）によって提案された次式がよく知られている．

$$\theta = -5.3 \times 10^{-2} + 2.92 \times 10^{-2} K - 5.5 \times 10^{-4} K^2 + 4.3 \times 10^{-6} K^3 \tag{5.6}$$

ここで，K は TDR 法で測定する見かけの比誘電率である．この式は鉱質土壌や砂質土ではよく適合するが，黒ボク土のような有機質土壌やローム土のような粘性土では体積含水率を小さめに推定する傾向があるといわれている（宮崎・西村，2011）．

最近では，キャリブレーション式を必要としない製品も販売されているが，正確な体積含水率を求めたい場合は，対象土壌ごとにキャリブレーション式を求めることが望ましい．

(2) テンシオメータ法

テンシオメータは，素焼きの多孔質カップをチューブを介して圧力ゲージに接続した器具である．テンシオメータ法は，この装置を用いて土壌水のマトリックポテンシャルを測定し，土壌水分保持曲線によって土壌水分量を求める方法である．測定範囲は多孔質カップの性能にも依存するが，実用上 -80 kPa（約 -800 cm）程度である．この圧力より小さくなると，土壌中の空気が混入し測定が不可能になる．これは，圧力ゲージが標準大気圧を基準とした負圧を測るためである．

b. 土壌水分ポテンシャル

土壌中の水はポテンシャルエネルギーをもっている．ポテンシャルエネルギーには絶対的な尺度がなく，土壌水のポテンシャルエネルギーは標準状態にある純水に対して定義され，単位体積あたりのエネルギー（単位 Pa）または水の単位重量あたりのエネルギー（単位 m）で表されることが多い．後者を水頭（head）という．

土壌中の全ポテンシャルエネルギーは，重力ポテンシャル，マトリックポテンシャ

ル，圧力ポテンシャル，浸透ポテンシャルなどの各成分からなる．このうち水文学で特に重要なのは，マトリックポテンシャル（matric potential），圧力ポテンシャル（pressure potential），重力ポテンシャル（gravitational potential）である．本書では，これら3つのポテンシャルの和を全ポテンシャル（total potential）として扱う．

1) マトリックポテンシャル

土粒子間の間隙の毛管力と，土粒子表面と水分子の吸着力に起因するエネルギーの低下量を，マトリックポテンシャルといい，定義により負の値をとる．わが国では，水頭の絶対値を cm で表したときの常用対数値を慣例として pF と呼び，畑地灌漑の設計基準などで用いられている．例えば，水頭値が$-1,000$ cm の場合の pF は 3.0 となる．

2) 圧力ポテンシャル

対象とする土壌の上部に，飽和した自由水が存在することで生じるポテンシャルで，通常は正の値をとる．例えば，地下水面下の飽和土壌中には圧力ポテンシャルが生じている．

圧力ポテンシャルとマトリックポテンシャルを水頭で表した場合，混同しやすいので注意が必要である．正の値の場合は圧力ポテンシャル，負の場合はマトリックポテンシャルである．

3) 重力ポテンシャル

重力場における，基準面との高さの差によるポテンシャルである．基準面を z_0 とすると，高さ z の重力ポテンシャル ϕ_g は

$$\phi_g = \rho_w g(z - z_0) \tag{5.7}$$

となる．重力水頭に換算するためには，この式を水の単位体積重量（$\rho_w g$）で割ればよい．

c. 土壌水分保持曲線

いろいろな土壌に対するマトリックポテンシャルと体積含水率（または含水比）の関係をグラフ上に示したものを，土壌水分保持曲線（soil water retention curve）あるいは土壌水分特性曲線（soil water characteristic curve）という．図5.3は，水で飽和した粗粒土と細粒土について測定した，脱水過程における典型的な土壌水分保持曲線である．図に示すように，土壌水分保持曲線は，空気侵入領域，毛管領域，吸着領域の3つの領域に大きく分割できる．

空気侵入領域は，飽和状態からマトリックポテンシャルが減少しても水分量が変化しない水分飽和領域である．飽和土壌の最も大きな間隙から水を除くために必要なマトリックポテンシャルを空気侵入値といい，その値は粗砂でのおよそ$-5 \sim -10$ cm

図5.3 土壌水分保持曲線

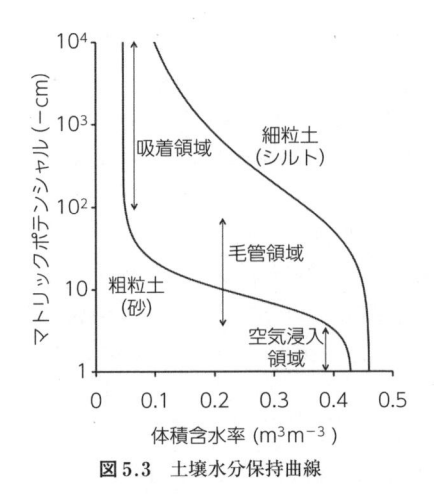

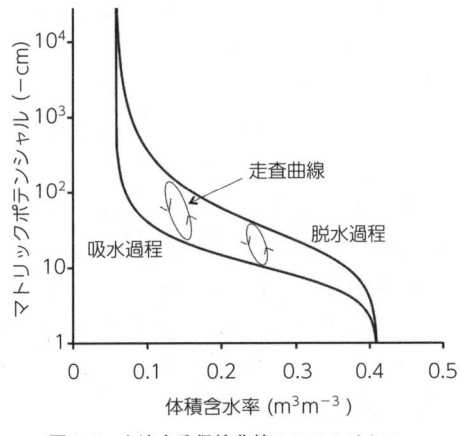

図5.4 土壌水分保持曲線のヒステリシス

から，団粒構造をもたない細粒土に対する非常に低い値まで変化する．

空気侵入値よりもさらにマトリックポテンシャルが減少すると，連続的にさらに小さな間隙からの排水が始まり，水分量は減少する．この水分保持曲線の中間部分は毛管領域と呼ばれる．これは，本領域の土壌水のエネルギー状態が，主に気相と液相の間の界面曲率によって決まるためである．

間隙内に保持されるすべての水が排水されると，土粒子表面に強く吸着した結合水だけが残り，わずかな水分量の変化でマトリックポテンシャルは大きく変化する．この領域は吸着領域と呼ばれ，水は移動できなくなる．

土壌水分保持曲線のたどる経路は，脱水過程と吸水過程によって異なる（図5.4）．このように変化の経路によって状態が異なる現象を，一般にヒステリシス（hysteresis）現象という．この現象は，接触角のヒステリシス，インクびん効果，封入空気などの影響によって生じる．同じ値のマトリックポテンシャルでは，吸水過程よりも脱水過程の体積含水率の方が大きいが，土壌によってこの差の程度が異なる．ヒステリシスは，土壌水の再分布に大きな影響を与える．

d. 水分恒数

植物の生育と対応させた土壌水分の状態を水分恒数といい，通常，土壌水のポテンシャルエネルギーで表される．水分恒数には次のような種類がある．

シオレ点：植物がしおれて水を与えても回復できない水分状態で，$-1.5\,\mathrm{MPa}$．
生長阻害水分点：植物の正常生育が阻害され，光合成や蒸散が低下するポテンシャル

値で，$-50 \sim -100$ kPa．
圃場容水量：降雨後，2〜3日目に排水性のよい土壌が保持する水分量で，$-3 \sim -6$ kPa．

圃場容水量と生長阻害水分点の間を容易有効水分，圃場容水量としおれ点の間を有効水分といい，灌漑計画ではこの範囲内で土壌水分を管理する（宮崎他，2005）．

5.2　ダルシー則と浸透流

a．飽和浸透流とダルシー則

図5.5のような実験装置をつくり，土壌間隙を十分に飽和させた後，ΔHやΔLを変化させて透過水量を測定すると以下のような関係が成り立つ．

$$q = \frac{Q}{A} = -K_s \frac{\Delta H}{\Delta L} = -K_s \frac{H_2 - H_1}{L_2 - L_1} \tag{5.8}$$

ここで，Qは時間あたり透過水量（$\mathrm{m^3\,s^{-1}}$），Aは透過断面積（$\mathrm{m^2}$），qはフラックス（$\mathrm{m\,s^{-1}}$），Kは透水係数（$\mathrm{m\,s^{-1}}$），ΔHは両端の全水頭の差（m），ΔLは浸透土層の長さ（m）である．ここでのフラックスとは，単位時間に浸透土層の単位断面積を通過する水の量である．この式は，フランスの水道技術者ダルシーが実験的に見つけ出した経験式で，ダルシー則（Darcy's law）と呼ばれる．(5.8)式は，飽和浸透流の水分フラックスは動水勾配（$\Delta H/\Delta L$）に比例し，その比例定数が透水係数（hydraulic conductivity）であり，土壌中の水の流れやすさを表す．また，マイナス符号は，フラックスが全水頭の低下する方向に流れることを示す．ダルシー則には適用限界があり，流れが非常に速いときや遅いときはこの比例関係が成り立たない場合がある．

透水係数には水の密度や粘性も影響するが，土壌の間隙構造，粒径，孔隙の大きさ，形状およびその連続性によって支配される．その大きさは，砂質土で$10^{-3} \sim 10^{-5}$（$\mathrm{m\,s^{-1}}$），粘質土では$10^{-8} \sim 10^{-11}$（$\mathrm{m\,s^{-1}}$）と広範囲である．飽和透水係数は土壌の物理性の中でも特に変動が大きい．

自然界の土壌は，地表から地下水面まで均質な土層が連続していることはほとんどなく，成層化しているのが普通である．成層化した土層を水が通過していくときは，

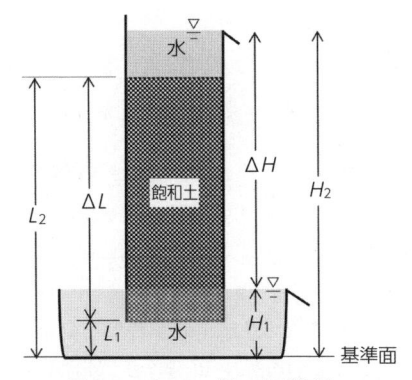

図5.5　ダルシー則の実験装置

透水係数のいちばん小さい土層が全体の水分フラックスに強く影響することになる.

成層化した各土層の透水係数が $K_1, K_2, \cdots, K_i$ の場合，流れの方向が成層と直交しているときの平均透水係数 (K_v) は，次式で求められる.

$$K_v = \frac{L}{\sum L_i / K_i} \tag{5.9}$$

一方，流れが成層と同じ方向の場合の平均透水係数 (K_h) は，次式で与えられる.

$$K_h = \frac{\sum L_i K_i}{L} \tag{5.10}$$

ここで，L は土層全体の厚さ，L_i は各土層の厚さ，K_i は各土層の透水係数である.

例題 5.1　ダルシー則の計算：鉛直流れと水平流れ

長さ 50 cm の土壌カラムに飽和透水係数が 1.0×10^{-2} cm s^{-1} の砂を充填し，飽和させる.
(1) この土壌カラムを鉛直に置き，上端には一定水位 5 cm を与え，下端は大気に開放するものとする. カラムを通過する水分フラックスを求めなさい.
(2) 次に，この土壌カラムを水平に設置し，左端に 5 cm の湛水，右端を大気に開放する. このときのカラム内を通過する水分フラックスを求めなさい.

[解答]　(1) 重力水頭の基準高さをカラム下端にとる. カラム上端の全水頭は $H = 5 + 50$ cm となる. カラム下端は大気に開放されているので圧力水頭は 0 cm となり，したがって，カラム下端の全水頭は $H = 0$ cm となる. 鉛直上向きを正にとると，(5.8) 式より

$$q = -1.0 \times 10^{-2} \times \frac{(50+5)-0}{50-0} = -1.1 \times 10^{-2} \text{ (cm s}^{-1}\text{)}$$

となる. 負の符号は，下向きの流れを意味する.
(2) 水平に置かれていることから，重力水頭は水平方向のどの位置においても等しくなる. 水平方向右向きを正にとると，

$$q = -1.0 \times 10^{-2} \times \frac{0-5}{50-0} = 0.1 \times 10^{-2} \text{ (cm s}^{-1}\text{)}$$

となる. フラックスは右向きの流れとなる.

水平カラムのフラックスは，鉛直方向のフラックスの 1/11 である. この差は，重力ポテンシャルの有無によって生じる.

例題 5.2　成層土のダルシー則の計算

(1) 上層が飽和透水係数 4.0 cm h^{-1}，厚さ 25 cm，下層が飽和透水係数 1.0 cm h^{-1}，厚さ 25 cm の鉛直土壌カラムがある. カラム上端に一定水位 5 cm の湛水

深，カラム下端は大気に開放されているものとする．このとき，土壌カラム全体の平均透水係数，水分フラックス，層境界の圧力ポテンシャルを求めよ．
(2) (1) において，上層と下層を入れ替えた場合の層境界の圧力ポテンシャルを求めよ．

[**解答**] (1) (5.9) 式よりカラム全体の平均透水係数は，

$$K_v = \frac{25+25}{25/4.0+25/1.0} = 1.6 \text{ (cm h}^{-1}\text{)}.$$

重力水頭の基準高さをカラム下端にとると，(5.8) 式よりカラム内の水分フラックスは，

$$q = -1.6 \times \frac{(50+5)-0}{50-0} = -1.76 \text{ (cm h}^{-1}\text{)}.$$

これはカラム内の各層の水分フラックスに等しい．

層境界の圧力水頭を h とし，上層にダルシー則を適用すると，

$$q = -1.76 = -4.0 \times \frac{(5+50)-(h+25)}{50-25} \rightarrow h = 19.0 \text{ (cm)}.$$

なお，下層にダルシー則を適用しても同じ値となる（各自で確かめること）．
(2) 上層と下層を入れ替えた場合においてもカラム内の水分フラックスは (1) と同じ値になる．したがって，上層に (5.8) 式を適用すると，

$$q = -1.76 = -1.0 \times \frac{(5+50)-(h+25)}{50-25} \rightarrow h = -14.0 \text{ (cm)}$$

となり，層境界で負の圧力が生じる．

b. 不飽和浸透流

土壌中の間隙に気相が存在する不飽和浸透流の水分フラックスは，鉛直1次元ではダルシー則と同型の次式で与えられる．

$$q = -K(h)\frac{\partial H}{\partial z} = -K(h)\frac{\partial (h+z)}{\partial z} = -K(h)\left(\frac{\partial h}{\partial z}+1\right) \quad (5.11)$$

ここで，$K(h)$ は不飽和透水係数，H は全水頭，h はマトリックポテンシャル（水頭単位），z は重力水頭である．不飽和土壌では，h は位置と時間の関数となるため，(5.11) 式は偏微分で表される．この式はバッキンガムがダルシー則を不飽和土に拡張して導いたことから，バッキンガム-ダルシー則（Buckingham-Darcy's law）と呼ばれる．

不飽和透水係数の値は土壌水分量に大きく依存する．多くの土壌では，水分量が多ければ大きくなり，水分量が少なくなると非常に小さくなって，10^{-4}（m s^{-1}）程度から 10^{-12}（m s^{-1}）以下にまで幅広く変化する．不飽和透水係数のこの特性が，不飽

和浸透流の流れの特徴の支配的要因となる．

c. 不飽和浸透流の支配方程式
1) リチャーズ式

一般に，土壌中の水分量は水移動に伴い変化するため，マトリックポテンシャルと水分量は位置と時間の関数となる．不飽和浸透流の支配方程式は，土壌中の水の連続式に (5.11) 式を代入することによって求められる．鉛直1次元の不飽和浸透流の場合は次式で表される．

$$\frac{\partial \theta}{\partial t} = \frac{\partial}{\partial z}\left(K(h)\frac{\partial h}{\partial z} + K(h)\right) - S = \frac{\partial}{\partial z}\left(K(h)\frac{\partial h}{\partial z}\right) + \frac{\partial K(h)}{\partial z} - S \quad (5.12)$$

S は植物の根などによる吸水を表す項である．この式はリチャーズ式 (Richards equation) と呼ばれる．

根の吸水モデル

植物根による吸水と蒸散量の正確な予測は，水消費という観点から最適な灌漑計画を立案する上で非常に重要な要素となる．また，植生を考慮して水循環機構を解明する場合，土壌-植物-大気連続系 (soil-plant-atmosphere continuum) を取り扱うことになるが，植物の根による土壌水分の吸収を考慮する必要がある．

根の吸水速度 S は，植物の根による単位時間，単位体積あたりの吸水量と定義される．Feddes et al. (1978) は，吸水速度 S を可能吸水速度 S_p ($\mathrm{m^3\,m^{-3}\,s^{-1}}$) と吸水速度の制限因子となるマトリックポテンシャルの水ストレス応答関数 $\alpha(h)$ の積として，次式で表される吸水量減少モデルを提案した．

$$S = \alpha(h)S_p$$

このモデルは，土壌がある気象条件下で植物の要求水量を供給できなくなるとき，可能蒸散速度に対して蒸散速度が減少する過程を表現する．S_p は気象条件のみで決まる可能蒸散速度 T_p ($\mathrm{m\,s^{-1}}$) の関数として，次式で与えられる．

$$S_p = b(z)T_p$$

ここで，$b(z)$ ($\mathrm{m^{-1}}$) は正規化された根密度分布であり，根群域を深さ方向に積分すると1になる．

植物の実蒸散速度 T_a は，上述の吸水モデルで表された吸水速度 S を根群域 (深さ L_r (m)) で積分することにより，次式で計算される．

$$T_a = \int_{L_r} S\,dz = T_p \int_{L_r} \alpha(h)b(z)\,dz$$

ここでは，植物体内における水分の貯留量は T_a に対して無視できるものと仮定し

図5.6 水ストレス応答関数

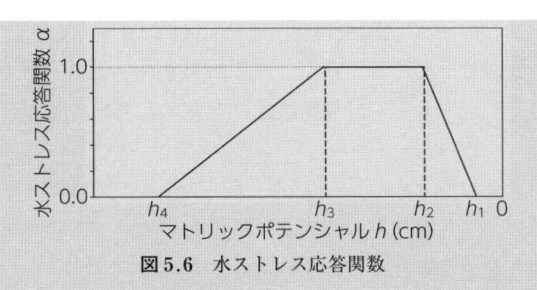

ている．水ストレス応答関数 $\alpha(h)$ としては，フェデス（Feddes）が提案した台形関数モデルが有名である．このモデルでは吸水速度は土壌水分状態によって量的に規定され，土壌水分の移動性，植物の水利用性に対してのいくつかの変移点があり，水ストレス応答関数を図5.6に示すようにマトリックポテンシャルを用いて表す．マトリックポテンシャル h が h_4 以下および h_1 以上では吸水がないものと考え $\alpha=0$ とし，$h_1 \sim h_2$ の間および $h_3 \sim h_4$ の間ではそれぞれ 0～1 の間を直線的に遷移すると近似する．また $h_2 \sim h_3$ の間では水ストレスは生じないと考え，$\alpha=1$ とする．このとき，根の吸水は最大となる．$h_1 \sim h_4$ の吸水パラメータをどのように決定するかであるが，例えば付録Bで使用されているHYDRUSでは，作物ごとにこれらの値が与えられている．

(5.12) 式は2つの未知変数（h と θ）に対して1つの関係式なので，このままでは解くことができず，h または θ のどちらか1つに統一する必要がある．成層土では層境界で θ が不連続になるため，未知変数を θ にした場合，安定した解を得ることが難しい．一方，未知変数を h で統一した場合は層境界においても連続となるので，h に統一する場合が広く用いられる．

$$C(h)\frac{\partial h}{\partial t} = \frac{\partial}{\partial z}\left(K(h)\frac{\partial h}{\partial z}+K(h)\right)-S = \frac{\partial}{\partial z}\left(K(h)\frac{\partial h}{\partial z}\right)+\frac{\partial K(h)}{\partial z}-S \quad (5.13)$$

ここで，$C(h)$ は水分容量と呼ばれる．

(5.13) 式は2階の非線形偏微分方程式であるので，この式を解くためには初期条件と境界条件が必要である．

2）初期・境界条件

初期条件としては，計算の開始時点での計算領域における圧力水頭または水分量が与えられる．水分量が与えられた場合は，土壌水分保持曲線を用いて圧力水頭に変換される．

境界条件には次の3種類がある．

第1種境界条件（ディリクレ（Dirichlet）型）： 圧力境界とも呼ばれ，この境界上では解くべき未知関数である $h(z,t)$ が，既知関数 $h_0(z,t)$ または定数で与えられる．湛水条件下の浸潤や地下水面が計算領域内に存在する場合に，この条件が与えられる．

第2種境界条件（ノイマン（Neumann）型）： フラックス境界とも呼ばれ，境界に対してフラックスが与えられる．例えば，地表面で降雨や蒸発があったり，下層に不透水層などが存在する場合にこの条件が設定される．

第3種境界条件（コーシー（Cauchy）型）： 上記の2つの境界条件を同時に含む場合であるが，土壌中の水分移動問題で適用されることはほとんどない（斉藤他，2006）．

d. 土壌水分特性の関数型

(5.13) 式で表されるリチャーズ式を数値解法で解くためには，式中の土壌水分特性を適切な関数で表す必要がある．通常は，バン・ゲヌーチェン（van Genuchten）式（van Genuchten, 1980）とブルックス-コーリー（Brooks-Corey）式（Brooks and Corey, 1964）が広く用いられている．

バン・ゲヌーチェン式は水分保持曲線を次の関数で表現している．

$$S_e = \frac{\theta - \theta_r}{\theta_s - \theta_r} = \frac{1}{\{1+[\alpha(-h)]^n\}^m} \tag{5.14}$$

ここで，S_e は有効飽和度，θ_s は飽和体積含水率，θ_r は残留体積含水率，α，n，m はフィッティングパラメータである．通常，$m=1-1/n$ の関係式が使われる．このとき不飽和透水係数は，

$$K(S_e) = K_s K_r(S_e) = K_s S_e^l [1-(1-S_e^{1/m})^m]^2 \tag{5.15}$$

で表される．l は間隙の連続性を表すパラメータで，多くの土壌に対して0.5が適用されている（Mualem, 1976）．

一方，ブルックス-コーリー式は次式で示される．

$$S_e = \frac{\theta - \theta_r}{\theta_s - \theta_r} = \begin{cases} \left(\dfrac{h_a}{h}\right)^\lambda & (h < h_a \text{のとき}) \\ 1 & (h_a < h \text{のとき}) \end{cases} \tag{5.16}$$

$$K(S_e) = K_s S_e^{l+2+2/\lambda} \tag{5.17}$$

h_a は空気侵入値，λ は間隙サイズの分布に関係するパラメータである．

(5.14) 式や (5.16) 式中のパラメータは，水分保持曲線の測定値に各式を適合させて決定する．

e. 土壌水の運動形態

地表面に到達した降雨は，土壌中に浸入し，土壌水として移動する．この移動過程は，中間流出や地下水涵養などの水文循環とも密接に関係している．土壌水の移動にはその形態的特徴から，いくつかの運動形態がある．

雨水などが地表から浸入し土壌中を降下する現象を浸潤（浸入）(infiltration) という．浸潤部と未浸潤部の間に明瞭な浸潤前線を伴って進行し，前線では重力に加えて毛管力が働く．

浸潤終了後に継続して土壌中を水が流れる現象には，浸透 (percolation) と排水 (drainage) がある．浸透は，給水源と流れの末端（地下水面）とが連続しており，浸潤のように毛管力の作用する前線をもたず，重力により降下する．流れの中の空気の有無により飽和浸透と不飽和浸透に分類される．排水は，土壌中を浸透していた土壌水が地表面から不飽和部を発生させながら地下水面まで重力降下していく現象である．浸透や排水現象は，総称して再分布 (redistribution) と呼ばれる．再分布では，水分増加過程（浸透）と減少過程（排水）が同じ土層内で混在して生じるため，土壌の保水性や透水性のヒステリシスが水分分布に大きく影響する．

土壌の不均一性のため，土壌中を流れる水が土壌断面を一様に流れるのではなく，局所的に流れる現象を選択流 (preferential flow) という．選択流には，乾いた粗粒土への浸潤によって生じる指状のフィンガー流 (finger flow)，性質の異なる土層の境界面に沿って横方向に流れる集積流 (funnel flow)，亀裂やマクロポア（粗間隙）を速く流れるバイパス流 (bypass flow) などがある．水田や森林における流出現象では，バイパス流の影響が無視できない場合も多い．

5.3 地下水の形態と流動

a. 地下水の形態と帯水層

USGS (United States Geological Survey) の定義によれば，帯水層 (aquifer) は井戸や泉に相当量の水を産するのに十分な飽和した透水性の物質を含んでいる地層，地層群あるいは地層の一部となっている (Lohman, 1972)．すなわち，多量の水を産出することの可能な砂やレキ（礫）を含む飽和した土層部分が，帯水層と呼ばれる．この帯水層は地形・地質などに応じた形態をとり，大きく不圧帯水層，被圧帯水層に分類される．図5.7はこれらを模式的に示す．

帯水層とは逆に，透水性が低く水を排出しにくい層を不透水層 (impermeable layer) と呼び，これが帯水層の上部に隣接している場合には加圧層 (confining bed) とも呼ぶ．しかし，透水係数がある値以上であれば帯水層であるというような明確な閾値による区別はなく，帯水層と不透水層の区別は相対的なものである．一般に，帯

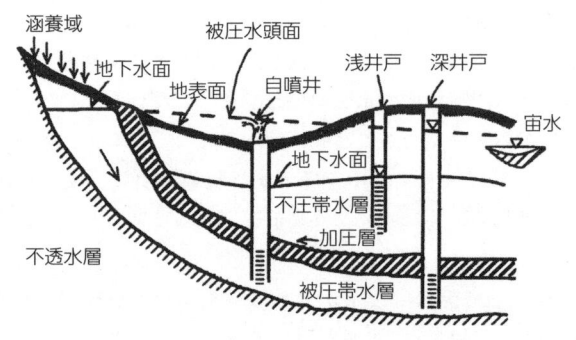

図 5.7 帯水層の分類（Todd（1980）を改変）

水層には未固結のレキ層，砂層や多孔性の石灰岩などが多く，不透水層には粘土層，シルト層，固結した岩盤などが多い．

1) 不圧帯水層

不圧帯水層は，大気と直接つながっている自由地下水面をその上端とする飽和土層である．地下水面の位置・起伏は涵養や浸出，土層の透水性などによって変化する．地表からの面的な涵養を受けやすく，また比較的浅層に位置することが多いため，井戸による地下水利用が容易である．この帯水層に含まれる地下水を，不圧地下水（unconfined groundwater）という．図 5.7 に示したように，レンズ状に存在する局所的な不透水層によって，不圧帯水層上部の不飽和帯中に水たまりのような飽和部分が形成されることがある．この水も不圧地下水であり，とくに宙水（perched water）と呼ばれる．

不圧帯水層中では，後述の被圧帯水層に比べ水の流れは変化に富んでいる．図 5.8 には，例として不圧帯水層中の地下水の流線（streamline）および等ポテンシャル線（equipotential line）を示す．こうした流れはもちろん恒常的なものではなく，気象条件などによって変化する．

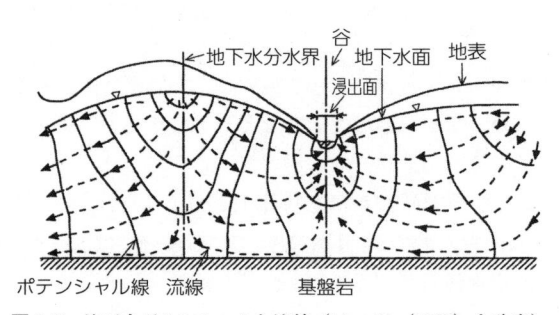

図 5.8 地下水ポテンシャルと流線（Marsily（1986）を改変）

2) 被圧帯水層

被圧帯水層は不透水層に挟まれた帯水層であり，大気圧より大きな圧力を受けた地下水，すなわち被圧地下水（confined groundwater）が存在する．この帯水層に小さな孔をいくつか鉛直に通したときに，水がその孔中を上昇し静止した位置を面的につないだものを地下水面として，静止した水面までの高さを地下水頭と呼ぶ．ちなみに，不圧地下水の水頭は明らかに自由地下水面の位置となる．地下水頭が地表面を上回っている場合には，そこに掘られた井戸は自噴井となる．

地表から浸透した水が，速やかに被圧地下水を涵養することはほとんどない．通常は，この帯水層の端が山地や丘陵の斜面で露出している，あるいは不圧帯水層と合流しているようなところから浸透水によって涵養される．また，漏水性の加圧層を通して上部の帯水層から地下水が涵養されることもある．被圧帯水層中の地下水は移動速度が遅く，揚水などの人為的影響がなければ，その水位変化は小さい．

b. 帯水層の特性

帯水層の厚さや面的な広がりは地下水を考える上で重要な諸元であるが，ここでは帯水層の水文的特性を規定するものを紹介する．その多くは帯水層定数（aquifer constant）と呼ばれ，地下水の流れや貯留に関与するものである．

1) 透水量係数

透水量係数（transmissivity）は，単位時間に帯水層に垂直な単位幅断面を単位水頭勾配の下で通過する水量を表す係数であり，対象とする帯水層単元全体の透水性の指標となる．すなわち，帯水層の厚さを b，透水係数を K とすると，透水量係数 T は $T=Kb$ で表され，その単位には $m^2 d^{-1}$ が用いられることが多い．被圧帯水層ではとくに問題はないが，不圧帯水層では b の時間的・空間的変動が大きい場合があり注意を要する．

2) 漏水係数

2つの帯水層の間に透水性がそれほど小さくない不透水層（半透水層）が存在する場合，帯水層間で無視できない量の水の交換が生じる．この半透水層を通過する交換水量，すなわち漏水量は，半透水層の厚さを b，透水係数を k とすると，ダルシー則から同層上下端の水頭差を b で割り，これに k を掛けたものとなる．このときの k/b を漏水係数（leakance）という．

3) 比産出率

比産出率（specific yield）は，地下水位が単位量低下したときに帯水層の単位体積から排出される地下水量の割合であり，通常，不圧帯水層で用いられる．帯水層中の地下水は，取水や排水が行われてもすべてが失われるわけでなく，いくらかは間隙中

に残存する．比産出率は，この残存量を除いた可動量が単位体積あたりどの程度かを示すことになり，有効間隙率に等しい．

4) 比貯留係数

比貯留係数（specific storage coefficient）は，被圧地下水での比産出量に相当する概念であり，帯水層に貯留されている水量と，水頭の単位低下量に対し貯留から解放される水量との比である．通常，1/m の単位で表される．

5) 比湧出量

井戸において揚水を行ったとき，その揚水量を井戸の水位低下量で割った値を比湧出量（specific capacity）という．単位は $m^2 d^{-1}$ が用いられることが多く，井戸の地下水供給の指標となる．井戸の特性にも依存するため，帯水層のみの特性とはいえない．一般に，揚水量が増加するほど，比湧出量は小さくなる傾向にある．

6) 貯留係数

貯留係数（storage coefficient）は，単位面積の帯水層柱において，水位（水頭）が単位量変化したときの貯留変化量である．単位は無次元であり，透水量係数とともに地下水の流動や水収支を考える上で重要な帯水層定数である．被圧帯水層では，帯水層の弾性変化や水の体積変化の影響も含んだ値となり，比貯留率に帯水層厚さを掛けたものに等しい．一方，不圧帯水層では上記の各変化の影響はほとんど無視でき，比産出率と等しくなる．

貯留係数は不圧帯水層で 0.01〜0.5，被圧帯水層で $1 \times 10^{-5} \sim 10^{-2}$ 程度とされている．不圧帯水層であっても比較的広域での平均的な値としてみると，例えば地下ダムに適した貯留能力を有する宮古島の帯水層でも 0.13 程度であり（農業用地下水研究グループ，1986），また代表的な扇状地で 0.05〜0.1 程度という報告もある（Todd, 1980）．

なお，透水量係数 T と貯留係数 S の比 T/S は，水頭拡散率（hydraulic diffusivity）と呼ばれ，ある地点における水頭変化の伝達速度の指標として扱われている．

c. 地下水の流動

1) 支配方程式

地下水流動を表す支配方程式は，リチャーズ式と同様に，水の連続式と飽和流におけるダルシー則から導くことができる．地下水流動における非定常3次元支配方程式は，次式で表される．

$$S_s \frac{\partial H}{\partial t} = \frac{\partial}{\partial x}\left(K_x \frac{\partial H}{\partial x}\right) + \frac{\partial}{\partial y}\left(K_y \frac{\partial H}{\partial y}\right) + \frac{\partial}{\partial z}\left(K_z \frac{\partial H}{\partial z}\right) \tag{5.18}$$

S_s は比貯留係数（specific storage）である．

5.3 地下水の形態と流動

x-y 平面に広がる被圧帯水層においては，(5.18) 式は次式のようになる．

$$S\frac{\partial H}{\partial t} = \frac{\partial}{\partial x}\left(T_x \frac{\partial H}{\partial x}\right) + \frac{\partial}{\partial y}\left(T_y \frac{\partial H}{\partial y}\right) + \varepsilon \tag{5.19}$$

ここで，S は貯留係数，T_x，T_y は透水量係数，H は全水頭である．また，ε は帯水層柱への鉛直方向の水の出入り量を表し，灌漑や降雨による地表からの涵養水や揚水，他層への漏出などが考えられる．

一方で不圧帯水層において，鉛直方向には地下水頭と同一のポテンシャルをもち，そのポテンシャル勾配（地下水面の勾配）に従って地下水が水平に流れるという，デュプイの仮定（Dupuit's assumption）が成立するとき，(5.18) 式は

$$S_y \frac{\partial h}{\partial t} = \frac{\partial}{\partial x}\left(K_x h \frac{\partial h}{\partial x}\right) + \frac{\partial}{\partial y}\left(K_y h \frac{\partial h}{\partial y}\right) + \varepsilon \tag{5.20}$$

となる．S_y は比産出率，h は地下水位である．

これらの方程式が，対象となる 2 次元領域の帯水層に適用され，所定の初期・境界条件の下で解かれれば，任意の時刻 t における領域内の各地点での地下水位が得られることになる．

2) 初期・境界条件

初期条件としては，解析対象期間の開始時点における水位分布が与えられる．境界条件としては，リチャーズ式の場合と同様に，地下水流動解析においても第 1 種境界条件と第 2 種境界条件がよく適用される．

第 1 種境界条件は定圧境界とも呼ばれ，この境界上では解くべき未知の関数である $h(x,y,t)$ が，既知の関数 $h_0(x,y,t)$ あるいは定数で設定される．解の唯一性を保証するには，領域境界中にこの境界部分が必ず存在する必要がある．例えば，大河川や湖などに接した部分がこの境界として扱われることが多い．

第 2 種境界条件では，境界に対して法線（垂直）方向の地下水フラックス（2 次元の場合は単位幅流量）が与えられる．基盤岩が隆起してできた山が境界となるときによく用いられ，被圧帯水層ではゼロフラックス（不透水性境界）が，不圧帯水層では山地斜面から滑り込む水量が与えられたりする．

第 3 種境界条件が地下水流動解析に用いられことはほとんどない（藤縄，2010）．

例題 5.3　不圧帯水層における定常解析

図 5.9 のような均質な不圧帯水層の断面において，地表面から一定の割合 R で涵養があった場合の地下水位 h を求めなさい．なお，図に示されている地下水面は，十分涵養が続き，時間によって変化しなくなった状態（定常状態）を表しているものとする．

[解答] 不圧帯水層の透水係数を K とすると,図のように中央から x だけ離れたところの単位奥行きあたりの地下水流量 q は,

$$q = -Kh\frac{dh}{dx} \quad (5.21)$$

となる.連続の条件からこの量は上部からの涵養量に等しいはずであるから,

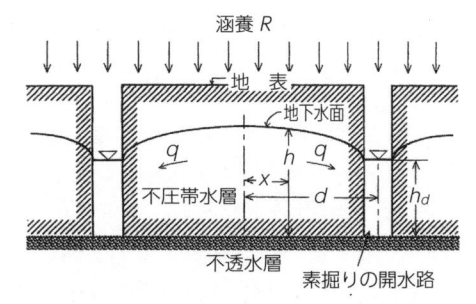

図 5.9 不圧帯水層における定常流の例

$$-Kh\frac{dh}{dx} = Rx \quad (5.22)$$

となる.dx を右辺に移動し(5.22)式をさらに積分すると,

$$-Kh^2 = Rx^2 + C \quad (5.23)$$

となる.図中の記号を用い,$x=d$ のとき $h=h_d$ であることを考慮して積分定数 C を求めると,最終的に(5.23)式は次のように整理できる.

$$h^2 = h_d^2 + \frac{R}{K}(d^2 - x^2) \quad (5.24)$$

問題に適合するよう次元を減じ,さらに定常問題として左辺を 0 とした(5.20)式を,$x=0$ で $dh/dx=0$,$x=d$ で $h=h_d$ の境界条件の下で解くと,例題 5.3 のように任意の x における h を求めるための解析解が得られることになる.この例のような解析は,灌漑を行う圃場において暗渠や明渠の配置を決定するような問題にも応用できる.

実際に現場での解析を行う場合には,不規則な対象領域形,帯水層定数の空間的変動,非定常解析の必要性などの理由により,上記の例のように簡単に解析解を得ることは難しい.したがって,通常は差分法,有限要素法,境界要素法などの数値解法を用いて解析する場合がほとんどである(例えば,Pinder and Gray,1977;赤井訳監修,1987;1988 など).　　　　　　　　　　　　　　　　　　　　　　　　　[諸泉利嗣]

演習問題

問 5.1 ［体積含水率と含水比の関係］
(5.4) 式を証明しなさい.

問 5.2 ［土壌水分量の計算］
サンプラーで湿潤土を採土し質量を測定したところ 160 g であった.これを 105℃ にて 24 時間乾燥させた後の質量は 136 g であった.このときの含水比と体積含水率

を求めなさい．ただし，容器の質量は 36 g，乾燥密度は 1.3 Mg m^{-3} である．

問 5.3 ［TDR のキャリブレーション式］

ある土壌について，プローブの長さが 30 cm の TDR センサーを用いて比誘電率 K と体積含水率 θ を求めたところ，表 5.1 を得た．

表 5.1

K(−)	4	11	15	21	24
θ(m^3 m^{-3})	0.08	0.12	0.18	0.30	0.43

(1) この土壌のキャリブレーション式を 3 次の多項式で求めなさい．
(2) このプローブを地表面から鉛直に挿入し比誘電率を測定したところ 17 であった．地表面から深さ 30 cm までの平均土壌水分量は何 mm か．

問 5.4 ［マトリックポテンシャルと全水頭］

地表面から深さ 50 cm に埋設されているテンシオメータでマトリックポテンシャルを測定したところ，−100 kPa であった．この測定値を水頭単位の値に換算しなさい．また，鉛直上向きを正とした場合，地表面を基準面としたときの全水頭を求めなさい．

問 5.5 ［リチャーズ式の変数変換］

(5.12) 式の左辺から (5.13) 式の左辺を導きなさい．

問 5.6 ［水分容量の関数型］

(5.14) 式を用いて水分容量 $C(h)$ の関数型を求めなさい．

問 5.7 ［有効水分量］

地表から深さ 30 cm の土層の土壌水分保持曲線が (5.16) 式で表されるとき，この土層の有効水分量を求めなさい．ただし，$\lambda=2$，$h_a=-48.8$ cm，$\theta_s=0.43$，$\theta_r=0.05$ である．

問 5.8 ［ダルシー則と被圧地下水の流れ］

図 5.10 に示すように，透水係数が K_1 と K_2 の 2 層からなる被圧帯水層中を地下水が流れているとき，以下の問に答えなさい．

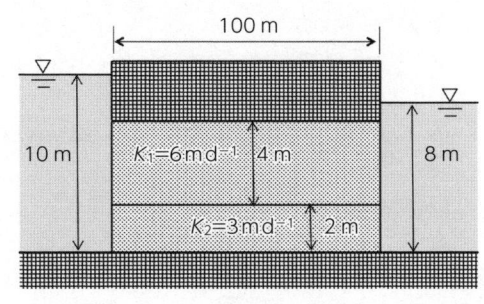

図 5.10

(1) 各層を流れる水分フラックスを求めなさい.
(2) 2層の平均透水係数を求めなさい.
(3) 単位幅（単位奥行き）当たりの地下水流量を求めなさい.

問 5.9 ［貯留係数］

厚さ 9 m，貯留係数 0.01 の水平に広がった被圧帯水層を有する地下水盆から全量として 450 $m^3 d^{-1}$ の揚水が恒久的に続けられ，かつこれに見合うだけの定常的な涵養が生じているとする．このとき，この地下水盆（面積 30 km^2）における地下水の滞留時間を求めなさい.

問 5.10 ［水収支と地下水面］

地表面から 1 m の深さに地下水面があり，その間の不飽和帯は体積含水率が 0.15 であったとする．いま，30 $mm\ h^{-1}$ の降雨が 3 時間継続したとき，降雨は全て浸透し，不飽和帯の体積含水率が 0.2 に増加した．このときの地下水面の上昇高を求めなさい．この土層の間隙率は 0.45 で土層は一様とし，水平方向の地下水流動はないものとする.

問 5.11 ［比産出率］

比産出率が 0.18 の不圧帯水層（面積 3.5 km^2）から全量 750,000 m^3 の地下水を排出させるためには，地下水位をどれだけ下げなければならないか.

問 5.12 ［不圧帯水層における定常解析］

図 5.9 の帯水層において，左側，右側の水路水位がそれぞれ h_0，$h_1 (h_0 > h_1)$ に保たれ，流れは定常で鉛直成分は無視できるものとする．このときの地下水位 h を求めなさい．ただし，水路間の距離は d とする.

文　献

駒村正浩・赤江剛夫：地域環境水文学（丸山利輔・三野　徹編），pp.81-85，朝倉書店 (1999)
斉藤広隆他：不飽和土中の水移動モデルにおける境界条件，土壌の物理性，**104**, 63-73 (2006)
Jury, W. A. and Horton, R. 著，取出伸夫監訳：土壌物理学—土中の水・熱・ガス・化学物質移動の基礎と応用—，築地書館 (2006)
農業用地下水研究グループ「日本の地下水」編集委員会：日本の地下水，地球社 (1986)
藤縄克之：環境地下水学，共立出版 (2010)
Huyacorn, P. S. and Pinder, G. F. 著，赤井浩一訳監修：地下水解析の基礎と応用（上巻）・（下巻），現代工学社 (1987, 1988)
堀野治彦・藤縄克之：地域環境水文学（丸山利輔・三野　徹編），pp.104-124，朝倉書店 (1999)
宮崎　毅・西村　拓編：土壌物理実験法，pp.177-187，東京大学出版会 (2011)
宮崎　毅他：土壌物理学，朝倉書店 (2005)

Brooks, R. H. and Corey, A. T. : Hydraulic Properties of Porous Media, Hydrology Paper 3, Colorado State University (1964)

Feddes, R. A. et al. : Simulation of Field Water Use and Crop Yield, Simulation monographs, pp. 17-20, PUDOC (1978)

Hillel, D. : Environmental Soil Physics, Academic Press (1998)

Lohman, S.W. et al. : Definitions of Selected Ground-Water Terms, Revisions and Conceptual Refinements, pp. 1-21, USGS Water Supply Paper 1988 (1972)

de Marsily, G. : Quantative Hydrogeology, Academic Press (1986)

Mualem, Y. : A new model for predicting the hydraulic conductivity of unsaturated porous media, *Water Resour. Res.*, **12**, 513-522 (1976)

Pinder, G. F. and Gray, W. G. : Finite Element Simulation in Surface and Subsurface Hydrology, Academic Press (1977)

Todd, D. K. : Groundwater Hydrology, 2nd edition, John Wiley & Sons (1980)

Topp, G. C. et al. : Electromagnetic determination of soil water content : Measurements in coaxial transmission lines, *Water Resour. Res.*, **16**, 574-582 (1980).

van Genuchten, M. Th. : A closed form equation for predicting the hydraulic conductivity of unsaturated soils, *Soil Sci. Soc. Am. J.*, **44**, 892-898 (1980)

第6章 流出解析

6.1 流出解析法の分類

降水量から流出量を求めることを流出解析（runoff analysis）といい，その方法を流出解析法，解析に用いる数理モデルを流出モデル（runoff model）という．流出解析は，治水計画や排水計画における豪雨時のピーク流出量の推定，水資源計画における渇水時のハイドログラフの推定，ダム管理のための実時間流出予測，河川流量データの欠測補間など，河川流域に関わる各種実務に供されているだけでなく，降雨流出過程のモデル化がそのメカニズムの理解を深めるという自然科学的な意義も有している．ここでは，流出解析法の分類について述べる．

a. 解析対象期間による分類

流出解析を解析対象期間によって大別すると，洪水流出解析（短期流出解析）と長期流出解析に分けられる．

1) 洪水流出解析（短期流出解析）

小流域では2～3日程度，大流域では1～2週間程度の洪水期間を対象とした流出解析を洪水流出解析もしくは短期流出解析といい，治水計画，排水計画，ダムの洪水時管理などに利用される．洪水流出解析では，比較的速い流出成分である直接流出のみを解析対象とし，基底流出は対象外とするのが一般的であり，また解析期間中の蒸発散も無視する．降水量，流量データの時間刻みは，小流域では5～10分，大中流域では1時間とすることが多い．小流域のピーク流出量の推定には合理式がよく利用されるが，ハイドログラフが必要な場合や，大中流域における洪水流出解析では，貯留関数法や雨水流法（表面流モデル）が利用される．

2) 長期流出解析

短くても数ヶ月，通常は1年以上の長期間を対象とした流出解析を長期流出解析といい，主に水資源計画に利用される．長期流出解析では，全流出成分を対象とするのが普通で，蒸発散を必ず考慮する．冬期を含むことから，積雪のある流域では積雪・融雪の計算を同時に行う．降水量，流量データの時間刻みは日単位とするのが一般的

であるが，解析目的によっては旬単位や月単位とすることもある．長期流出解析法としてはタンクモデルが代表的であるが，統計的単位図法を利用することもある．

なお，長短期流出両用モデル（LST-II；角屋・永井，1988；永井他，2003）や水循環モデル（HYCYMODEL；福嶌・鈴木，1986）のように，長期・短期の解析を同一モデルで連続的に実施するモデルもあり，このタイプの解析を長短期流出解析と呼ぶことがある．またアメリカやヨーロッパの長期流出モデルは，スタンフォードモデルをはじめとして，NWSRFS, TOPMODEL など，長期・短期の連続的解析モデルが多い．そのような経緯もあって，欧米の流出モデル分類では，短期・長期という分け方ではなく，洪水事象モデル（event-based model）と連続的解析モデル（continuous model）という分け方が主流である．

b. 解析手法による分類

解析手法による流出モデルの分類には，応答モデル－物理モデル，線形モデル－非線形モデル，集中定数系モデル－分布定数系モデル，決定論的モデル－確率論的モデルなどがあるが，以下では応答モデルと物理モデルについて説明する．

1）応答モデル

応答モデルは，降水をシステムへの入力，流出をシステムからの出力と考えて入力に対する出力の応答特性に注目したモデルである．応答特性がうまく表現できていればシステムの内部構造は問わないことから，ブラックボックスモデルと呼ぶこともある．応答モデルは集中定数系のモデルであり，単位図法が代表的である．

2）物理モデル

物理モデルは，降雨流出現象の物理過程を表現したモデルであり，貯留法と雨水流法に大別される．貯留法は，流域における降雨流出過程を貯留タンクによって表現する集中定数系のモデルで，これを概念的モデルもしくは準物理モデルに分類することもある．貯留法としては，貯留関数法とタンクモデルがよく利用される．雨水流法は，斜面と河道における雨水の流れを水理学的に追跡する分布定数系のモデルであり，表面流モデルが代表的である．

6.2 合理式

a. 基礎式

ある特定の洪水における最大の流出量をピーク流出量という．排水計画などでピーク流出量のみが必要とされるときは，合理式（rational equation）でそれを推定することが多い．合理式は次のように表される．

$$Q_p = \frac{1}{3.6} \cdot r_e \cdot A, \quad r_e = f_p \cdot r \tag{6.1}$$

ここで，Q_p はピーク流出量（$m^3 s^{-1}$），r_e, r はそれぞれ洪水到達時間内の平均有効降雨強度（$mm\ h^{-1}$），平均観測降雨強度（$mm\ h^{-1}$），A は流域面積（km^2），f_p はピーク流出係数である．

合理式は，流域内に貯留施設がなく，下流水位条件の影響を受けない傾斜地で，流域内の降雨条件，土地利用条件がほぼ一様とみなされる場合に適用される．合理式では，洪水到達時間内の平均有効降雨強度を合理的に推定することが肝要である．そのため，洪水到達時間とピーク流出係数の推定が重要となる．

b. 洪水到達時間とピーク流出係数

洪水到達時間は，ピーク流出量に対応する雨水が最上流域の斜面上端から河道を経て流域の最下流端に達するまでの時間で，流域規模が小さいほど，また降雨強度が大きいほど，洪水到達時間は短くなる．一方ピーク流出係数は，観測降雨から有効降雨を推定するための係数である．

1) 洪水到達時間

雨量と流量の観測資料から洪水到達時間を推定するときは，次の手順による．①図6.1 (a) のように，観測されたハイドログラフ（実線）とハイエトグラフ（破線）を描く．②ピーク流出量 Q_p の発生時刻 t_2 における降雨強度 r_p を求める．③降雨ピーク前で同値 r_p を示した時刻 t_1 を求める．④両時刻の差 $t_2 - t_1$ が r_e に対する洪水到達

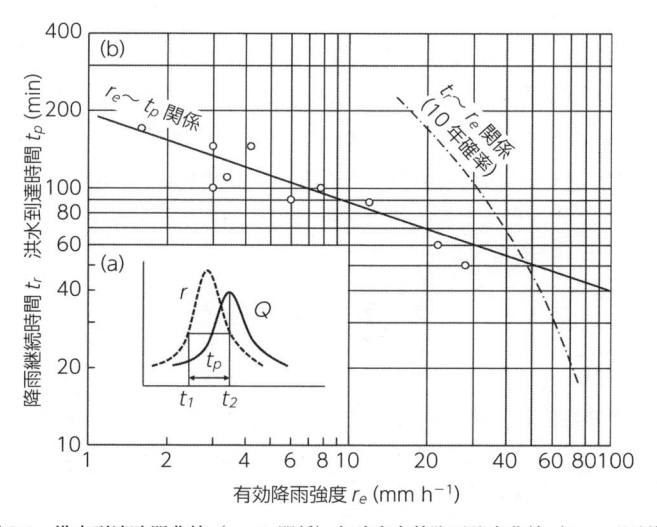

図 6.1　洪水到達時間曲線（$r_e \sim t_p$ 関係）と確率有効降雨強度曲線（$t_r \sim r_e$ 関係）

時間 t_p である．ここで，$r_e = 3.6 \cdot Q_p/A$ である．

いくつかの洪水について得られた t_p と r_e の関係を図6.1（b）のように両対数グラフにプロットし，これらの点群に平分線を挿入すれば，この直線が対象流域の洪水到達時間と有効降雨強度の関係（$r_e \sim t_p$ 関係）を表している．

表6.1 土地利用係数 C とピーク流出係数 f_p（角屋，1988）

地表条件	C	f_p
山　　　　　林	250～350≈290	0.35～0.45
放　　牧　　地	140～200	0.4～0.6
ゴ　ル　フ　場	120～150	0.45～0.6
粗造成宅地・造成農地	80～120	0.6～0.8
運　　動　　場	70～90	0.8～0.9
市　　街　　地	60～80	0.8～1.0

観測資料が十分に得られていない流域では，様々な規模の流域の観測資料に基づいて半理論的に誘導された，次の角屋・福島式が利用できる（角屋・福島，1976）．

$$t_p = C \cdot A^{0.22} \cdot r_e^{-0.35} \tag{6.2}$$

t_p は洪水到達時間（min），A は流域面積（km²），r_e は有効降雨強度（mm h^{-1}），C は土地利用状態によって異なる係数である．

表6.1に係数 C の概略値を示すが，山林では $C=250\sim350\approx290$，市街地では $C=60\sim80\approx70$ であるから，山林が開発されて市街地になると，洪水到達時間が従前の4分の1程度に短縮されることがわかる．

2) ピーク流出係数

ピーク流出係数は，降雨波形，対象流域の地質・土地利用，先行降雨（土湿）などの条件によってかなり異なるため，原則として対象流域での観測資料に基づいて決定する．ピーク流出係数 f_p は r_e と r の観測値から $f_p = r_e/r$ として求めるが，排水計画などでは観測によって得られた値の最大値を採用する．表6.1に f_p の概略値を示すが，これらは土地利用ごとの観測結果に基づく一応の目安である．ピーク流出係数は流域によってかなり異なり，同じ流域でも土湿条件によって異なることから，対象流域もしくは近傍の類似流域における観測結果に基づいて慎重に定めることが望ましい．

c. 確率ピーク流出量の推定

合理式に用いる有効降雨強度 r_e の値は，有効降雨強度と洪水到達時間の関係（$r_e \sim t_p$ 関係）および降雨継続時間と有効降雨強度の関係（$t_r \sim r_e$ 関係）の両者を同時に満足するものでなければならない．

例えば，10年確率ピーク流出量は次の手順によって推定できる．①30分，60分，120分など3種以上の継続時間 t_r に対応する10年確率降雨強度を求める．②この10年確率降雨強度にピーク流出係数 f_p を乗じて，10年確率有効降雨強度 r_e を推定す

る．③ $r_e \sim t_p$ 関係を示した図 6.1（b）にこれらの値をプロットし，曲線定規で曲線を挿入して，これを 10 年確率の $t_r \sim r$ 関係とする．④図上から両曲線の交点 r_e を読み取る．⑤この r_e (mm h^{-1}) を合理式 (6.1) 式に代入すれば，10 年確率ピーク流出量 Q_p (m^3 s^{-1}) が求められる．

なお，$t_r \sim r$ 関係，$t_r \sim r_e$ 関係に必ずしも式を適用する必要はないが，タルボット型，シャーマン型などの降雨強度式を利用してもよい．$r_e \sim t_p$ 関係と $t_r \sim r_e$ 関係が式表示されている場合は，両式を連立させて r_e の解を求めることもできる．

例題 6.1 　合理式による確率ピーク流出量の推定

流域面積 0.18 km^2 の山林流域における 10 年確率ピーク流出量を合理式で求めなさい．ピーク流出係数 f_p は 0.6 とし，洪水到達時間は土地利用係数 C を 290 とした角屋・福島式で求めなさい．なお，流域近傍の雨量観測点における観測資料によれば，継続時間 10 分間，20 分間，30 分間，60 分間，120 分間の 10 年確率雨量は，それぞれ 19.6 mm，29.5 mm，35.5 mm，44.5 mm，51.0 mm である．

［解答］　角屋・福島式に $C=290$，$A=0.18$ km^2 を代入すると，洪水到達時間は $t_p = 290 \times (0.18)^{0.22} \times r_e^{-0.35}$ と表される．これに $r_e = 10$ mm h^{-1} を代入して $t_p = 88.83$ min を，$r_e = 100$ mm h^{-1} を代入して $t_p = 39.68$ min を得る．これらの値を両対数紙にプロットして直線を挿入すれば，この直線が $r_e \sim t_p$ 関係を表す．

また，10 年確率 10 分間雨量 19.6 mm を 6 倍すれば 10 年確率降雨強度 117.6 mm h^{-1} を得る．これにピーク流出係数 0.6 を乗じると，10 年確率有効降雨強度は $117.6 \times 0.6 = 70.56$ mm h^{-1} となる．同様にして継続時間 10〜120 分間の 10 年確率有効降雨強度を求めた結果を表 6.2 に示す．$r_e \sim t_p$ 関係を示した両対数紙にこれらの値をプロットし曲線定規で曲線を挿入すれば，この曲線が $t_r \sim r_e$ 関係を表す．

表 6.2　10 年確率有効降雨強度の計算

継続時間 (min)	確率降雨量 (mm)	確率降雨強度 (mm h^{-1})	確率有効降雨 強度(mm h^{-1})
10	19.6	117.6	70.6
20	29.5	88.5	53.1
30	35.5	71.0	42.6
60	44.5	44.5	26.7
120	51.0	25.5	15.3

$r_e \sim t_p$ 関係と $t_r \sim r_e$ 関係の交点より $r_e = 26$ mm h^{-1} を得る．これを合理式に代入すれば $Q_p = 26 \times 0.18 / 3.6 = 1.30$ より 10 年確率ピーク流出量は 1.30 m^3 s^{-1} となる．

6.3 洪水流出解析

a. 有効降雨の推定
1) 有効降雨と洪水流出解析

洪水時の降雨のうち，直接流出（表面流出と速い中間流出）の形成に寄与する降雨を有効降雨（effective rainfall）という．一降雨における総降雨量を R，総有効降雨量を R_e，その降雨で生じた総直接流出高を D とすると，R_e は D と一致し，また R から $R_e(=D)$ を差し引いたものを雨水保留量（retention）F という．すなわち，

$$R_e=D, \quad F=R-R_e=R-D \tag{6.3}$$

である．

タンクモデルで洪水流出解析を実施する場合は，流域平均降雨量をそのままモデルに入力すればよいが，直接流出成分のみを解析対象とする単位図法，貯留関数法，表面流モデルでは，有効降雨をモデルに入力して洪水流出解析を行う．その手順は以下の通りである．

①観測流出量から基底流出量を差し引いたものを直接流出量とする（4.4節参照）．
②直接流出量に対応する単位時間ごとの有効降雨を観測降雨から推定する．
③単位時間ごとの有効降雨を流出モデルに入力して直接流出量を求める．この計算直接流出量に基底流出量を加えて計算流出量とする．
④計算流出量が観測流出量によく一致するようなモデル定数を探す．

有効降雨の推定法には，流出率による方法，雨水保留量曲線法，浸入能方程式による方法，ϕ インデックス法，カーブナンバー法，共軸相関法など多くの方法がある．本項では，わが国でよく用いられる一定流出率による方法，飽和雨量・一次流出率・飽和流出率による方法，雨水保留量曲線法について説明する．なお，浸入能方程式による方法については，4.2節で述べた降雨余剰の計算を参照されたい．

2) 一定流出率による方法

最も単純な有効降雨の推定法は，一定流出率による方法である．これは，一降雨における総降雨量を R，観測流出量から基底流出量を差し引いて求めた総直接流出高を D とするとき，$f=D/R$ を流出率として，f を単位時間ごとの観測降雨に乗じるものである．

ハイドログラフの立ち上がり前から降雨が始まっていることが多いことを考慮すれば，降雨開始からハイドログラフの立ち上がり時刻までの降雨 L を初期損失分とし，同時刻までの有効降雨は 0 として，同時刻以降の有効降雨は，単位時間ごとの観測降雨に次式の流出率を乗じて求められる（例えば，北海道開発局土木試験場河川研究

室, 1987).

$$f = \frac{D}{R-L} \tag{6.4}$$

この方法は，観測ハイドログラフが得られている特定洪水の解析（事後解析）に適した方法であり，予測的な解析には適していないが，一降雨における総降水量，初期損失，総直接流出高を求めるだけで，単位時間ごとの有効降雨が求められる簡便さが利点である．

3) 飽和雨量・一次流出率・飽和流出率による方法

一定流出率による方法で求めた有効降雨で流出計算を行うと，洪水前半の計算流出量が過大，洪水後半の計算流出量が過小となることがある．飽和雨量・一次流出率・飽和流出率による方法では，洪水期間中の流出率を一定とせず，累加雨量が飽和雨量に達するまでは一次流出率 f_1 を用い，累加雨量が飽和雨量に達した後は飽和流出率 f_s に切り替える．単位時間ごとの有効降雨 r_e は次式で求められる．

$$r_e = \begin{cases} f_1 r & (0 \leq \sum r \Delta t < R_{sa} \text{のとき}) & (6.5a) \\ f_s r & (R_{sa} < \sum r \Delta t \text{のとき}) & (6.5b) \end{cases}$$

ここで，r_e は有効降雨強度（mm h^{-1}），r は観測降雨強度（mm h^{-1}），Δt は単位時間（h），R_{sa} は飽和雨量（mm）である．

図 6.2 のように，流域で観測された総降雨量と総直接流出高の関係に折れ線グラフを当てはめれば，直線の勾配から f_1 と f_s が，折曲点の降雨量から飽和雨量が求められる．この飽和雨量・一次流出率・飽和流出率による方法は，貯留関数法による洪水流出解析でよく用いられてきた．飽和流出率は 1.0 となることが多いが 1.0 より小さくなる場合もあり，飽和流出率と飽和雨量を設定せずに一次流出率だけで有効降雨を求めた方がよい場合もある．

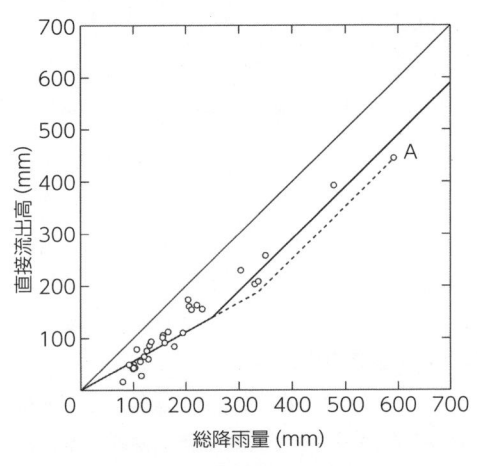

図 6.2 飽和雨量・一次流出率・飽和流出率による有効降雨の推定（愛媛県・野村ダム流域）

観測された総降雨量-総直接流出高関係の点群に対して，平分線として挿入された折れ線は平均的な乾湿状態に対する総降雨量-総直接流出高関係に相当するため，それより乾燥しているときは飽和雨量が大きくなり，それより湿潤なときは飽和雨量が小さくなる．そこで，この方法を特定洪水の解析（事後解析）に適用するときは飽和

雨量を調節し，当該洪水のプロット点を通過する折れ線を設定する必要がある．例えば，図 6.2 のプロット点 A の洪水に対する有効降雨を計算する際には，点線で示した A 点を通過する折れ線を利用すればよい．このようにすれば，総有効降雨量を総直接流出高に合致させることができる．

4) 雨水保留量曲線法

（6.3）式に示す通り，一降雨の総降雨量から総直接流出高を差し引いたものを雨水保留量というが，これと総降雨量の関係をグラフにプロットした後，プロットされた点群の上方を包絡する曲線を描いて，これを乾燥状態での雨水保留量を表す標準曲線とする．特定洪水の計算（事後解析）では，標準曲線に形状が類似した当該洪水のプロット点を通過する曲線を設定し，この曲線に基づいて単位時間ごとの有効降雨を計算する．

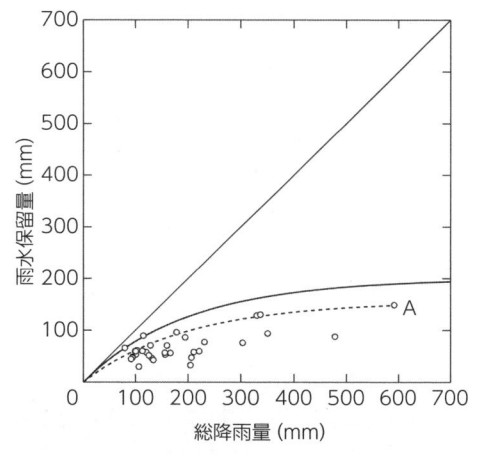

図 6.3 雨水保留量曲線（愛媛県・野村ダム流域）

図 6.3 に総降雨量-雨水保留量関係とそれを包絡する標準曲線（実線）を例示する．例えば，プロット点 A の洪水に対する有効降雨を計算する際には，点線で表したような A 点を通過する曲線を利用すればよい．

特定洪水の雨水保留量曲線（図 6.3 の点線）が得られていれば，次の手順で当該洪水の単位時間ごとの有効降雨を求めることができる．①時間ステップ i における累加降雨量を $R_i(i=1,2,\cdots,n)$ とし，雨水保留量曲線から R_i に対する累加保留量 $F_i(i=1,2,\cdots,n)$ を求めておく．②時間ステップ i における単位時間内の保留量 f_i は $f_i=F_i-F_{i-1}$ より求められる（$F_0=0$ とする）．③時間ステップ i における単位時間内の降雨量を r_i とすると，有効降雨量 r_{ei} は $r_{ei}=r_i-f_i$ より求められる．

なお，手順①では累加保留量をグラフ（図 6.3）から読み取ればよいが，雨水保留量曲線を関数で表現しておけば，累加降雨量に対する累加保留量を計算で求めることができる（次のコラム参照）．

雨水保留量曲線の関数表示

雨水保留量曲線は，グラフ上に表示された総降雨量-雨水保留量関係を表す点群に適当な曲線を挿入することで得られるが，雨水保留量曲線を関数で表現すれば，

曲線の作図が簡単で，単位時間ごとの有効降雨の計算も容易である．

雨水保留量曲線の関数表示には，2次方程式やべき乗型の式などいくつかの提案があるが，比較的よく採用されるのは，次の指数関数式であろう（厳他，1981；遠藤，1983；藤枝，2007）．

$$F=F_c(1-e^{-kR})$$

ここで，F は累加保留量，R は累加降雨量，k は流域ごとに異なるパラメータである．F_c は流域ごと，出水ごとに異なるパラメータで，R を無限大としたときの F の最大値という意味をもつ．流域が十分に乾燥しているときのパラメータ F_c の値を F_{max} とすれば，乾燥状態での雨水保留量を表す標準曲線は次式となる．

$$F=F_{max}(1-e^{-kR})$$

標準曲線では原点における曲線の勾配が 45°となり，湿潤なときはその勾配が 45°より小さくなると考えれば，$R=0$ において，標準曲線では $dF/dR=F_{max}\cdot k=1$，湿潤状態では $dF/dR=F_c\cdot k<1$ となる．よって，パラメータ F_{max}, F_c, k は，標準曲線では $F_{max}\cdot k=1$，湿潤状態では $F_c\cdot k<1$ を満たすように決めればよい．

実用上は，次のようにしてパラメータ F_{max}, F_c, k が決定できる．①標準曲線では $k=1/F_{max}$ として，総降雨量-雨水保留量関係を表す点群を包絡するように F_{max} を決定する．②特定洪水に対する曲線については，標準曲線の k をそのまま採用し，当該洪水の総降雨量-雨水保留量関係を満たすように F_c を決定する．

図 6.3 に挿入した標準曲線と A 点を通過する雨水保留量曲線は上述の方法で求めたもので，標準曲線では $F_{max}=200$ (mm)，$k=0.005$ (mm^{-1}) を，A 点を通過する雨水保留量曲線では $F_c=156.2$ (mm)，$k=0.005$ (mm^{-1}) を採用している．

なお厳他（1981）は，パラメータ F_c を降雨直前の低水流量（初期流量）の1次式とすることで，流域の乾湿状態を考慮した次式を提案している．

$$F=F_c(1-e^{-kR}), \quad F_c=F_{max}-\frac{q_b}{K}$$

q_b は初期流量，K は流域ごとに異なるパラメータである．

5) 流域の乾湿状態を表す指標

図 6.2，図 6.3 を見ると，総降雨量がほぼ同じであっても総直接流出高，雨水保留量は洪水ごとに異なっている．洪水ごとの総直接流出高，雨水保留量の違いには降雨波形の影響もあるが，洪水直前の乾湿状態の影響が大きい．そこで，有効降雨の推定に際して流域の乾湿状態を考慮する試みがなされてきた．

流域の乾湿状態を表す指標には，前期無降雨日数，先行降雨指数（antecedent precipitation index, API），初期流量などがある．前期無降雨日数は当該洪水前の無降雨

日数であり,長いほど乾燥,短いほど湿潤である.APIは,当該洪水前20～30日間の日降雨量に対して,当該洪水直近の降雨に大きい重みを,時間的に離れた降雨に小さい重みを乗じて加重和を求めたもので,小さいほど乾燥,大きいほど湿潤である.

一般的には,流域内の水分貯留量が多いほど流域からの流出量は大きくなることから,基底流出量が大きいほど流域内の水分貯留量が大きく,流域は湿潤状態にあると考えられる.初期流量は洪水直前の基底流出量の大きさに基づいて流域の乾湿状態を表すもので,洪水直前流量ともいい,小さいほど乾燥,大きいほど湿潤である.厳他 (1981) は雨水保留量曲線を表す関数に初期流量を導入することで乾湿状態を考慮しており (コラム参照),日野・長谷部 (1982) は流出率を初期流量の関数としている.

b. 単位図法
1) 考え方と基礎式

単位図法はシャーマンが1932年に提案した流出解析法で,初めての実用的な流出解析法とされている.基本的には降雨強度と流出強度の線形関係を仮定した手法であり,非線形性の強い,とくに降雨強度が強くピーク流出強度の大きい流出現象の再現には適していないことから,わが国では長期流出解析以外にはあまり用いられていないが,降雨流出現象が緩やかな大陸規模の大河川を有する諸外国では現在でも使用されている.

単位図法の基本となる単位図 (unit hydrograph) は,単位時間を $\Delta\tau$,その間の有効降雨強度を r_e とするとき,単位有効降雨を $R(\equiv r_e \Delta\tau)=1$ として,そこから生じる直接流出ハイドログラフと定義される.単位図法は次の仮定に基づいている.

①不変性の仮定:ある流域の単位図は,流域性状に変化がない限り,その形状は不変である.
②比例仮定:単位有効降雨の α 倍の有効降雨による流出波形は,単位図の縦距を α 倍にしたものとなり,流出継続時間 (基底長) は変化しない (図6.4).
③重ね合わせの仮定:単位時間ごとの有効降雨 R_k (k は時間ステップ) がある場合,各有効降雨による流出波形は独立であるとし,全流出量のハイドログラフは,各有効降雨による流出波形を算術的に加算したものとする (図6.5).

以上の仮定をおき,単位時間 $\Delta\tau$ の間の有効降雨を R_k,単位図の j 番目の縦距を u_j とすると,時間ステップ k における直接流出量 Q_k は次式で求められる.

$$Q_k = R_1 u_k + R_2 u_{k-1} + \cdots + R_{k-1} u_2 + R_k u_1 = \sum_{j=1}^{k} R_j u_{k-(j-1)} \quad (6.6)$$

あるいは,項の順序を逆にした次式でも計算できる.

図 6.4 単位図における比例仮定

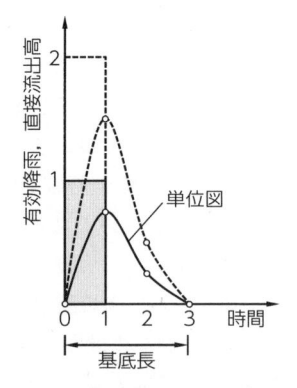

図 6.5 単位図における重ね合わせの仮定

$$Q_k = R_k u_1 + R_{k-1} u_2 + \cdots + R_2 u_{k-1} + R_1 u_k = \sum_{j=1}^{k} R_{k-(j-1)} u_j \tag{6.7}$$

2) 瞬間単位図

上述の説明では，ある単位時間（例えば1時間）に対する単位図を扱っているが，この単位時間を無限小とした場合の極限の単位図を瞬間単位図 (instantaneous unit hydrograph, IUH) または線形応答関数という．これを式で表示すると，時刻 t の直接流出量 $Q(t)$ は瞬間単位図 $u(\tau)$ を用いて，畳み込み積分と呼ばれる次の積分形式で表される．

$$Q(t) = \int_0^t r_e(\tau) \cdot u(t-\tau)\, d\tau \tag{6.8}$$

あるいは，

$$Q(t) = \int_0^t r_e(t-\tau) \cdot u(\tau)\, d\tau \tag{6.9}$$

3) 単位図の決定法

単位図は，有効降雨と直接流出量のデータに基づいて最小二乗法で決定できるが，洪水を対象とすると，単位図が必ずしも一山波形とならず，また単位図の縦距に負値が生じるなどの難点がある．このため，古くからコリンズ（Collins）の方法，立神の方法など，各種の実用的決定法が提案されている．なお，単位図を重回帰分析ないし時系列解析法などの統計的手法に基づいて決定する方法を統計的単位図法というが，同法は長期流出解析によく適用される．

c. 貯留関数法
1) 考え方とモデルの特徴

流域ないし河道を1つの貯水池と考え，貯留量-流出量関係（貯留関数）を運動方

程式とし，これを連続式と組み合わせて流出量を計算する方法を貯留関数法（storage function model）という．降雨流出現象の非線形性が説明でき，流出計算も簡単であることから，洪水流出解析に広く用いられている．貯留関数には複数の提案があるが，わが国では，貯留量 S と流出量 Q の関係をべき乗式 $S=KQ^p$ で表現した木村（1961，1975）の貯留関数法が代表的である．

観測データに基づいて，流域の貯留量 S と直接流出量 Q の関係をグラフにプロットすると，図 6.6 のように直接流出量の上昇部と下降部でループを描くことが多く，貯留量-流出量関係が二価関数となって扱いが難しい．そこで，前述の木村は遅れ時間の概念を導入することでこのループを解消し，貯留量-流出量関係を一価関数として扱えることを示した．その他，貯留量-流出量の関係式に非定常項を導入することで二価性を表現したものもある．

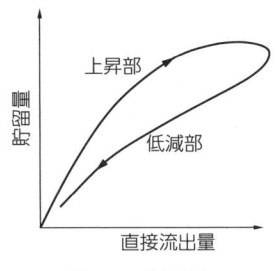

図 6.6 貯留量と直接流出量の関係

2) 木村の貯留関数法

木村の貯留関数法は，先に述べたように遅れ時間の概念を導入している点が最大の特徴であるが，他にも固有な以下の特徴がある．

① 流域を流出域と浸透域に分割し，それぞれに貯留タンクを当てはめて流出計算を行い，各領域の計算流量を合算して，流域末端の計算流量とする．
② 有効降雨は，飽和雨量・一次流出率・飽和流出率による方法で計算する．ただし (6.5) 式による計算ではなく，流出域では観測降雨がすべて有効降雨になるものとし，浸透域では累加降雨量が飽和雨量に達するまで有効降雨は発生しないが，飽和雨量に達した後は観測降雨がすべて有効降雨となるものとする．ここで，一次流出率は流出域の面積率に，飽和流出率は流出域と浸透域を合わせた面積率（たいていは 100％）に相当する．すなわち，流出域・浸透域の扱いと有効降雨の扱いは一体となっている．
③ 観測資料から求めた貯留量-直接流出量の関係を両対数紙にプロットする．このとき，貯留量-直接流出量関係のループが解消され，直線となるように遅れ時間 T_L を選ぶ．ついで，両対数紙上で直線となった貯留量-直接流出量関係に貯留関数（$S=KQ^p$）を当てはめ，モデル定数（パラメータ）を決定する．
④ 貯留関数法を大中流域に適用する際には，対象流域を複数の流域ブロックと 1 つもしくは複数の河道ブロックが連結したものとしてモデル化する．

3) 流域一括モデルによる流出計算

遅れ時間を導入した木村の貯留関数法の基本概念は踏襲しつつも，流域を流出域と浸透域に分割しない流域一括モデルによって流出計算を行う方法（角屋・永井，1980a）もよく用いられる．木村の貯留関数法ではモデルの構造上，有効降雨の計算方法が飽和雨量・一次流出率・飽和流出率による方法に限定されているが，流域一括モデルによる方法では，どのような方法で有効降雨を求めてもかまわない．以下では，流域一括モデルの基礎式と数値計算法について説明する．

モデルの基礎式は以下の通りである．

$$S_L = K Q_L{}^P, \quad \frac{dS_L}{dt} = r_e - Q_L \tag{6.10}$$

ここで，S_L は見かけの貯留量（mm），Q_L は直接流出量（mm h^{-1}）であるが，Q_L は $Q_L(t) = Q(t + T_L)$ と表され，Q が最終的に求めるべき直接流出量である．r_e は有効降雨強度（mm h^{-1}），t は時間（h），K, P, T_L は定数（パラメータ）である．

(6.10)式の第1式は運動方程式で，第2式は連続式である．運動方程式を Q_L について解き，これを連続式に代入すると次の常微分方程式を得る．

$$Q_L = a S_L^m, \quad m = 1/P, \quad a = (1/K)^m \tag{6.11}$$

$$\frac{dS_L}{dt} = r_e - a S_L^m \tag{6.12}$$

数値計算においては，常微分方程式の数値解法であるルンゲ-クッタ法や修正オイラー法などを適用する．(6.12)式の右辺を計算時間刻み Δt ごとに線形化し，Δt 後の S_L を解析的に求める線形化手法や，常微分方程式を差分化した後，ニュートン-ラフソン法などの反復近似計算法を適用して解く方法もある．

ルンゲ-クッタ法によれば，時刻 t の貯留量 $S_L(t)$ がわかっているとき，時刻 $t+\Delta t$ の貯留量 $S_L(t+\Delta t)$ は，次の手順で求められる．

$$\begin{aligned}
&① \theta_1 = S_L(t), \ y_1 = r_e - a\theta_1^m \\
&② \theta_2 = \theta_1 + y_1(\Delta t/2), \ y_2 = r_e - a\theta_2^m \\
&③ \theta_3 = \theta_1 + y_2(\Delta t/2), \ y_3 = r_e - a\theta_3^m \\
&④ \theta_4 = \theta_1 + y_3 \Delta t, \ y_4 = r_e - a\theta_4^m \\
&⑤ \theta_5 = \theta_1 + \frac{\Delta t}{6}(y_1 + 2y_2 + 2y_3 + y_4), \ S_L(t+\Delta t) = \theta_5
\end{aligned} \tag{6.13}$$

r_e は時刻 t から時刻 $t+\Delta t$ の間の有効降雨強度である．

一方で線形化手法では，時刻 t の貯留量を $S_L(k)$，時刻 $t+\Delta t$ の貯留量を $S_L(k+1)$ とすると，$S_L(k)$ がわかっているとき，$S_L(k+1)$ は次の漸化式で求められる．

$$S_L(k+1) = \Phi(k) S_L(k) + \Gamma(k) b(k)$$

6.3 洪水流出解析

$$\Phi(k) = e^{-am(S_L(k))^{m-1}\Delta t}, \quad \Gamma(k) = \frac{\Phi(k)-1}{-am(S_L(k))^{m-1}} \tag{6.14}$$

$$b(k) = r_e + a(m-1)(S_L(k))^m$$

r_e は時間ステップ $k \sim k+1$ の間，すなわち時刻 $t \sim t+\Delta t$ の間の有効降雨強度である．

計算を始める際の初期条件は $t=0$ で $S_L=0$ とするが，線形化手法では S_L の初期値を微小な正値（例えば 10^{-6}）とする．いずれかの数値解析法によって各時刻の貯留量 S_L を求めたら，運動方程式により各時刻の Q_L を求める．そして，Q_L のハイドログラフを時間 t の正方向に T_L だけ平行移動させたハイドログラフが，求めるべき直接流出量 Q である（図6.7）．これに基底流出量を加えれば，流域末端の計算流出量が求められる．なお，遅れ時間 T_L の設定によっては，観測流出量の時刻に対応する計算流出量が得られないことがある．その場合は，観測流出量の時刻に対応する計算流出量を線形補間で求める．

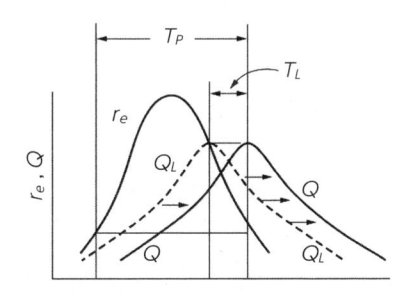

図6.7 計算流出量と遅れ時間

4) モデル定数の推定

モデル定数 K, P, T_L は，木村の方法，すなわち観測資料から求めた貯留量-直接流出量の関係図に運動方程式を当てはめる方法で推定できるが，計算ハイドログラフが観測ハイドログラフによく合致するように，モデル定数を推定する方法もよく用いられる．後者には，観測・計算ハイドログラフを目視で対比しながら試行錯誤的に決める方法と，観測・計算ハイドログラフの食い違いを誤差評価関数で表し，これが最小となる定数を探索する方法がある．

これまでの研究（永井他，1982；杉山・角屋，1988）から，流れの形態に対応したべき指数（無次元）である定数 P は計画上考慮される中規模もしくは大規模の出水に対して，$P=0.6$ と固定しても実用上十分満足できる結果が得られることがわかっている．そこで，実用上は定数 P を 0.6 に固定し，観測と計算のハイドログラフの適合度に基づいて定数 K, T_L のみを決定してもよい．

なお，これら定数の推定に際して必ずしも特別な最適化手法（後述）を用意する必要はない．例えば，流域規模や類似流域の解析事例をふまえて定数 K, T_L の探索範囲を決めておき，この探索範囲を等間隔に刻んだ定数の値を対象として，誤差評価関数（最小二乗基準など）が最小となる定数の組み合わせを探すといった方法であれば，比較的簡単に最適解が得られる（演習問題6.4参照）．

モデル定数 K, P, T_L は，観測資料に基づいて流域ごとに推定することが基本であ

るが，観測資料がない場合も少なくない．そこで，これらの定数を推定する式が提案されている．永井他（1982）は，表面流モデルと貯留関数法の理論的相互関係（演習問題6.6参照）と実流域での解析結果に基づいて，次式を提案している．

$$P = p = 0.6, \quad K = 2.5kA^{0.24}, \quad T_L = 0.95kA^{0.24}r_e^{-0.4} \quad (6.15)$$

ここで，k, p は表面流モデルの斜面流定数，A は流域面積（km²），r_e は観測ピーク流出量から逆算される有効降雨強度（mm h^{-1}）である．なお，k, p は m-s 単位（m, s で構成される単位）であるが，K, P, T_L は mm-h 単位（mm, h で構成される単位）である．ただし，p と P はいずれもべき指数（無次元）であり，単位を持たない．

また，杉山他（1988）は，表面流モデルを介さずに定数（mm-h 単位）を推定する式として次式を提案している．

$$P = 0.6, \quad K = \beta A^{0.14}, \quad T_L = \gamma A^{0.14} r_e^{-0.4} \quad (6.16)$$

山林域では $\beta = 5, \gamma = 1$，開発域では $\beta = 1, \gamma = 1$，市街地では $\beta = 0.5, \gamma = 0.5$ である．A と r_e は（6.15）式と同様である．

5）河道ブロックの計算

大中河川では，対象流域を複数の流域ブロック（サブ流域）と1つもしくは複数の河道ブロックが連結したものとしてモデル化することが多い．ここで，河道ブロックの基礎式は（6.10）式と同様の式形であるが，同式の S_L を見かけの河道貯留量（m³），Q_L を河道ブロックからの流出量（m³ s^{-1}），r_e を河道ブロックへの流入量（m³ s^{-1}），t を時間（s），定数を河道ブロックの定数（m-s 単位）にそれぞれ置き換える．Q_L は $Q_L(t) = Q(t + T_{LC})$ と表され，Q が求めるべき流出量である．ここで，T_{LC} は河道の遅れ時間である．

数値計算法は流域ブロックの計算と同様である．また，河道ブロックの運動方程式の定数は，河道貯留量と平均流速公式で求めた河川流量との関係から決定され，遅れ時間 T_{LC} はピーク流入量の伝播速度から決定される（永井他，1982）．

例題 6.2　貯留関数法による洪水流出量の計算

例題4.2で基底流出量を分離した洪水データ（表4.1）を対象として，（6.4）式の一定流出率に基づいて有効降雨を計算した後，貯留関数法（流域一括モデル）で洪水流出量を計算しなさい．モデル定数（mm-h 単位）は $P = 0.6, K = 11, T_L = 1$ で，計算時間刻み Δt は1時間とし，数値解法にはルンゲ-クッタ法を用いなさい．基底流出量には，例題4.2で求めた値（表4.1第5列）を用いなさい．

［解答］ 初期損失は，降雨開始からハイドログラフの立ち上がり時刻までの降雨である．例題4.2の洪水データ（表4.1）によると，ハイドログラフの立ち上がり時

6.3 洪水流出解析

表 6.3 貯留関数法による洪水流出量の計算例

時間番号	観測降雨 r(mm h^{-1})	有効降雨 r_e(mm h^{-1})	貯留量 S_L(mm)	直接流出量 Q_L(mm h^{-1})	直接流出量 Q(mm h^{-1})	基底流出量 Q_b(mm h^{-1})	計算流出量 Q_c(mm h^{-1})
1	0	0	0	0	0	0.084	0.084
2	0	0	0	0	0	0.074	0.074
3	0	0	0	0	0	0.074	0.074
4	0	0	0	0	0	0.074	0.074
5	0	0	0	0	0	0.074	0.074
6	0	0	0	0	0	0.074	0.074
7	0	0	0	0	0	0.074	0.074
8	0	0	0	0	0	0.069	0.069
9	0.300	0	0	0	0	0.069	0.069
10	0.600	0	0	0	0	0.069	0.069
11	3.400	0	0	0	0	0.069	0.069
12	14.600	0	0	0	0	0.069	0.069
13	21.300	14.429	13.860	1.470	0	0.073	0.073
14	26.300	17.817	28.554	4.903	1.470	0.078	1.548
15	28.300	19.171	40.797	8.886	4.903	0.082	4.985
16	39.600	26.826	55.621	14.896	8.886	0.087	8.973
17	35.700	24.184	63.060	18.363	14.896	0.092	14.988
18	13.700	9.281	55.822	14.986	18.363	0.097	18.460
19	4.000	2.710	45.837	10.791	14.986	0.102	15.088
20	2.100	1.423	38.031	7.905	10.791	0.108	10.899
21	0.600	0.406	31.652	5.821	7.905	0.114	8.019
22	0.200	0.135	26.729	4.392	5.821	0.121	5.942
23	0.200	0.135	22.989	3.416	4.392	0.128	4.520
24	0.200	0.135	20.072	2.725	3.416	0.135	3.551
25	0	0	17.626	2.194	2.725	0.143	2.868
26	0	0	15.639	1.798	2.194	0.151	2.345
27	0	0	14.000	1.495	1.798	0.159	1.957
28	0	0	12.628	1.259	1.495	0.169	1.664
29	0	0	11.466	1.072	1.259	0.178	1.437
30	0	0	10.472	0.921	1.072	0.188	1.260
31	0	0	9.614	0.799	0.921	0.199	1.120
32	0	0	8.867	0.698	0.799	0.210	1.009
33	0	0	8.212	0.614	0.698	0.222	0.920
34	0	0	7.634	0.544	0.614	0.235	0.849
35	0	0	7.121	0.484	0.544	0.248	0.792
36	0	0	6.662	0.434	0.484	0.262	0.746
37	0	0	6.251	0.390	0.434	0.277	0.711
38	0	0	5.881	0.352	0.390	0.293	0.683
39	0	0	5.545	0.319	0.352	0.310	0.662
40	0.100	0.068	5.305	0.297	0.319	0.327	0.646
41	0	0	5.022	0.271	0.297	0.346	0.643
42	0	0	4.763	0.248	0.271	0.366	0.637
43	0.100	0.068	4.591	0.233	0.248	0.387	0.635
44	0	0	4.367	0.214	0.233	0.409	0.642
45	0	0	4.161	0.198	0.214	0.432	0.646
...	...	...	...	...	...	...	...
79	0	0	1.389	0.032	0.033	0.386	0.419
80	0	0	1.358	0.031	0.032	0.386	0.418
合計(mm)	191.3	116.788		116.109			

注 1) 観測降雨は青蓮寺ダム流域の流域平均降雨量.
注 2) 時間刻みは 1 時間で,時間番号 1 の観測降雨は 2012 年 9 月 30 日 0：00〜1：00 の降雨強度.
時間番号 1 の流出量は,2012 年 9 月 30 日 1：00 の流出量.

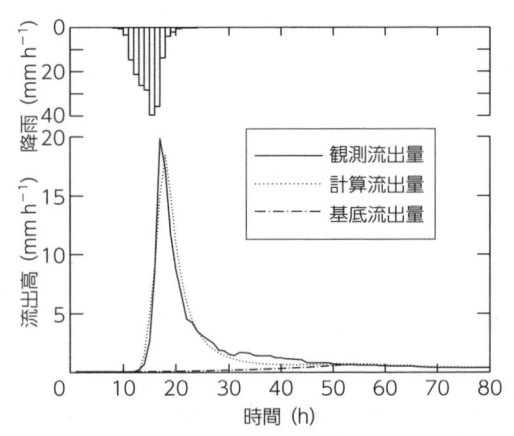

図6.8 貯留関数法による洪水流出量の再現結果

刻は時間番号 12, 時間番号 1～12 の降雨が初期損失 L で, $L=18.9$ mm となる．また，総降雨量 R は 191.3 mm, 総直接流出高 D は 116.790 mm であるから，流出率 f は次式で求められる．

$$f = \frac{D}{R-L} = \frac{116.790}{191.3-18.9} \approx 0.6774$$

有効降雨 r_e は，時間番号 1～12 は 0 で，時間番号 13 以降は観測降雨（表6.3 第2列）に流出率 $f=0.6774$ を乗じたものとなる（同表第3列）．

ついで，計算開始時点（2012年9月30日 0:00）の貯留量 $S_L(0)$ を 0 として，(6.13) 式のルンゲ-クッタ法を適用し，各時刻の貯留量 $S_L(t)$ ($t=1, 2, \cdots, 80$) を計算する．有効降雨が最初に発生した時間番号 13 の計算を例にとると，以下の通りである．

$m = 1/P = 1/0.6$, $a = (1/K)^m = (1/11)^{1/0.6}$, $\Delta t = 1$ h, $r_e(13) = 14.429$ mm h^{-1}

① $\theta_1 = S_L(12) = 0$, $y_1 = r_e - a\theta_1^m = 14.42900$

② $\theta_2 = \theta_1 + y_1(\Delta t/2) = 7.21450$, $y_2 = r_e - a\theta_2^m = 13.93390$

③ $\theta_3 = \theta_1 + y_2(\Delta t/2) = 6.96695$, $y_3 = r_e - a\theta_3^m = 13.96189$

④ $\theta_4 = \theta_1 + y_3\Delta t = 13.96189$, $y_4 = r_e - a\theta_4^m = 12.94106$

⑤ $\theta_5 = \theta_1 + \frac{\Delta t}{6}(y_1 + 2y_2 + 2y_3 + y_4) = 13.86028$, $S_L(13) = \theta_5 = 13.86028$ mm

ここで，$r_e(13)$ は 12:00～13:00 の有効降雨強度であり，$S_L(12)$, $S_L(13)$ はそれぞれ時刻 12:00, 13:00 の貯留量である．

時間番号 13 の直接流出量（遅れ時間分の移動前）は $Q_L(13) = a(S_L(13))^m = 1.470$ となるが，遅れ時間 $T_L = 1$ であるから $Q_L(13) = Q(14) = 1.470$ を得る．これに基底

流出量 $Q_b(14)=0.078$ を加えれば，計算流出量 $Q_c(14)=1.548$ mm h^{-1} を得る．

以下，同様にして $t=1, 2, \cdots, 80$ の貯留量 S_L，直接流出量 Q_L および Q，直接流出量 Q に基底流出量 Q_b を加えて計算流出量 Q_c を求めた結果を表6.3に示す．さらに，計算ハイドログラフを観測ハイドログラフと比較した結果を図6.8に示す．

流出解析における数値計算上の誤差について

貯留関数法による洪水流出量の計算では，計算開始時点の貯留量 S_L を0とするのが普通であるから，計算直接流出量 Q_L の合計と計算終了時点の貯留量 S_L を合わせたものは，モデル入力である有効降雨 r_e の合計と合致するはずである．

例えば，例題6.2の表6.3では，計算直接流出量 Q_L の合計と計算終了時点の貯留量 S_L を合わせたものは117.467 mmで，有効降雨 r_e の合計116.788 mmとほぼ合致しており，両者の食い違いは有効降雨合計の0.58%であるから，計算値の水収支から見た誤差は小さく，実用上は無視できるレベルである．

計算値の水収支から見た誤差が大きい場合は，数値計算上の誤差が集積している可能性がある．そのようなケースでは，計算時間刻み Δt を小さくする．一般的には，Δt を小さくするほど数値計算上の誤差を抑えることができる．例えば，例題6.2では Δt を1時間としているが，これを10分にすると，計算値の水収支から見た誤差は有効降雨合計の0.02%となることがわかっている．ただし，その誤差が許容できるレベルであれば，むやみに Δt を小さくする必要はない．

洪水流出解析，長期流出解析のいずれにしても，計算上の水収支を確認することを推奨する．これを実施すれば，流出解析における数値計算上の誤差の程度を検討することができ，計算プログラムのソースコードあるいは表計算ソフトのスプレッドシートのチェックにもなる．もし無視できない量の水が行方不明になるといった問題が生じているときは，数値計算誤差の集積，プログラムミス，その他のミス（流域ブロック連結の誤りなど）のいずれかを疑うべきである．

d. 表面流モデル

1) 考え方とモデルの特徴

雨水流法は，水の流れを表現する水理学上の基礎式に基づいて降雨流出現象を追跡する方法である．下流側条件の影響を受けない傾斜地の流れを扱うキネマティック流出モデル（kinematic runoff model）と，下流側条件の影響を受ける低平地の流れを扱うダイナミック流出モデル（dynamic runoff model）に大別されるが，ここでは前者について述べる．

キネマティック流出モデルでは，図6.9に示すように，流域をいくつかの支流域

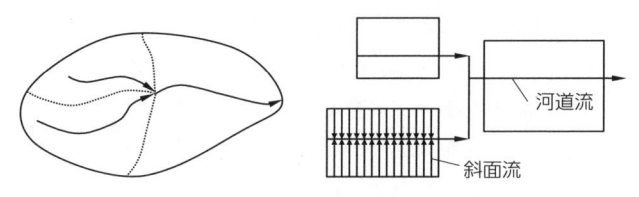

図 6.9 流域ブロック図（表面流モデル）

（部分流域）に分割し，各支流域を河道とそれに付随する斜面にモデル化した後，斜面と河道における雨水の流れを追跡して流出量を計算する．斜面の流れは表面流（地表流）と中間流（側方浸透流）からなり，両者を扱うモデル（石原・高棹，1962；角屋，1980b）もあるが，排水計画や治水計画の対象となる中規模もしくは大規模の出水，例えば10～100年に1回の豪雨による出水の解析では，表面流のみを扱うモデルでも実用上十分とされている．このようなモデルを表面流モデルといい，雨水流法ないしキネマティック流出モデルといえば，表面流モデルを指すことが多い．表面流モデルの解析方法に基づき，このモデルを特性曲線法あるいは等価粗度法と呼ぶこともある．

表面流モデルは，洪水，とくに大出水を精度よく再現できる．また，流域表面の状態が流出に及ぼす影響を評価できることから，流域の土地利用が一様でない場合や，土地利用が変化した場合にも容易に対処できるなど，他の方法には見られない大きな長所をもっている．ただし，貯留法などに比べて計算がやや煩雑な点が短所となっている．

2) 基礎式とモデル定数

表面流モデルでは斜面流と河道流を追跡するが，それぞれの運動方程式と連続式は次式のようになる．

$$\text{斜面流：} \quad h = kq^p, \quad \frac{\partial h}{\partial t} + \frac{\partial q}{\partial x} = r_e \tag{6.17}$$

$$\text{河道流：} \quad W = KQ^P, \quad \frac{\partial W}{\partial t} + \frac{\partial Q}{\partial x} = q_w \tag{6.18}$$

ここで，h は斜面水深，q は斜面単位幅流量，r_e は有効降雨強度，W は河道流水断面積，Q は河道流量，q_w は河道単位長さあたりの流入量，t は時間，x は距離，k, p は斜面流定数，K, P は河道流定数である．

河道流定数は河道流水断面積と平均流速公式で求めた河川流量との関係から決定できるので，このモデルの未知定数は斜面流定数 k, p のみであり，これらは観測流出量と計算流出量がよく合うように決めるのが原則である．一般に，斜面流には，$p = 3/5$ のマンニング（Manning）型表面流が用いられる．このとき，斜面流定数 k は次の

ような意味をもっている．

$$k=\left(\frac{N}{\sqrt{s}}\right)^{p}, \quad p=\frac{3}{5} \tag{6.19}$$

Nは等価粗度，sは斜面勾配である．

斜面流定数は，$p=3/5$とすると定数kまたは等価粗度Nのみが決定すべき定数となる．等価粗度Nの概略値を表6.4に示す（角屋，1980a）．この表の値は，1～2次の河道流域を単位ブロックとした流域モデルに対する一応の目安とされている．同じ流域であっても，そのモデル化（図6.9）において流域分割を細かくするとNは大きくなり，粗くするとNは小さくなる傾向があることに注意すべきである．実際，表6.4では山地のNが1.0～2.0となっているが，斜面長が数10 mの山林小流域への適用事例ではNが10程度になることもある．

表6.4 等価粗度Nの概略値（角屋，1980a）

土地利用	等価粗度 $N(\text{s m}^{-1/3})$
山地	1.0～2.0
丘陵山地	0.6～1.2
牧野，ゴルフ場，畑地	0.3～0.5
市街地	0.01～0.04
水田地帯	2～3

3） 特性曲線法による雨水流の追跡計算

基礎式に基づく雨水流の追跡計算には，(6.17)式の運動方程式と連続式を連立させて導出される次の特性曲線を利用することが多い（角屋，1980a）．

$$\frac{dx}{1}=\frac{dt}{dh/dq}\left(\equiv\frac{dt}{pkq^{p-1}}\right)=\frac{dq}{r_e} \tag{6.20}$$

$r_e \neq 0$のとき，上式は次の3式を表現している．

$$dx=\frac{q^{1-p}}{pk}dt \tag{6.21}$$

$$r_e\,dt=pkq^{p-1}dq, \quad r_e\,dx=dq \tag{6.22}$$

$r_e=0$のときは，(6.21)式のみが成立する．

実際の解析では，時間ステップをj，計算時間刻みをΔt，雨水流が斜面上流端を出発して$\Delta t \times j$経過した時点の斜面水深をh_j，斜面単位幅流量をq_j，斜面上流端からの距離をx_jとし，計算時間刻みΔtの間，有効降雨強度r_{ej}を一定として，h_j，q_j，x_jおよびΔt間の伝播距離Δx_jを次のように追跡する．

$r_{ej}=$一定$\neq 0$のとき，(6.22)式を積分すると，

$$r_{ej}\Delta t=k(q_j^p-q_{j-1}^p)=h_j-h_{j-1}, \quad r_{ej}\Delta x_j=q_j-q_{j-1} \tag{6.23}$$

上式より，

$$q_j=\left(q_{j-1}^p+\frac{r_{ej}\Delta t}{k}\right)^{1/p}, \quad h_j=h_{j-1}+r_{ej}\Delta t \tag{6.24}$$

$$\Delta x_j = \frac{q_j - q_{j-1}}{r_{ej}}, \quad x_j = x_{j-1} + \Delta x_j$$

一方 $r_{ej}=0$ のとき，(6.21) 式を積分すると，

$$q_j = q_{j-1}, \quad h_j = h_{j-1} \tag{6.25}$$

$$\Delta x_j = \frac{q_j^{1-p}}{pk}\Delta t, \quad x_j = x_{j-1} + \Delta x_j$$

斜面長を b とするとき，雨水流の出発後 $\Delta t \times j$ の時点で $x_{j-1}<b, x_j>b$ となった場合は $\Delta x_e = b - x_{j-1}$ とし，(6.24) 式もしくは (6.25) 式の Δx_j を Δx_e に，q_j を q_e に，Δt を Δt_e に置き換えて，q_e, Δt_e について解けば，雨水流が斜面下流端に到達したときの流量と時刻が求められる．

すなわち $r_{ej} \neq 0$ のときは，

$$q_e = q_{j-1} + r_{ej}\Delta x_e, \quad \Delta t_e = \frac{k(q_e^p - q_{j-1}^p)}{r_{ej}} \tag{6.26}$$

一方，$r_{ej}=0$ のときは，

$$q_e = q_{j-1}, \quad \Delta t_e = \frac{pk}{q_e^{1-p}}\Delta x_e \tag{6.27}$$

よって，雨水流の出発から下流端到達までの時間 t_s は次式となる．

$$t_s = \Delta t \times (j-1) + \Delta t_e \tag{6.28}$$

このように，斜面流が斜面下流端に到達する時刻は，たいてい計算時間刻み Δt の倍数にはならないので，右斜面，左斜面ともに線形補間によって計算時間刻み Δt ごとの流量を求めておき，両斜面の単位幅流量を合算したものを河道単位長さあたりの流入量とする．河道流については，有効降雨を河道単位長さあたりの流入量に置き換え，斜面流と同様の手順で計算すればよい．

例題6.3 表面流モデルによる斜面流の計算

斜面長 $b=100$ m，斜面勾配 $s=0.3$，等価粗度 $N=2$ (s m$^{-1/3}$) の斜面を考える．有効降雨 r_e が 0〜1 時：3 mm h^{-1}，1〜2 時：0 mm h^{-1}，2〜3 時：10 mm h^{-1} であったとき，雨水流が斜面下流端に到達したときの時刻と斜面単位幅流量を求めなさい．斜面流定数 p は $p=3/5$ とし，計算時間刻みを $\Delta t=3,600$ s とする．

[解答] 斜面流定数 k は，$k=(N/\sqrt{s})^p=(2/\sqrt{0.3})^{3/5}=2.17511$ である．
時刻 0〜1 時（$j=1$, $r_{e1}=3$ mm h^{-1}）：

$$q_1 = \left(q_0^p + \frac{r_{e1}\Delta t}{k}\right)^{1/p} = \left\{0 + \frac{3\times(1/3.6)\times10^{-6}\times3,600}{2.17511}\right\}^{5/3} = 1.70896\times10^{-5} \text{ m}^2\text{ s}^{-1}$$

$$\Delta x_1 = \frac{q_1 - q_0}{r_{e1}} = \frac{1.70896\times10^{-5} - 0}{3\times(1/3.6)\times10^{-6}} = 20.5076 \text{ m}, \quad x_1 = \Delta x_1 = 20.5076 \text{ m}$$

時刻 1〜2 時（$j=2$, $r_{e2}=0$ mm h^{-1}）：

$q_2=q_1=1.70896\times 10^{-5}$ m^2 s^{-1}

$$\Delta x_2=\frac{q_2^{1-p}}{pk}\Delta t=\frac{(1.70896\times 10^{-5})^{2/5}\times 3{,}600}{0.6\times 2.17511}=34.1793 \text{ m}, \quad x_2=x_1+\Delta x_2=54.6868 \text{ m}$$

時刻 2〜3 時（$j=3$, $r_{e3}=10$ mm h^{-1}）：

$$q_3=\left(q_2^p+\frac{r_{e3}\Delta t}{k}\right)^{1/p}=\left\{(1.70896\times 10^{-5})^{3/5}+\frac{10\times(1/3.6)\times 10^{-6}\times 3{,}600}{2.17511}\right\}^{5/3}$$

$$=19.6835\times 10^{-5} \text{ m}^2 \text{ s}^{-1}$$

$$\Delta x_3=\frac{q_3-q_2}{r_{e3}}=\frac{19.6835\times 10^{-5}-1.70896\times 10^{-5}}{10\times(1/3.6)\times 10^{-6}}=64.7084 \text{ m},$$

$x_3=x_2+\Delta x_3=119.395$ m

ここで，x_3 が斜面長（100 m）を超えていることから，雨水流は 3 時より前に斜面下流端に到達している．$\Delta x_e=b-x_2=100-54.6868=45.3132$ m であるから，

$q_e=q_2+r_{e3}\Delta x_e=1.70896\times 10^{-5}+10\times(1/3.6)\times 10^{-6}\times 45.3132=14.2960\times 10^{-5}$ m^2 s^{-1}

$$\Delta t_e=\frac{k(q_e^p-q_2^p)}{r_{e3}}=\frac{2.17511\times\{(14.2960\times 10^{-5})^{3/5}-(1.70896\times 10^{-5})^{3/5}\}}{10\times(1/3.6)\times 10^{-6}}=2{,}782.89 \text{ s}$$

$t_s=\Delta t\times 2+\Delta t_e=3{,}600\times 2+2{,}782.89=9{,}982.89$ s

すなわち，雨水流が斜面下流端に到達した時刻は 2 時 46 分 23 秒，そのときの斜面単位幅流量は 1.430×10^{-4} m^2 s^{-1} である．

6.4 長期流出解析

a. タンクモデル

長期流出解析に適用される長期流出モデルには，応答モデルとして統計的単位図法，重回帰モデルなどがあり，準物理モデル（概念モデル）として補給能モデル，タンクモデルなどがある．現在，わが国で最も広く利用されているのはタンクモデルである．

1）考え方とモデルの特徴

菅原（1972）によって提案されたタンクモデル（図 6.10）は，地表面や土層内の水の貯留を表現したいくつかの貯水タンクを鉛直方向に直列に並べた構造になっている．各タンクの側面には河川への流出を表す流出孔が，底面には地中への浸透を表す浸透孔があり，孔からの流出（浸透）強度は，タンク水深に比例するものとして求められる．タンクモデルは単純な構造であるが，降雨流出過程の物理的な意味を損なっておらず，流出現象の非線形性が表現でき，モデル定数をうまく定めれば河川流量を

精度よく推定できる．このモデルは洪水・長期流出解析のいずれにも適用できるが，前者には2〜3段タンク，後者には3〜4段タンクを用いるのが普通である．

モデルの適用に際してはまず流出孔・浸透孔の係数，流出孔の高さを定める必要があるが，直列4段タンクモデルの場合，決定すべきモデル定数（パラメータ）は12個あり，これに計算開始時点のタンク水深（初期水深）4個を加えると未知定数は合計16個にもなる．このようにモデル定数の個数が多く，同定が容易でないことが難点である．

2) 流出計算

ここでは，直列4段タンクモデル（図6.10）による日単位計算について述べる．流出孔係数をa，浸透孔係数をb，流出孔の高さをZ，水深をSとする．計算時間刻みΔtは1日とし，以下の説明ではΔtを省略している．降水量P，流出量Q，蒸発散量E，浸透量gの単位は$mm\ d^{-1}$，孔係数の単位はd^{-1}，孔の高さと水深の単位はmmとする．計算当日をi日目，前日までの計算で得られている水深残高を$S'(i-1)$とするとき，第1段タンクについての計算手順は以下のようになる．

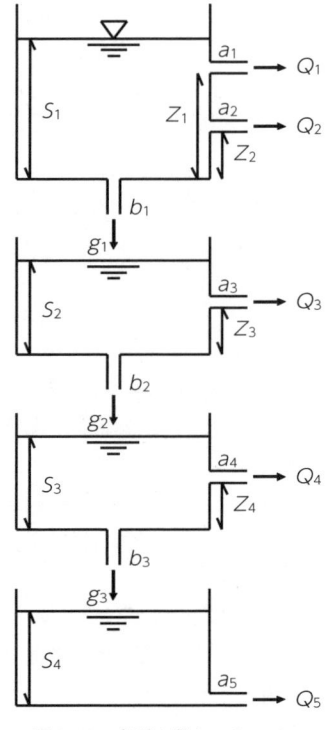

図6.10 直列4段タンクモデル

まず，次式で当日の水深を求める．

$$S_1(i) = S'_1(i-1) + P(i) - E(i) \tag{6.29}$$

ついで，当日の流出量，浸透量を求める．

$$Q_1(i) = a_1 I[S_1(i) - Z_1] \tag{6.30}$$

$$Q_2(i) = a_2 I[S_1(i) - Z_2] \tag{6.31}$$

$$g_1(i) = b_1 S_1(i) \tag{6.32}$$

ここで，$I[x]$は$x>0$のとき$I[x]=x$，$x \leq 0$のとき$I[x]=0$となる関数である．

この日の水深残高は，次のようになる．

$$S'_1(i) = S_1(i) - Q_1(i) - Q_2(i) - g_1(i) \tag{6.33}$$

第2段以下のタンクについては，上段タンクからの浸透量を当該タンクへの入力として同様の計算を行う．例えば，第2段タンクでは(6.29)式を次式に置き換える．

$$S_2(i) = S'_2(i-1) + g_1(i) \tag{6.34}$$

このようにして第4段タンクまでの計算を行い，$Q_1 \sim Q_5$の合計を当日の流出量と

6.4 長期流出解析

する．以上の計算を $i+1$ 日目以降も同様に繰り返す．なお，第 1 段タンクが空になって蒸発散を差し引けないときは，不足分を第 2 段タンクから引き，以下同様に下層タンクから引けばよい．

蒸発散量の計算にはいろいろな方法が考えられるが，菅原 (1972) は日計器蒸発量の月平均値を求め，これを無降雨日にだけ差し引く方法を採用している．現在は，計器蒸発量の資料が入手困難であることから，気象データから可能蒸発散量ないし実蒸発散量を求めるのが普通である．日単位で流出計算を行う場合でも，蒸発散量は必ずしも日ごとに求める必要はなく，気象データの月平均値に基づいて月ごとに求めた蒸発散量でもかまわない．

なお，1 年間あるいはそれ以上の長期間の解析を行う場合，解析データの水収支がバランスする，すなわち解析期間の総降水量（流域平均降水量）が解析期間の総蒸発散量＋総観測流出量とほぼ一致する必要がある．水収支がバランスしていないデータに対する解析では，良好な結果は期待できない．例えば，解析期間の総降水量（流域平均降水量）が過小であるにもかかわらず，モデル定数を調整して計算流出量を観測流出量に無理に合わせようとすると，貯留水深が一貫して減少するといった不自然な挙動を示すことがある．

例題 6.4 タンクモデルによる長期流出量の計算

直列 4 段タンクモデル（図 6.10）のモデル定数が表 6.5 のように与えられている．表 6.6 の第 2, 3 列に示した 1 ヶ月分（31 日分）の流域平均日降水量，日蒸発散量を用いて，タンクモデルで日流出高 ($mm\ d^{-1}$) を計算しなさい．なお，ここで与えている日蒸発散量は，計器蒸発量や可能蒸発散量ではなく，補完法で月別に求めた実蒸発散量であるから，降雨日，無降雨日によらず表に示した値をそのまま差し引くものとする．

[**解答**] 1 日目の計算は次の通りである．

① 第 1 段タンクの計算

$$S_1(1) = S'_1(0) + P(1) - E(1) = 10 + 9.1 - 3.1 = 16\ mm$$

$S_1(1) < Z_1$, $S_1(1) > Z_2$ であるから，

表 6.5 タンクモデル定数と初期貯留水深

a_1	a_2	a_3	a_4	a_5	b_1	b_2	b_3
0.2	0.2	0.05	0.01	0.001	0.2	0.05	0.01
Z_1	Z_2	Z_3	Z_4	S_1	S_2	S_3	S_4
40	15	10	10	10	20	50	300

注）$a_1 \sim a_5$：流出孔の係数 (d^{-1})，$b_1 \sim b_3$：浸透孔の係数 (d^{-1})，$Z_1 \sim Z_4$：流出孔の高さ (mm)，$S_1 \sim S_4$：初期貯留水深 (mm)．

表 6.6 タンクモデルによる長期流出量の計算例

時間番号	日降水量 (mm d^{-1})	蒸発散量 (mm d^{-1})	日流出高 (mm d^{-1})	S_1 (mm)	S_2 (mm)	S_3 (mm)	S_4 (mm)
1	9.1	3.1	1.57	12.60	21.38	50.24	300.21
2	0.0	3.1	1.38	7.60	21.45	50.47	300.42
3	0.0	3.1	1.33	3.60	20.62	50.66	300.64
4	0.0	3.1	1.25	0.40	19.15	50.76	300.86
5	0.0	3.1	1.04	0.00	15.30	50.65	301.07
6	0.0	3.1	0.82	0.00	11.48	50.34	301.28
7	0.0	3.1	0.71	0.00	7.96	49.84	301.49
8	0.0	3.1	0.70	0.00	4.62	49.18	301.69
9	0.0	3.1	0.69	0.00	1.44	48.37	301.88
10	57.1	3.1	11.40	32.60	11.52	48.10	302.06
11	110.7	3.1	47.26	67.08	36.10	49.18	302.26
12	11.4	3.1	21.93	41.15	46.56	50.80	302.48
13	1.1	3.1	7.79	26.49	49.45	52.55	302.71
14	0.0	3.1	4.64	17.03	49.22	54.26	302.96
15	0.0	3.1	2.87	11.15	47.30	55.82	303.22
16	0.0	3.1	2.73	6.44	44.52	57.20	303.50
17	3.4	3.1	2.59	5.39	41.78	58.40	303.79
18	0.0	3.1	2.42	1.83	38.52	59.40	304.09
19	0.0	3.1	2.18	0.00	34.02	60.14	304.40
20	0.0	3.1	1.87	0.00	28.33	60.55	304.71
21	0.0	3.1	1.59	0.00	23.21	60.68	305.03
22	25.1	3.1	3.11	16.20	25.35	60.92	305.34
23	31.9	3.1	9.05	29.00	31.41	61.48	305.66
24	30.8	3.1	14.16	33.68	38.98	62.45	305.99
25	0.0	3.1	5.72	21.35	41.08	63.51	306.33
26	1.1	3.1	3.48	14.61	40.96	64.54	306.68
27	10.3	3.1	4.00	16.09	41.29	65.57	307.04
28	14.8	3.1	5.29	19.67	42.66	66.66	307.41
29	142.6	3.1	56.81	74.67	67.55	69.07	307.81
30	31.9	3.1	35.24	52.39	79.92	72.11	308.24
31	0.0	3.1	13.68	30.71	81.30	75.17	308.69
合計(mm)	481.3	96.1	269.30				

注) $S_1 \sim S_4$ は当該日の水深残高.

$$Q_1(1)=0, \quad Q_2(1)=0.2\times(16-15)=0.2, \quad g_1(1)=0.2\times 16=3.2$$
$$S'_1(1)=S_1(1)-Q_1(1)-Q_2(1)-g_1(1)=16-0-0.2-3.2=12.6 \text{ mm}$$

② 第2段タンクの計算

$$S_2(1)=S'_2(0)+g_1(1)=20+3.2=23.2 \text{ mm}$$

$S_2(1) > Z_3$ であるから,

$$Q_3(1)=0.05\times(23.2-10)=0.66, \quad g_2(1)=0.05\times 23.2=1.16$$
$$S'_2(1)=S_2(1)-Q_3(1)-g_2(1)=23.2-0.66-1.16=21.38 \text{ mm}$$

③第3段タンクの計算

$S_3(1) = S'_3(0) + g_2(1) = 50 + 1.16 = 51.16$ mm

$S_3(1) > Z_4$ であるから,

$Q_4(1) = 0.01 \times (51.16 - 10) = 0.4116$, $g_3(1) = 0.01 \times 51.16 = 0.5116$

$S'_3(1) = S_3(1) - Q_4(1) - g_3(1) = 51.16 - 0.4116 - 0.5116 = 50.2368$ mm

④第4段タンクの計算

$S_4(1) = S'_4(0) + g_3(1) = 300 + 0.5116 = 300.512$ mm

$Q_5(1) = 0.001 \times 300.512 = 0.300512$

$S'_4(1) = S_4(1) - Q_5(1) = 300.512 - 0.300512 = 300.211$ mm

⑤日流出高の計算

$Q(1) = Q_1(1) + Q_2(1) + Q_3(1) + Q_4(1) + Q_5(1) = 0 + 0.2 + 0.66 + 0.4116 + 0.300512$
$= 1.57211$ mm d^{-1}

同様にして,1~31日目の計算を行った結果を表6.6に示す.

b. モデル定数の最適化

1) 考え方

流出モデルの定数(パラメータ)は,観測ハイドログラフと計算ハイドログラフの適合度を見ながら試算を繰り返して求めることができる.この作業は,未知定数の個数が少ないモデルでは難しくないが,タンクモデルのように未知定数の個数が多いモデルでは,それらの決定に熟練を要することが難点であった.この問題に対処するため,数学的最適化手法による定数探索法(小林・丸山,1976;角屋・永井,1980c;田中丸,1995;田中丸,2000)や自動化手法(菅原,1979)が提示され,計算機の高速化もあいまって,現在ではモデル定数の決定はかなり容易になっている.

モデル定数の最適化では,計算流量と観測流量の食い違いの程度を表現する誤差評価基準を目的関数とし,これが最小になるときのモデル定数を非線形最適化手法で探索する方法が一般的である.この方法では,対象とする問題に適した誤差評価基準と最適化手法を選択する必要がある.

2) 誤差評価基準

誤差評価基準は,ハイドログラフの高水部と低水部のいずれの適合性を重視するかを考え,解析目的に応じて決める.洪水流出解析では高水部重視,長期流出解析では低水部重視とすることが多い.(6.35)式は代表的な誤差評価基準であるが,その第1式において $\alpha = 0$ としたものを二乗基準,$\alpha = 1$ としたものを χ^2 基準,$\alpha = 2$ としたものを相対二乗基準といい,第2式において $\alpha = 0$ としたものを絶対基準,$\alpha = 1/2$ としたものを χ 基準,$\alpha = 1$ としたものを相対基準という.

$$J = \frac{1}{N}\sum_{i=1}^{N}\frac{(Q_{ci}-Q_{oi})^2}{Q_{oi}^\alpha}, \quad J = \frac{1}{N}\sum_{i=1}^{N}\frac{|Q_{ci}-Q_{oi}|}{Q_{oi}^\alpha} \quad (6.35)$$

ここで，J は誤差評価基準，Q_{ci} は計算流出量，Q_{oi} は観測流出量，α はべき指数，i はデータ番号，N はデータ個数である．

二乗基準，絶対基準は高水部の誤差を重視し，相対二乗基準，相対基準は反対に低水部の誤差を重視する．また，χ^2 基準，χ 基準はこれらの中間的な性質をもつ（角屋・永井，1980b）．

その他，比較的よく利用されている誤差評価基準には，二乗誤差の平方根をとった (6.36) 式の RMSE（平均二乗誤差平方根 root mean square error）と NSE（ナッシュ-サトクリフ（Nash-Sutcliffe）効率係数，Nash and Sutcliffe，1970）がある．これらは高水部重視の基準であるが，両式の計算流出量，観測流出量の代わりにそれらの対数変換値を用いれば，低水部重視の基準にすることができる．

$$RMSE = \sqrt{\frac{1}{N}\sum_{i=1}^{N}(Q_{ci}-Q_{oi})^2}, \quad NSE = 1 - \frac{\sum_{i=1}^{N}(Q_{ci}-Q_{oi})^2}{\sum_{i=1}^{N}(Q_{oi}-\overline{Q}_o)^2} \quad (6.36)$$

$\overline{Q}_o$ は観測流出量の平均値である．

3) 最適化手法

非線形最適化手法のうち，流出モデル定数の最適化に用いられるものは表 6.7 に示す通りで，局所的探索法と大域的探索法に大別される．

局所的探索法とは，探索点近傍の関数応答面（定数値の組み合わせと目的関数値の関係を表す曲面）の勾配や形状を調べながら，関数値が小さくなる方向に探索点を逐次移動させていくもので，勾配法（傾斜法）と直接探索法に大別できる．これらの手法は制約条件がないことを前提としているため，定数の範囲や大小関係などの制約条件を考慮するときはペナルティ関数を導入し，制約条件が満たされないときに目的関数がとくに大きくなるようにする（角屋・永井，1980c）．

表 6.7 非線形最適化手法

大分類	小分類	手法
局所的探索法	勾配法（傾斜法）	最急降下法，準ニュートン法
	直接探索法	シンプレックス法，ローゼンブロック法，パウエル法（共役方向法）
大域的探索法	進化型計算法（群知能を含む）	GA（遺伝的アルゴリズム），ES（進化戦略），SCE-UA 法，PSO アルゴリズム
	その他の手法	マルチスタート法，シミュレーテッド・アニーリング法（焼きなまし法）

局所的探索法では，関数応答面に複数の極小点（局所解）が存在する問題において，必ずしも最小点が求められるとは限らないという難点が避けられない．とくに未知定数の個数が多いときは，この問題が生じやすい．この問題を解決するため，大域的探索法では全探索空間の方々を調べることによって，大域的な最小点（関数値が全探索空間を通して最小な点）を探索する．

　未知定数の多いタンクモデルに対しては，進化型計算法に分類される大域的探索法の1つである SCE-UA 法（Duan et al., 1992）がたいへん有効であることが確かめられている（田中丸, 1995；田中丸, 2000）．またタンクモデルには，多数の探索出発点からそれぞれ局所探索法を適用するマルチスタート法も有効である．同法も大域的探索法の1つで，パウエル（Powell）法などの局所探索法のアルゴリズムが手元にあれば，比較的簡単に適用できることが利点である．

　なお，菅原の自動化手法はタンクモデルに特化された方法である．この方法は，流出量をそれぞれの固有半減期をもついくつかの成分に分解することにより，4段タンクのうち1～3段目の流出孔と浸透孔の7定数を同定するというユニークなもので，そのプログラムが公開されている（菅原, 1979）．

6.5　積雪融雪解析

　長期流出解析では冬期を含めた1年以上の流出解析を行うのが普通であるため，積雪が無視できない流域においては積雪量・融雪量を推定する必要がある．

a. 積雪量の推定
1) 積雪水量

　積雪水量（snow water equivalent）は雪を解かしたときの水深であるが，積雪融雪解析では雪の深さ（snow depth）ではなく積雪水量を扱うのが普通である．以下，とくに断りなく積雪量というときは積雪水量を指すものとする．

　積雪水量は，雪の深さに雪の密度を乗じて求めるか，地表面に積もった雪の重さを測ることで観測できる．雪の深さを測っている地点は多いが，雪の密度や雪の重さはごく限られた場所でしか測定されていないため，実用上は雨雪量計で測定された降水量と気温から，後述する方法で積雪水量を推定する．

　雨雪量計は，転倒マス型雨量計の受水部にヒーターを装着し，熱で雪を解かしながら降水量を測定するタイプが一般的である．ただし，太陽電池や蓄電池では雪を解かすのに十分な電力が得られず，雨雪量計は商用電力が利用できる場所しか使えないため，積雪地域の山岳部に位置する雨雪量計の多くは冬期の観測を中止している．また，雨雪量計による降雪観測では風の影響で降雪の捕捉率が低くなり，降水量の観測値が

過小になることがある.これらのことが,積雪地域における降水量の観測を難しくしている.

2) 降水量と気温による積雪量の推定

最も多用されているのは,気温が0℃より高ければ降水を雨とし,気温が0℃以下であれば降水を雪として,降水量をその時点までの積雪量に加算する方法である.ただし,雨・雪の判別気温を0℃以外の値に設定することもある.

その他,降雪100%発生気温 T_{100}（0~1℃程度）と降雪0%発生気温 T_0（3~4℃程度）を設定した後,気温を T として,$T<T_{100}$ のとき降水はすべて雪,$T>T_0$ のとき降水はすべて雨とし,$T_{100}≦T≦T_0$ のときは雪と雨の割合が線形的に変化するとした方法も提案されている（水津,2001）.

b. 融雪量の推定
1) 熱収支法

融雪は積雪層の表面と底面で発生するが,これら融雪に費やされる熱量（融雪熱量）は積雪層の熱収支から決まる.積雪層の熱収支は次式で表される.

$$R_n+H+LE+Q_r+Q_g-Q_{ms}-Q_{mg}=\Delta Q_s/\Delta t \tag{6.37}$$

$$R_n=(1-r)S+L_d-L_u \tag{6.38}$$

ここで,R_n は純放射量,H は顕熱輸送量,LE は潜熱輸送量,Q_r は降雨から供給される熱量,Q_g は地中からの伝導熱,Q_{ms} は積雪層表面での融雪熱量,Q_{mg} は積雪層底面での融雪熱量,$\Delta Q_s/\Delta t$ は積雪層内の貯熱量変化率,S は全天日射量,r は雪面の反射率（アルベド）,L_d は大気からの下向き長波放射量,L_u は雪面からの上向き長波放射量である.積雪層に流入する熱量を正,積雪層から流出する熱量を負とする.

積雪層の熱収支に基づいて融雪量を推定する手法を熱収支法という.熱収支式によれば,融雪熱量は次式で与えられる.

$$Q_{ms}+Q_{mg}=R_n+H+LE+Q_r+Q_g-\Delta Q_s/\Delta t \tag{6.39}$$

熱収支法に基づく融雪量の推定には多くの観測項目が必要となるため,同法の適用に際しては利用可能な気象データから各項を推定することが多い.例えば水津（2001）は,比較的入手しやすい降水量,気温,日照時間を用いて融雪量を推定する簡易熱収支法を提示している.

2) 気温日数法

熱収支法は,融雪現象を物理的に表現したもので融雪量の推定精度がよいとされているが,必要な観測項目が多く計算も煩雑であることから,実用上は気温日数（degree day）法など,気温程度の少ない資料しか用いない経験的方法がよく利用される.気温日数法では融雪量を次式で求める.

$$\Sigma m = \alpha \Sigma t \tag{6.40}$$

ここで，Σm は積算融雪量（mm），Σt は 0℃ 以上の日平均気温の積算値（℃ d），α は気温日融雪率（degree day factor）で，わが国の例では 2～8（mm d^{-1} ℃$^{-1}$）程度の値が得られている（農業土木学会，1989）．

3) 菅原の方法

気温日数法に類似したものとして菅原（1972）の方法がある．これはタンクモデルとの組み合わせでよく利用されている雪のモデルであり，この方法では，流域を標高別にいくつかの地帯に分割し，地帯別の日平均気温と日降水量から次のような手順で積雪量と融雪量を計算する．

標高別に分割された地帯 j の日平均気温 t_j が 0℃ 以下ならば，日降水量 p_j を雪として地帯 j の積雪量 h_j に加算する．一方，t_j が 0℃ より高ければ，p_j を雨として扱い，次式による推定融雪量 m_j を積雪量 h_j から差し引く．ただし，h_j が m_j より少ない場合の融雪量は h_j とする．

$$m_j = \alpha t_j + p_j t_j / 80 \tag{6.41}$$

α は気温日融雪率で，$\alpha = 6$（mm d^{-1} ℃$^{-1}$）を採用することが多い．

地帯分割数は 4 程度とすることが多い．地帯別の気温は，気温観測点の標高と地帯代表標高との差と気温低減率から求める．通常は標高 100 m あたり 0.6℃ 程度の気温低減率を用い，地帯代表標高には地帯中央標高を採用する．例えば，気温観測点の標高を H_0（m），地帯 j の代表標高を H_j（m）とし，気温観測点の日平均気温を t（℃）とすると，地帯 j の日平均気温 t_j（℃）は次式で求められる．

$$t_j = t - \frac{H_j - H_0}{100} \times 0.6 \tag{6.42}$$

積雪水量の観測において述べたように，積雪地域の山岳部における降水量観測は容易でなく，標高の高い地帯では降水量の観測値が得られない場合が少なくない．標高が低い地点の降水量のみが観測されている場合，標高の高い地帯の降水量は，低い地点の観測降水量に割増係数を乗じて見積もる．その際，割増係数の決定には流域の水収支を利用する．

タンクモデルなどの長期流出モデルによる流出計算では，地帯別の日融雪量 m_j と日雨量 p_j を合算し，次式で地帯面積による加重平均値を求めて，流出モデルの入力とする．

$$M = \frac{1}{A} \sum_{j=1}^{n} a_j (m_j + p_j) \tag{6.43}$$

M は流域平均の日融雪量と日雨量の合計（流出モデルの入力），A は流域面積，a_j は地帯 j の面積，n は地帯分割数である．

［田中丸治哉］

演習問題

問 6.1 ［都市化に伴う洪水ピーク流出量の変化］

（1） 流域面積が $A=2.0\,\mathrm{km^2}$ の山地流域において，10年確率洪水ピーク流量を推定しなさい．ただし，ピーク流出係数は $f_p=0.6$，洪水到達時間式の土地利用係数は $C=290$ とする．なお，降雨継続時間 t_r に対する10年確率降雨強度 r は表6.8の値とする．

表6.8 10年確率降雨強度

t_r(min)	10	20	60	120
$r(\mathrm{mm\,h^{-1}})$	117	96	56	35

（2） この流域が宅地に開発された場合の10年確率洪水ピーク流量を推定しなさい．ただし，開発後は $f_p=0.9$，$C=70$ に変化するものとする．

問 6.2 ［貯留関数法の遅れ時間］

貯留関数法において，もし遅れ時間 T_L を $T_L=0$ とすると，洪水流出量のピークは有効降雨波形上にあることを証明しなさい．

問 6.3 ［貯留関数法の数値計算法］

貯留関数法の数値計算法の一つである線形化手法では，貯留関数法の基礎式である(6.12)式を(6.14)式の漸化式に変換している．(6.14)式を導出しなさい．

問 6.4 ［貯留関数法の最適モデル定数の探索］

例題6.2（貯留関数法による洪水流出量の計算）において，(6.36)式の $RMSE$（平均二乗誤差平方根）が最小になるときのモデル定数（mm-h単位）を探しなさい．モデル定数のうち，P を0.6に固定し，K を $5, 6, \cdots, 15$ の11通り，T_L を $0, 1, 2$ の3通りとした合計33通りの組み合わせについて，それぞれ流出計算を行い，$RMSE$ が最小となったときのモデル定数を採用しなさい．ただし，$RMSE$ は観測流出量 Q_o が $1\,\mathrm{mm\,h^{-1}}$ 以上の場合を評価対象としなさい．

問 6.5 ［表面流モデルにおける斜面の伝播時間］

河道とそれに付随する左右対称の斜面を持つ1ブロックの流域モデルを想定する．ここに一定強度 r_e の有効降雨があるとき，斜面の伝播時間 t_s は次式で表されることを証明しなさい．ただし，B は斜面長，k, p は斜面流定数である．

$$t_S = k B^p r_e^{p-1}$$

問 6.6 ［表面流モデルによる流域平均貯留高］

表面流モデルと貯留関数法はともに代表的な洪水流出モデルであるが，両者の間には相互関係がある．その基礎となるのは，表面流モデルによる流域平均貯留高の表現である．問6.5と同じ条件において，①斜面流の水面形を求めるとともに，②その結果を利用して流域平均貯留高を求めなさい．

6.5 積雪融解解析

問 6.7 ［気温日数法による融雪量の計算］

ある流域の標高 600 m の地点において，積雪量（水深換算の積雪量）が 100 mm であったとする．同地点の 10 日後の積雪量残高を気温日数（degree day）法で計算しなさい．計算には近傍の気象観測所（標高 100 m）で得られた 10 日分の日平均気温（表 6.9）を用い，標高による気温低減率は標高 100 m あたり 0.6℃，気温日融雪率（degree day factor）は 6 $(\mathrm{mm\ d^{-1}\ ℃^{-1}})$ としなさい．なお，この 10 日間に降水はなかったものとする．

表 6.9 日平均気温

日 付	1	2	3	4	5	6	7	8	9	10
日平均気温（℃）	3.0	2.4	6.6	4.1	3.4	3.5	2.4	4.2	7.0	6.2

問 6.8 ［菅原の方法による融雪量の計算］

ある流域の標高 150 m の地点で観測された 10 日分の日平均気温と日降水量を表 6.10 に示す．この流域のある標高帯（地帯代表点は標高 700 m）において，1 日目の当初の積雪量（水深換算の積雪量）が 250 mm であるとき，表のデータに基づいて，1〜10 日目の融雪量と積雪量残高を菅原の方法で計算しなさい．この地帯の日降水量は，表 6.10 の日降水量に割増係数 1.2 を乗じたものとし，標高による気温低減率は標高 100 m あたり 0.6℃，気温日融雪率は 6 $(\mathrm{mm\ d^{-1}\ ℃^{-1}})$ とする．

表 6.10 日平均気温と日降水量

日 付	1	2	3	4	5	6	7	8	9	10
日平均気温（℃）	3.0	4.7	5.8	6.3	5.0	5.5	7.0	6.2	7.9	9.1
日降水量（mm）	2	5	0	8	0	0	12	0	0	0

文　献

石原藤次郎・高棹琢馬：中間流出現象とそれが流出過程におよぼす影響について，土木学会論文集，**79**，15-23（1962）

厳　柄鉉他：降雨前の低水流量を指標とした有効雨量分離，農業土木学会論文集，**91**，26-33（1981）

遠藤泰造：水源かん養林の機能理論と施業目標，林業試験場研究報告，**321**，1-38（1983）

角屋　睦：流出解析手法（その 6）— 3. 雨水流法—表面流出モデルによる洪水流出解析—，農業土木学会誌，**48**（6），37-43（1980a）

角屋　睦：流出解析手法（その 7）—中間流出モデルによる洪水流出解析—，農業土木学会誌，**48**（7），51-55（1980b）

角屋　睦：土地利用変化に伴う流出特性の変化，農業土木学会誌，**56**（11），5-9（1988）

角屋　睦・永井明博：流出解析手法（その 10）— 4. 貯留法—貯留関数法による洪水流出解析—，農業土木学会誌，**48**（10），43-50（1980a）

角屋　睦・永井明博：流出解析手法（その 11）— SDFP 法による貯留関数の最適同定—，農業土木学会誌，**48**（11），65-70（1980b）

角屋　睦・永井明博：流出解析手法（その 12）—タンクモデルと SP 法による最適同定—，農業土木学会誌，**48**（12），51-59（1980c）

角屋　睦・永井明博：長短期流出両用モデルの開発改良研究，農業土木学会論文集，**136**，31-38（1988）

角屋　睦・福島　晟：中小河川の洪水到達時間，京都大学防災研究所年報，**19B-2**，143-152（1976）

木村俊晃：貯留関数法による洪水流出追跡法，建設省土木研究所（1961）

木村俊晃：貯留関数法，河鍋書店（1975）

小林慎太郎・丸山利輔：Powell の共役方向法によるタンクモデル定数の探索，農業土木学会論文集，**65**，42-47（1976）

水津重雄：簡易熱収支法による融雪・積雪水量モデル，氷雪，**63**（3），307-318（2001）

菅原正巳：流出解析法（水文学講座7），共立出版（1972）

菅原正巳：続・流出解析法（水文学講座別巻），共立出版（1979）

杉山博信・角屋　睦：貯留関数モデル定数に関する一考察，農業土木学会論文集，**133**，11-18（1988）

杉山博信他：総合貯留関数モデルに関する研究，農業土木学会論文集，**134**，69-75（1988）

田中丸治哉：タンクモデル定数の大域的探索，農業土木学会論文集，**178**，103-112（1995）

田中丸治哉：河川流出，土木工学における逆問題入門，pp.105-117，土木学会（2000）

永井明博他：貯留関数法の総合化，京都大学防災研究所年報，**25B-2**，207-220（1982）

永井明博他：ダム管理の水文学—河川流域の洪水予測を中心として—，森北出版（2003）

農業土木学会編：農業土木ハンドブック—改訂五版—，丸善（1989）

日野幹雄・長谷部正彦：流出率と湿潤指標としての洪水直前流量，土木学会論文報告集，**328**，41-46（1982）

福嶌義宏・鈴木雅一：山地流域を対象とした水循環モデルの提示と桐生流域の 10 年連続日・時間記録への適用，京都大学農学部演習林報告，**57**，162-185（1986）

藤枝基久：森林流域の保水容量と流域貯留量，森林総合研究所研究報告，**6**（2），101-110（2007）

北海道開発局土木試験所河川研究室：実用的な洪水流出計算法（1987）

Duan, Q. et al.: Effective and efficient global optimization for conceptual rainfall-runoff models, *Water Resour. Res.*, **28**（4），1015-1031（1992）

Nash, J. E. and Sutcliffe, J. V.: River flow forecasting through conceptual models Part I-A discussion of principles, *J. Hydrol.*, **10**, 282-290（1970）

第 7 章
極端現象の水文統計解析

　大雨や洪水，少雨や渇水といった水文分野における極端現象（extreme event）は，我々の生命や経済活動，そして我々を取り巻く自然環境に短期的長期的に大きな影響を与える．本章では，これらの極端現象のうち大雨・洪水について，その規模を統計的に評価するための考え方と，これに基づいて農地排水施設や治水施設の新設・改修に必要となる計画雨量や流量を統計的に推定する手法について述べる．

7.1　大雨や洪水の頻度

　水害を発生させる豪雨の規模（大きさ）は，例えば「100年に一度」というように発生頻度で表現されることがあるが，この「100年」という期間は，その豪雨時の雨量と発生地点における過去の雨量観測データがあれば，統計的に求めることができる．このときの「100年」は，確率年または再起期間（return period または recurrence interval）と呼ばれ，発生頻度を表す統計的指標である．確率年が長い雨ほど発生頻度は小さく，「めったに起きない大雨」ということになる．

　逆に100年という確率年から，「100年に一度の雨」の具体的な雨量を，対象地点における雨量データに基づいて統計的に推定することもできる．例えば，100年に一度発生する雨量および流量は，それぞれ100年確率雨量，100年確率流量と呼ばれ，一般にある確率年に対応する雨量および流量をそれぞれ，確率雨量および確率流量と呼ぶ．

　確率雨量や確率流量は，例えば農地や都市域を洪水から守るための農地排水計画や洪水防御計画を策定するために用いられる．これらの計画は，あらかじめ想定された規模の洪水による被害を防ぐことを目的として策定され，その規模は確率年によって定義される．すなわち，排水路や排水機場など排水や治水に必要な施設の大きさ（あるいは能力），すなわち疎通能や排水容量などを具体的に定めるためには，大雨や洪水の規模を表す確率年に対応する確率雨量や確率流量を推定する必要がある．

　計画規模を定義する確率年の長さは，計画対象となる地域や河川の重要度に応じて決められる．重要度が高く洪水による被害想定が大きい場合は，めったに起きない大規模な豪雨や洪水にも対応しなければならないため，確率年は長くとられる．わが国

では，農地排水計画の対象となる確率年は一般に10年とされており，河川の洪水防御計画ではその重要度や予算などに応じて30〜200年程度とされることが多い．

7.2 解析対象データ

100年に一度しか発生しないような大雨の雨量を推定するには，過去の雨量データからとくに大きな雨量を抽出して解析の対象とする必要がある．極端現象の統計解析手法は，解析対象データの選び方により，区分最大値（block maxima）を用いる方法と，閾値超過値（threshold exceedances または peaks over threshold）を用いる方法とに分類される（渋谷・高橋，2012）．

図7.1に日雨量データを対象とした事例を示す．区分最大値とは，解析対象データを一定の間隔で区分して得られる区間ごとに選んだ最大値である．水文統計解析では，この区間を1年として得られる年最大値（annual maximum）を解析対象とすることが多い．図7.1(a)では，解析対象データを1年ごとに区分し，各区間の最大値である年最大日雨量が区分最大値として選ばれている．この場合，解析対象データの大きさ（個数）は，対象期間の年数に等しくなる．これに対し，図7.1(b)ではある閾値をあらかじめ設定し，解析対象データのうちこの閾値超過値のすべてを解析対象とする．閾値超過値の個数は閾値の値によって変化するので，閾値の適切な選択が重要になる．

以下，本章では，一般によく用いられる区分最大値を用いた解析法について述べる．

7.3 水文量の頻度分布と確率分布

a. 度数分布表とヒストグラム

1変量のデータを対象として統計解析を行うとき，データの分布を調べるために度数分布表（frequency table）とこれを図示したヒストグラム（histogram）が用いら

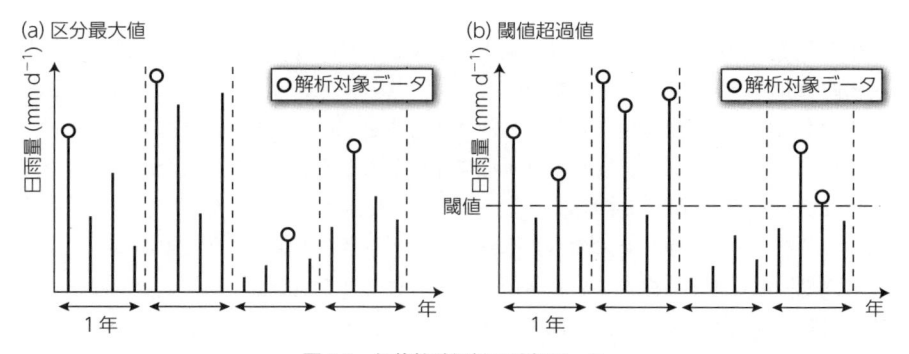

図7.1 極値統計解析の対象データ

れる．これらの図表によって示される各階級 (class) の度数 (frequency) により，対象とする変量の発生確率の概要を知ることができる．

ここでは，表 7.1 に示す岡山における 30 年間の年最大日雨量データを事例として，度数分布表とヒストグラムを作成してみる．まず，階級幅 (class width) を 20 mm d^{-1} として作成した度数分布表を表 7.2 に示す．この表には各階級の度数とともに，累積度数，相対度数および累積相対度数を併記している．相対度数は度数の合計（標本の大きさ，sample size）に対するある階級の度数の割合であり，累積相対度数はその累積値である．

この表から，120 mm d^{-1} を超過する年最大日雨量は 1981～2010 年の 30 年間に 3 回発生しており，平均すれば 10 年に 1 回発生している．もし今後，岡山における年最大日雨量が表 7.2 に示した頻度分布に従って発生すると仮定すれば，120 mm d^{-1} を超過する年最大日雨量の相対度数がそのままその発生確率とみなせるため，10 年確率日雨量は 120 mm d^{-1} 程度であるといえる．

相対度数と累積相対度数を示したヒストグラムをそれぞれ図 7.2 に示す．年最大日雨量が 120 mm d^{-1} 未満の相対頻度は，(a) に示した相対度数のヒストグラムでは斜

表 7.1 岡山における年最大日雨量 (1981～2010 年，気象庁公式ウェブサイトより)

年	年最大日雨量 (mm d^{-1})	年	年最大日雨量 (mm d^{-1})
1981	74.0	1996	53.0
1982	89.5	1997	91.5
1983	125.5	1998	102.0
1984	64.5	1999	71.5
1985	146.5	2000	41.0
1986	71.0	2001	69.5
1987	87.5	2002	46.0
1988	71.0	2003	64.5
1989	70.5	2004	117.0
1990	159.0	2005	53.0
1991	75.5	2006	74.0
1992	69.0	2007	53.0
1993	88.0	2008	43.5
1994	100.0	2009	76.5
1995	112.5	2010	102.0

表 7.2 岡山における年最大日雨量の度数分布 (1981～2010 年)

年最大日雨量 (mm d^{-1}) (階級)	階級値	度数(回)	累積度数	相対度数	累積相対度数
～40	—	0	0	0	0
40～60	50	6	6	0.200	0.200
60～80	70	12	18	0.400	0.600
80～100	90	4	22	0.133	0.733
100～120	110	5	27	0.167	0.900
120～140	130	1	28	0.033	0.933
140～160	150	2	30	0.067	1.000
160～	—	0	30	0	1.000
合　計		30		1.000	

(a) 相対度数　　　　　　　　　　　(b) 累積相対度数

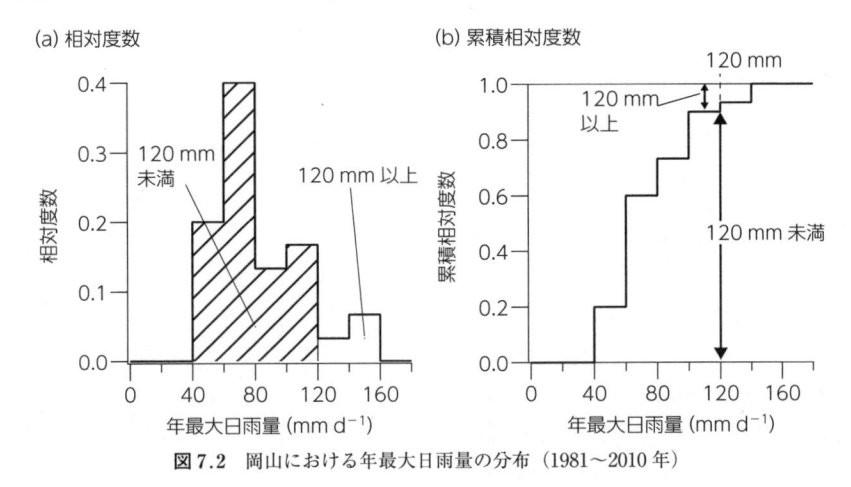

図 7.2 岡山における年最大日雨量の分布（1981〜2010 年）

線部分，(b) の累積相対度数のヒストグラムでは 120 mm d^{-1} のところに両矢印で示した高さにより示されている．「ある値を超える確率」のことを超過確率（exceedance probability），「超えない確率」のことを非超過確率（non-exceedance probability）と呼ぶ．

b. 確率年と確率水文量

確率年とは，本章の冒頭で述べたように発生頻度を定量的に表すための用語であり，「100 年に一度」の確率年は 100 年である．しかし，必ずしも正確に 100 年ごとに発生する訳ではなく，平均的に「100 年に一度」であればよい．例えば，「1 万年に 100 回」発生すれば，平均的に見れば 100 年に一度発生しており，100 年確率であるといえるだろう．すなわち，確率年は事象が 1 回発生してから次に発生するまでの期間の期待値として定義でき，このため英語で recurrence interval（再帰期間）とも呼ばれている．

ここで，年に一度だけ発生する年最大値のデータが 1 万個（すなわち 1 万年分）あった場合について考えてみると，この中にある値 x_U を超過する値が 100 個あれば，前述のように x_U を超過する事象は平均 100 年に一度発生しているといえ，発生確率は 100 分の 1 と考えられるので，x_U の超過確率は $1/100=0.01$ である．また，x_U の非超過確率は，同一の値の超過確率および非超過確率の和は 1 であるので，$1-1/100=99/100=0.99$ となる．

このとき，例えば日雨量データが対象であれば x_U は 100 年確率日雨量と呼ばれ，その発生頻度は 100 年確率と表される．一般的に平均 T 年に一度発生する日雨量について考えると，その値は T 年確率日雨量と呼ばれ，発生頻度は T 年確率と表され

ることになる．解析対象データが時間雨量であれば，T年確率の値はT年確率時間雨量，流量であればT年確率流量となり，これらの平均T年に一度発生する水文量をまとめてT年確率水文量と表すことがある．一般的には，確率年Tと，これに対応する非超過確率Fの関係は次式で示される．

$$F = 1 - \frac{1}{T} \tag{7.1}$$

$$T = \frac{1}{1-F} \tag{7.2}$$

本章における課題の1つは，ある地点における雨量や流量などの水文量について，T年確率の水文量やある特定の値の確率年を観測データに基づいて推定することである．

100年に一度の大雨

統計的に，「100年に一度の雨量の値がrである」とは，「雨量が100年に一度rを超過する」ことを意味する．このrを100年確率雨量と呼ぶ．

100年確率雨量は，統計的に見て平均して100年に一度超過される雨量である．すなわち，必ず100年に1回超過されるのではなく，1000年間に10回，1万年間に100回程度の超過頻度を表している．このことは，100年確率雨量が100年間に複数回発生しうることを示す．

T年確率雨量を超過する雨量がn年間にm回発生する確率は，$p=1/T$とすると次式で表される．

$$P(m, n) = \binom{n}{m} p^m (1-p)^{n-m}$$

例えば，100年間に100年確率雨量が2回だけ発生する確率を上式を用いて計算すると（$T=100$, $p=0.01$, $n=100$, $m=2$），18.5%となり，決して低い確率ではないことがわかる．

---

c. 確率密度関数と確率分布関数

年最大日雨量が，あらかじめ定められた頻度分布に従って発生する実数の乱数であるとの前提に立つと，以下のように考えることができる．

実数の乱数Xの相対頻度がXのある分布関数によって定義される頻度分布（または確率分布）に従って発生する場合，Xがx以下となる確率を示す確率分布関数（cumulative distribution function, CDF）は，次式のように定義される．

$$F(x) = \Pr[X \leq x] \tag{7.3}$$

ここで，$\Pr[\cdot]$は$[\cdot]$内に示される事象の発生確率を示す．$F(x)$は増加関数であり，

すべての x に対して $0 \leq F(x) \leq 1$ である．このとき X が連続であることを考慮すると，ある特定の値 t の発生する確率は 0，すなわち $\Pr[X=t]=0$ であることに留意する必要がある．

この確率分布関数 $F(x)$ を x で微分することにより，確率密度関数（probability density function, PDF）$f(x)$ が得られる．すなわち，

$$f(x) = \frac{d}{dx}F(x) \tag{7.4}$$

$f(x) \geq 0$ である．

確率密度関数および確率分布関数についての関係式は，以下のようになる．

$$F(x) = \int_{-\infty}^{x} f(t)dt \tag{7.5}$$

$$1 - F(x) = \int_{x}^{\infty} f(t)dt \tag{7.6}$$

$0 \leq F(x) \leq 1$, $F(-\infty)=0$, $F(\infty)=1$ である．

確率密度関数および確率分布関数の一例を図7.3に示す．図7.3（a）を見ると，示された確率分布関数は（7.5）式により確率密度関数 $f(x)$ によって表され，$F(x)$ は x に対する非超過確率，$1-F(x)$ は超過確率を表していることがわかる．

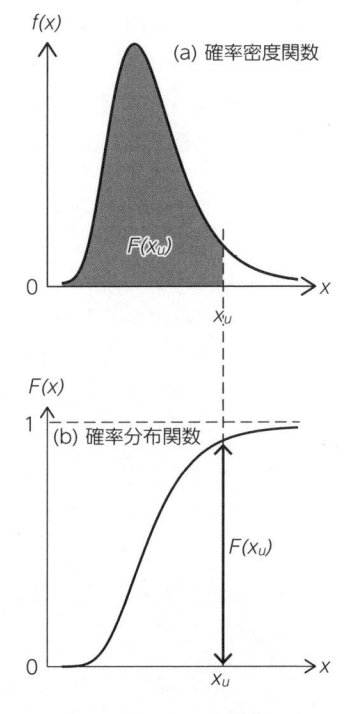

図 7.3 確率密度関数と確率分布関数

ここで，改めて表7.1で示した岡山における30年間の年最大日雨量について考えてみる．この表のデータは岡山における1981～2010年の30年間の例であり，雨量は連続値であるから，ここに示された以外の年最大日雨量ももちろん発生しうる．同じ気候・気象条件下で，何百年にもわたる長期間に数多くの年最大日雨量データが得られたとすると，雨量が連続値で得られるのであれば，階級幅をより小さく（狭く）設定して度数分布表を作成しても，各階級には必ずいくつかのデータは含まれているはずであり，概念的には階級幅を無限小にすれば，ヒストグラムは滑らかな曲線で描かれると考えられる．

このようにして得られる曲線は，年最大日雨量とその頻度の関係を連続的に示していると考えられる．数学的な説明とはいいがたいが，この曲線の形状を表す関数を確率密度関数，これを積分したものを確率分布関数と考えることができる．

7.4 確率分布の統計的推定

a. 統計的推定

統計的推定では，あるランダムな確率変数はある真の確率分布に従っていると仮定し，この分布を観測された標本値から推定しようとする．候補となる確率分布の集合を統計モデルといい，現実の現象を説明できると考えられる確率分布の候補を複数挙げて，データと照らし合わせる．フィッシャーによって示された統計モデルの組織的な適用は，①モデルの指定，②未知パラメータ（母数）の推定，③適合度の検定の順で行われる（日本数学会，2007）．ここでいうモデルとは統計モデル，すなわち確率分布のことを表していると考える．

b. 極値統計に用いられる確率分布

確率密度関数または確率分布関数により定義される確率分布には，数多くのものが提案されている．区分最大値を用いた極値統計に用いられる確率分布について，Stedinger et al. (1992) は下記のような分類を示している．

ⅰ) 正規分布族（normal family）： 正規分布，2定数型対数正規分布，3定数型対数正規分布
ⅱ) 一般化極値族（GEV family）： グンベル（Gumbel）分布，一般化極値（generalized extreme value, GEV）分布，ワイブル（Weibull）分布
ⅲ) ピアソンⅢ型族（Pearson type 3 family）： ピアソンⅢ型分布，対数ピアソンⅢ型分布

以降では，まず比較的適用が容易なグンベル分布を用いた極値統計解析の手順について述べた後，わが国でよく用いられる3定数型対数正規分布および一般化極値分布を用いた解析法について述べる．適合度評価については7.5節，各確率分布のパラメータ推定法と適合度の検定については7.6〜7.8節で詳述し，本節では一般的事項について概説する．

c. 未知パラメータの推定法

未知パラメータの推定には，確率紙（probability paper）を用いた図式推定法（最小二乗法），積率法，最尤法，L積率法，最大エントロピー法（例えば，宝他（1989））など数多くの方法が提案されている．ここでは，積率法，L積率法，最尤法について概説する．本章では，グンベル分布のパラメータを確率紙上のプロットに最小二乗法を適用して推定する方法を用いているが，これについては7.5, 7.6節で述べる．

1) 積率法

積率法では，ある確率分布をあるデータに当てはめるときに，その確率分布から計算される積率と呼ばれる統計量が，データから求められる積率に等しくなるようにパラメータを求める．

N 個のデータ $x_i\,(i=1,2,\cdots,N)$ について，次式による計算結果を m の周りの n 次の積率（moment）と呼ぶ．

$$M_n = \frac{1}{N}\sum_{i=1}^{N}(x_i-m)^n \tag{7.7}$$

一方，確率密度関数 $f(x)$ で表される連続変数 x の μ の周りの n 次の積率は次式で表される．

$$M_n = \int_{-\infty}^{\infty}(x-\mu)^n f(x)dx \tag{7.8}$$

代表的な統計量である平均（average または mean）のうち，最も一般的な算術平均（arithmetic average，相加平均ともいう）は，(7.7) 式の表現に示された積率の定義に従うと，「0 の周りの 1 次の積率」となる．

$$m \equiv \frac{1}{N}\sum_{i=1}^{N}x_i \tag{7.9}$$

連続変数 x については以下のようになる．

$$\mu \equiv \int_{-\infty}^{\infty}xf(x)dx \tag{7.10}$$

以下，N 個のデータ $x_i\,(i=1,2,\cdots,N)$ の平均を m，連続変数 x の平均を μ と表すことにする．

平均（m または μ）の周りの積率の中で，とくに 2～4 次の積率に基づいて求められる係数は，それぞれ分散（variance），歪度（「わいど」または「ひずみど」，skewness），尖度（「せんど」または「とがりど」，kurtosis）と呼ばれ，頻度分布や確率分布の形状を評価する特性値として用いられている．

積率法による確率分布のパラメータ同定では，確率分布関数から計算される積率の式を当てはめる対象データの積率と等しくおくことによって求められる．

積率法によってパラメータが決定される確率分布としては，正規分布がよく知られている．正規分布の確率分布関数は以下のようになる．

$$F(x) = \frac{1}{\sqrt{2\pi}\,\sigma}\int_{-\infty}^{x}\exp\left\{-\frac{(t-\mu)^2}{2\sigma^2}\right\}dt \tag{7.11}$$

ここで，μ は平均，σ は標準偏差であり，2 個のパラメータが積率に直接関連していることがわかる．

なお，平均が 0 で標準偏差が 1 の正規分布は標準正規分布（standardized normal

distribution）と呼ばれ，この確率分布関数を $\Phi(x)$ とすると以下のように表される．

$$\Phi(x)=\int_{-\infty}^{x}\frac{1}{\sqrt{2\pi}}\exp\left(-\frac{t^2}{2}\right)dt \tag{7.12}$$

2) L積率法

確率分布の形状を表現する別の方法として，L積率（L-moment）を用いる方法が提案されている（Hosking, 1990）．L積率は，グリーンウッド（Greenwood）他（1979）による確率重みつき積率（probability weighted moment, PWM）を改良したものであるとされる．

まず，確率重みつき積率は以下のように定義される．

$$\beta_r=E\{X[F(x)]^r\}=\int_0^1 x[F(x)]^r dF \tag{7.13}$$

ここで，β_r は r 次の確率重みつき積率であり，$F(x)$ は x の非超過確率を示す．N 個の標本 x_j（$j=1, 2, \cdots, N$；j は小さい方から数えた（昇順に付した）番号）の r 次の確率重みつき積率 β_r の推定値 $\hat{\beta}_r$ は，以下のように表される．

$$\hat{\beta}_r=\frac{1}{N}\sum_{j=1}^{N}x_j\{F(x_j)\}^r \tag{7.14}$$

x_j の非超過確率を示す $F(x_j)$ は，j と標本の大きさ N とを用いてプロッティング・ポジション（plotting position）公式により表すことができるが，これについては7.5節で述べる．

なお，確率重みつき積率 β_r の推定式としては，以下の式を用いることもできる．

$$\hat{\beta}_r=b_r=\frac{1}{n}\sum_{j=1}^{N-1}\frac{\binom{N-j}{r}x_{(j)}}{\binom{N-1}{r}}=\frac{1}{r}\sum_{j=1}^{N-1}\frac{\binom{N-j}{r}x_{(j)}}{\binom{N}{r+1}}$$

r 次の L 積率 λ_r は，確率重みつき積率を用いて以下のように表される．

$$\lambda_1=\beta_0 \tag{7.15}$$

$$\lambda_2=2\beta_1-\beta_0 \tag{7.16}$$

$$\lambda_3=6\beta_2-6\beta_1+\beta_0 \tag{7.17}$$

$$\lambda_4=20\beta_3-30\beta_2+12\beta_1-\beta_0 \tag{7.18}$$

L積率法による確率分布のパラメータ同定では，確率分布関数から計算されるL積率の式を，当てはめる対象データのL積率と等しくおくことにより求められる．

3) 最尤法

最尤法とは，尤度（likelihood）を最大にするようなパラメータを求める方法である（神田・藤田，1982；星，1998）．一般に，パラメータ θ をもつ確率変数 x に関する確率密度関数 $f(x;\theta)$ について，x を一定とし，θ の関数とみなしたものを尤度関数

(likelihood function) といい，その値を尤度と呼ぶ．

確率密度関数が $f(x;\theta_1,\theta_2,\cdots,\theta_l)$ （$\theta_1,\theta_2,\cdots,\theta_l$ はパラメータ）である母集団から抽出した標本を $x_1,x_2,\cdots,x_n$ とするとき，

$$L=\prod_{i=1}^{n} f(x_i;\theta_1,\theta_2,\cdots,\theta_l) \tag{7.19}$$

で定義される L は $\theta_1,\theta_2,\cdots,\theta_l$ の関数とみなすことができる．L は，各標本に関する尤度関数の積で表されており，これが標本 $x_1,x_2,\cdots,x_n$ についての尤度関数となる．この L が最大となるような $\theta_1,\theta_2,\cdots,\theta_l$ の推定値を，これらのパラメータの最尤推定値 (maximum likelihood estimator, MLE) と呼ぶ．通常は，L の対数をとって得られる対数尤度関数 (log-likelihood function) ℓ を最大にするような $\theta_1,\theta_2,\cdots,\theta_l$ を求める．すなわち，

$$\ell=\log L=\log\prod_{i=1}^{n} f(x_i;\theta_1,\theta_2,\cdots,\theta_l)=\sum_{i=1}^{n}\log f(x_i;\theta_1,\theta_2,\cdots,\theta_l) \tag{7.20}$$

を最大とする $\theta_1,\theta_2,\cdots,\theta_l$ を得るために，

$$\frac{\partial}{\partial \theta_i}\ell=0 \quad (i=1,2,\cdots,l) \tag{7.21}$$

となるような $\theta_1,\theta_2,\cdots,\theta_l$ を求めれば，これらが最尤推定値となる．この (7.21) 式は，尤度方程式 (likelihood equation) と呼ばれる．

7.5 確率分布の適合度の評価

a. 適合度の評価

ある標本の分布に何らかの方法で確率分布を当てはめるとき，確率分布のパラメータは前述の積率法などの方法を用いて求めることができる．しかし，数多くの確率分布の中から適切なものを選ばなければ，対象となる標本の分布を適切に表現できない．例えば，頻度分布が左右非対称な標本に，対称な正規分布を当てはめることは適切とはいえない．対象とする標本の分布をよりよく表現できる，適合度の高い分布を選ぶ必要がある．

確率分布の適合度はパラメータ推定法と密接な関係がある．確率分布のパラメータは，対象とするデータに対する適合度ができるだけ高くなるように求められるからである．適合度を評価する方法はいくつか提案されているが，ここでは確率紙を用いて評価する方法と，標準最小二乗規準による方法，前節で述べた尤度を用いる方法について述べる．

b. プロッティング・ポジション公式

確率分布を当てはめた標本データの個々の非超過確率は確率分布関数から求めるこ

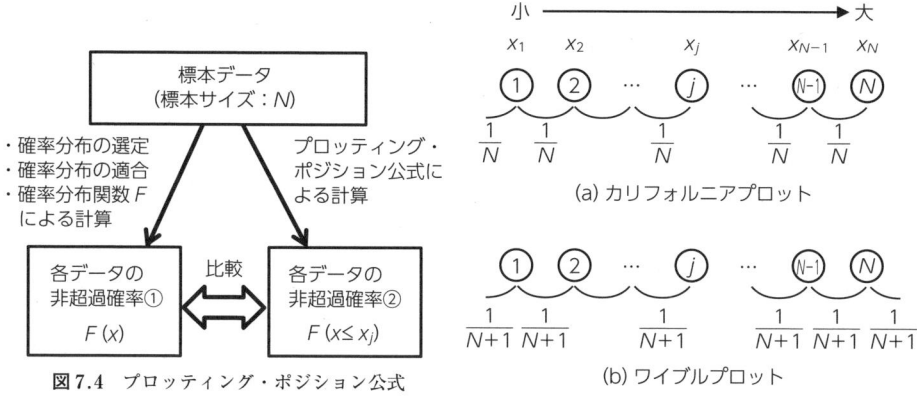

7.5 確率分布の適合度の評価

図7.4 プロッティング・ポジション公式による確率分布の適合度評価

図7.5 プロッティング・ポジション公式の考え方

(a) カリフォルニアプロット

(b) ワイブルプロット

とができるが，非超過確率を求めるためのもう1つの方法として，プロッティング・ポジション公式を用いる方法がある．この公式は，対象とした標本の大きさと標本値の大きさの順に並べて得られる順位から，各データの非超過確率を計算する式である．標本データに当てはめた確率分布の適合度は，当てはめた確率分布関数を用いて計算した各データの非超過確率と，プロッティング・ポジション公式を用いて計算した非超過確率とを比較することにより評価できる（図7.4）．

ある N 個の標本 $X=\{x_1, x_2, \cdots, x_N\}$ を考え，各データについて昇順に並べ替えたときの順位 j を付し，x_j のように表記する．すなわち，$x_1 \leq x_2 \leq \cdots \leq x_{N-1} \leq x_N$ である．この N 個のデータから無作為に1個のデータを抽出するとき，抽出したデータ x が x_j を超えない確率（非超過確率，$P(x \leq x_j)$）は，全 N 個のデータのうち x_j を超えないデータ数は j 個であるから，

$$P(x \leq x_j) = \frac{j}{N} \tag{7.22}$$

となる．

(7.22) 式はカリフォルニア法（California method）またはカリフォルニアプロット（California's plotting position）と呼ばれるプロッティング・ポジション公式であり（岩井・石黒，1970；American Meteorological Society，2013），各データの非超過確率を標本のサイズとデータの昇順の順位から計算することができる．

ただし，カリフォルニアプロットに従うと最大のデータ x_N の非超過確率は1になるため，x_N を超える確率（非超過確率）は0となり，標本データの最大値を超える確率の評価には使えない．もう少し細かく見てみると図7.5 (a) に示すように，カリフォルニアプロットではデータを昇順に並べたときに，隣り合うデータ間の

($N-1$) 個 の 各 区 間 $(x_{j-1}, x_j]$ $(j=2, 3, \cdots, N)$ と x_1 以下の区間 $(-\infty, x_1)$ との合計 N 個の区間を考え，各区間の発生確率が等しく $1/N$ と考えている．ただし図 7.5 (a) に示すように，最大値 x_N を超過する区間 (x_N, ∞) の発生確率は考慮していないことがわかる．

カリフォルニアプロットで考慮した N 個の区間に加えて，最大値 x_N を超過する区間 (x_N, ∞) を考慮

表7.3 プロッティング・ポジション公式による非超過確率
(Stedinger et al. (1992) より抜粋)

名前	式	パラメータ a ((7.24) 式)
ワイブル (Weibull)	$\dfrac{j}{N+1}$	0
ブロム (Blom)	$\dfrac{j-1/8}{N+1/4}$	0.375
カナン (Cunnane)	$\dfrac{j-0.40}{N+0.2}$	0.40
グリンゴルテン (Gringorten)	$\dfrac{j-0.44}{N+0.12}$	0.44
ハーゼン (Hazen)	$\dfrac{j-0.5}{N}$	0.5
APL*	$\dfrac{j-0.35}{N}$	—

j は昇順につけられた番号，N は標本サイズ．
*APL 式は，式 (7.24) では表現できない．後述の一般化極値分布の適合に用いられる．

し，これらの全 $(N+1)$ 個の区間での発生確率を等しく $1/(N+1)$ であると考えると図 7.5 (b) に示すようになり，非超過確率は次式で示される．

$$P(x \leq x_j) = \frac{j}{N+1} \tag{7.23}$$

(7.23) 式はワイブルプロットと呼ばれるプロッティング・ポジション公式であり，極値統計の分野で広く用いられている．

標本の各データの非超過確率を計算するプロッティング・ポジション公式は，表7.3 に示すようにワイブルプロット以外にも数多く提案されている．これらの式の多くは，次式によって表すことができる．

$$P(x \leq x_j ; a) = \frac{j-a}{N+(1-2a)} \tag{7.24}$$

ここで a はパラメータであり，表 7.3 に各公式に対応する a の値を示す．

c. 確率紙による適合度評価

図 7.6 に，表 7.1 に示した岡山のデータに当てはめた確率分布関数（グンベル分布，7.6 節で詳述）と，ワイブルプロットのそれぞれにより計算した非超過確率を示す．この図から，当てはめられた確率分布関数は，ワイブルプロットによる非超過確率を精度よく表現していることがわかる．

もし，確率分布関数またはワイブルプロットにより計算される非超過確率のいずれ

7.5 確率分布の適合度の評価

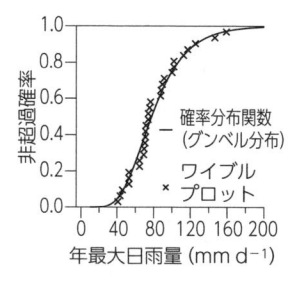

図 7.6 確率分布関数とワイブルプロットによる非超過確率の比較
（岡山，1981〜2010年，表 7.1 参照）

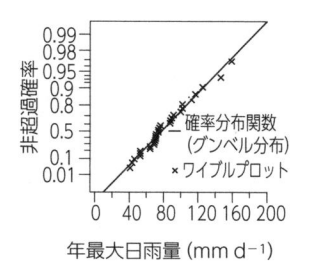

図 7.7 確率紙上での比較

かを直線に近い関係で表すことができれば，確率分布の適合度を視覚的により的確に評価しやすいと考えられる．確率分布関数による非超過確率を直線または直線に近い曲線で表現できるように，縦軸の目盛を調整した用紙が確率紙である．図 7.7 は，グンベル分布による確率分布関数が常に直線で表されるように縦軸の目盛を調整したものであり，極値確率紙（Gumbel probability paper）と呼ばれる．確率分布関数が直線で表されるため，図 7.6 よりも適合度の評価がしやすいことがわかる．確率紙には対象とする確率分布により様々な種類があり，ほかに正規確率紙，指数確率紙，対数正規確率紙などがある．

d. 標準最小二乗規準による定量的適合度評価
1) 確率紙を想定した最小二乗法によるパラメータ推定

確率紙上で見られるよう，確率分布関数を 1 次式で表されるように変換することにより，最小二乗法を適用して確率分布の母数（パラメータ）を推定する方法がある．ここでは，高棹他（1986），宝他（1987）によって示された基本的な考え方について述べる．

図 7.7 の極値確率紙で例示したように，確率分布関数が直線で描かれるようなグラフを想定する．ここで，このグラフの横軸を Z，縦軸を S とし，確率変数 x および非超過確率 p により，それぞれ以下のように表されるものとする．

$$Z = h(x) \tag{7.25}$$
$$S = g(p) \tag{7.26}$$

ここで，S は標準変量（reduced variate または standardized variate），Z は変換変量（transformed variate）である．また，h および g はそれぞれ x および p の単調増加関数である．確率紙上で確率分布関数が直線に近い関係で表される場合，S と Z との間には以下のような関係が成り立つはずである．

$$S = a + b \cdot Z = a + b \cdot h(x) \tag{7.27}$$

ここで，a および b はパラメータである．

一方，この確率紙に昇順に並べられた N 個のデータ $x_i (i=1, \cdots, N)$ とそれぞれのデータの非超過確率 $p_i (i=1, \cdots, N)$ とをプロットする場合，ここで当てはめた確率分布関数が S の関数 $F_s(S)$ で表されるものとし，各データ x_i に対応する横軸および縦軸の値をそれぞれ Z_i^{plot} および S_i^{plot} とすると，これらは以下のようになる．

$$Z_i^{\text{plot}} = h(x_i), \tag{7.28}$$

$$S_i^{\text{plot}} = F_s^{-1}(p_i) \tag{7.29}$$

各データ x_i の非超過確率 p_i は，プロッティング・ポジション公式で計算される．

この N 個の $(Z_i^{\text{plot}}, S_i^{\text{plot}}) (i=1, \cdots, N)$ のデータに最小二乗法を適用することにより，a および b を推定できる．すなわち，残差 ε_i を

$$\varepsilon_i = S_i^{\text{plot}} - (a + b \cdot Z_i^{\text{plot}}) \tag{7.30}$$

とおき，

$$\xi^2 = \frac{1}{N} \sum_{i=1}^{N} \varepsilon_i^2 \tag{7.31}$$

で表される残差平方平均 ξ^2 が最小になるような a および b を求めればよい．

2) 標準最小二乗規準

前述の最小二乗法によるパラメータ同定の考え方に基づき，高棹他（1986）は確率分布の適合度を定量的に評価する指標として標準最小二乗規準（standard least-squares criterion for goodness of fit, SLSC）を提案した．SLSC は次式で表される．

$$\text{SLSC} = \frac{\sqrt{\xi^2}}{|S_{(1-p)}^{\text{CDF}} - S_{(p)}^{\text{CDF}}|} \tag{7.32}$$

ここで ξ^2 は求められたパラメータ a および b を用いて（7.30）式により計算された $\varepsilon_i (i=1, \ldots, N)$ を用いて得られた値である．分母の $S_{(1-p)}^{\text{CDF}}$ および $S_{(p)}^{\text{CDF}}$ は，それぞれ当てはめた確率分布関数から得られる非超過確率 $1-p$ および p に対応する標準変量 S であり，（7.29）式と同様にして，それぞれ $S_{(1-p)}^{\text{CDF}} = F_s^{-1}(1-p)$，$S_{(p)}^{\text{CDF}} = F_s^{-1}(p)$ のように求められる．これは，S のとりうる値の範囲が確率分布によって異なるので，非超過確率 p から $1-p$ までの範囲 $|S_{(1-p)}^{\text{CDF}} - S_{(p)}^{\text{CDF}}|$ で分子の $\sqrt{\xi^2}$ を除することにより基準化し，比較しやすいようにしている．

同じ標本データに複数の確率分布を当てはめて適合度を比較する場合，各確率分布についてこの SLSC を計算し，小さい方の適合度が高いと判断される．

気象庁では，確率雨量の推定のために当てはめる確率分布を選定する際に，SLSC を適合度の評価基準として用いている．（7.32）式の p には 0.01 が用いられ，SLSC が 0.04 以下で適合していると判断している（「異常気象リスクマップ」（気象庁）参

照).

e. 対数尤度および赤池情報量規準(AIC)による定量的適合度の評価

最尤法によるパラメータ推定では,(7.20)式で計算される対数尤度が最大となるようなパラメータを推定する.同じ標本データに複数の確率分布を当てはめた場合,それぞれの確率分布の適合度は,標本データとパラメータの推定値から(7.20)式を用いて計算される対数尤度が大きいほど高く評価される.

また,対数尤度を用いて表される適合度の評価指標の1つに,赤池情報量規準(Akaike information criterion, AIC)がある.AIC は次式で表される.

$$\mathrm{AIC} = -2\ell + 2N_p \tag{7.33}$$

N_p はパラメータの数である.AIC は,パラメータ数が多くなれば確率分布の適合性が高くなることを考慮し,パラメータ数の増加に見合った適合性の改善があるかどうかを考慮した基準である.小さくなるほど,適合性とパラメータ数のバランスがとれていると考えられる.

7.6 グンベル分布の当てはめ

a. 確率密度関数および確率分布関数

極値の確率分布としてグンベルによって提案された,グンベル分布の確率分布関数 $F(x)$ および確率密度関数 $f(x)$ はそれぞれ以下のように表される.

$$f(x) = a \cdot \exp(-y - e^{-y}) \tag{7.34}$$

$$F(x) = \exp(-e^{-y}) \tag{7.35}$$

$$y = a(x - x_0), \quad -\infty < x < \infty \tag{7.36}$$

a および x_0 はパラメータであり,(7.36)式で示される y は標準変量(Gumbel reduced variate)である.グンベル分布の平均 μ および分散 σ^2 は以下のようになる.

$$\mu = x_0 + \frac{\gamma}{a} \tag{7.37}$$

$$\sigma^2 = \frac{\pi^2}{6a^2} \tag{7.38}$$

ここで,γ はオイラーの定数(0.5772…)である.

また,1次および2次のL積率 λ_1, λ_2 は以下のようになる.

$$\lambda_1 = x_0 + \frac{\gamma}{a} \tag{7.39}$$

$$\lambda_2 = \frac{\ln 2}{a} \tag{7.40}$$

b. 未知パラメータの推定

グンベル分布のパラメータは (7.37) および (7.38) 式, または (7.39) および (7.40) 式から積率や L 積率を用いて求めることもできるが, ここでは, グンベル分布の確率分布関数が極値確率紙上では直線で示されることを利用し, 極値確率紙上にプロットした標本データを最小二乗法で直線近似することによりパラメータを推定する方法について述べる. 一般的な考え方は 7.5d に示すとおりである.

極値確率紙では, 縦軸に (7.36) 式から得られる標準変量 y の値が示される. y は x の線形式で表されるから, 極値確率紙上に示される x および y の関係が直線となることは容易に理解できるであろう.

プロッティング・ポジション公式を用い, 昇順に並んだデータ $x_j (j=1, 2, \cdots, N)$ の各々の非超過確率を計算し, これを F_j とすると, 対応する標準変量 y_j との関係は, (7.35) 式より

$$F_j = \exp(-e^{-y_j}) \tag{7.41}$$

となる. これを y_j について解くと以下のようになる.

$$y_j = -\ln(-\ln F_j) \tag{7.42}$$

例えば, プロッティング・ポジション公式にワイブルプロットを採用すると,

$$F_j = \frac{j}{N+1} \tag{7.43}$$

となるから, 各データに対応する標準変量は, (7.42) および (7.43) 式より次のように計算される.

$$y_j = -\ln\left(-\ln\frac{j}{N+1}\right) \tag{7.44}$$

一方, 標準変量 y を表す (7.36) 式のパラメータ a および x_0 は, 最小二乗法により, x および y の統計量を用いて次式のように表される.

$$\frac{1}{a} = \frac{s_x}{s_y} \tag{7.45}$$

$$x_0 = \bar{x} - \bar{y}/a \tag{7.46}$$

ここで, $\bar{x}$ および s_x はそれぞれ x の平均および標準偏差, $\bar{y}$ および s_y はそれぞれ y の平均および標準偏差であり, 次式で求めることができる.

$$\bar{x} = \frac{1}{N}\sum_{j=1}^{N} x_j \tag{7.47}$$

$$s_x = \sqrt{\frac{1}{N}\sum_{j=1}^{N}(x_j - \bar{x})^2} \tag{7.48}$$

$$\bar{y} = \frac{1}{N}\sum_{j=1}^{N} y_j = -\frac{1}{N}\sum_{j=1}^{N}\ln\left(-\ln\frac{j}{N+1}\right) \tag{7.49}$$

7.6 グンベル分布の当てはめ

表7.4 グンベル分布の $\bar{y}$ および s_y とデータ数との関係

データ数 N	$\bar{y}$	s_y	データ数 N	$\bar{y}$	s_y	データ数 N	$\bar{y}$	s_y
10	0.49521	0.94963	—	—	—	—	—	—
11	0.49961	0.96758	41	0.54420	1.14358	71	0.55500	1.18629
12	0.50350	0.98327	42	0.54475	1.14576	72	0.55523	1.18720
13	0.50695	0.99713	43	0.54529	1.14787	73	0.55546	1.18809
14	0.51004	1.00948	44	0.54580	1.14989	74	0.55567	1.18896
15	0.51284	1.02057	45	0.54630	1.15184	75	0.55589	1.18982
16	0.51537	1.03060	46	0.54678	1.15373	76	0.55610	1.19065
17	0.51768	1.03973	47	0.54724	1.15555	77	0.55630	1.19147
18	0.51980	1.04808	48	0.54769	1.15731	78	0.55650	1.19227
19	0.52175	1.05575	49	0.54812	1.15901	79	0.55669	1.19306
20	0.52355	1.06282	50	0.54854	1.16066	80	0.55689	1.19382
21	0.52522	1.06938	51	0.54895	1.16226	81	0.55707	1.19458
22	0.52678	1.07547	52	0.54934	1.16380	82	0.55726	1.19531
23	0.52823	1.08115	53	0.54972	1.16530	83	0.55744	1.19604
24	0.52959	1.08646	54	0.55009	1.16676	84	0.55761	1.19675
25	0.53086	1.09145	55	0.55044	1.16817	85	0.55779	1.19744
26	0.53206	1.09613	56	0.55079	1.16955	86	0.55796	1.19813
27	0.53319	1.10054	57	0.55113	1.17088	87	0.55812	1.19880
28	0.53426	1.10470	58	0.55146	1.17218	88	0.55828	1.19945
29	0.53527	1.10864	59	0.55177	1.17344	89	0.55844	1.20010
30	0.53622	1.11237	60	0.55208	1.17467	90	0.55860	1.20073
31	0.53713	1.11592	61	0.55238	1.17586	91	0.55876	1.20135
32	0.53799	1.11929	62	0.55268	1.17702	92	0.55891	1.20196
33	0.53881	1.12249	63	0.55296	1.17816	93	0.55905	1.20256
34	0.53959	1.12555	64	0.55324	1.17926	94	0.55920	1.20315
35	0.54034	1.12847	65	0.55351	1.18034	95	0.55934	1.20373
36	0.54105	1.13126	66	0.55378	1.18139	96	0.55948	1.20430
37	0.54174	1.13394	67	0.55403	1.18242	97	0.55962	1.20486
38	0.54239	1.13650	68	0.55429	1.18342	98	0.55976	1.20541
39	0.54302	1.13896	69	0.55453	1.18440	99	0.55989	1.20596
40	0.54362	1.14131	70	0.55477	1.18535	100	0.56002	1.20649
						200	0.56715	1.23598
						500	0.57240	1.25880
						1,000	0.57450	1.26851
						∞	0.57722	1.28225

$$s_y = \sqrt{\frac{1}{N}\sum_{j=1}^{N}(y_j - \bar{y})^2} = \sqrt{\frac{1}{N}\sum_{j=1}^{N}\left\{-\ln\left(-\ln\frac{j}{N+1}\right) - \bar{y}\right\}^2} \tag{7.50}$$

N は標本の大きさ，j は小さい方から数えた（昇順に付した）順位である．

以上の結果から，グンベル分布の未知パラメータの推定手順は以下のようにまとめられる．

①データ x_j の平均 $\bar{x}$ と標準偏差 s_x を，それぞれ（7.47）式および（7.48）式を用いて求める．
②$\bar{y}$ および s_y を，それぞれ（7.49）式および（7.50）式を用いて求める．なお，表7.4 に標本の大きさ N と $\bar{y}$ および s_y との対応を示したので，この表の値を用いてもよい．
③パラメータ a および x_0 を，それぞれ（7.45）式および（7.46）式を用いて求める．

c. 確率年および確率水文量の推定

確率分布関数 $F(x)$ に従うある水文量 x が x_U の値をとるとき，その確率年 T_U は（7.2）式から次式を用いて求める．

$$T_U = \frac{1}{1-F(x_U)} \tag{7.51}$$

確率分布関数 $F(x)$ がグンベル分布で表されるのであれば，以下のようになる．

$$F(x_U) = \exp(-e^{-y_U}), \quad y_U = a(x_U - x_0). \tag{7.52}$$

一方，ある確率年 T_U の水文量 x_U（T_U 年確率水文量）は，（7.1）および（7.35）式から得られる関係，

$$F(x_U) = \exp(-e^{-y_U}) = 1 - \frac{1}{T_U} \tag{7.53}$$

を x_U について解くことにより得られる次式から求める．

$$x_U(T_U) = x_0 - \frac{1}{a}\ln\left\{-\ln\left(1-\frac{1}{T_U}\right)\right\} \tag{7.54}$$

例題 7.1　グンベル分布の当てはめ，確率年・確率日雨量の推定，適合度評価

表 7.1 に示した岡山における 30 年間（1981〜2010 年）の年最大日雨量にグンベル分布を当てはめ，100 mm d^{-1} および 200 mm d^{-1} の確率年をそれぞれ求めよ．また，10 年，20 年，50 年，100 年および 200 年確率の日雨量をそれぞれ求めよ．また，SLSC，対数尤度および AIC を用いて適合度を評価せよ．

[解答例]
①未知パラメータの推定

まず，グンベル分布の未知パラメータ a および x_0 を求める．標本データの平均 $\bar{x}$ および標準偏差 s_x は以下のようになる．

$$\bar{x} = \frac{1}{N}\sum_{j=1}^{N} x_j = \frac{1}{30}(74+89.5+\cdots+76.5+102) = 82.067$$

$$s_x = \sqrt{\frac{1}{N}\sum_{j=1}^{N}(x_j-\bar{x})^2} = \sqrt{\frac{1}{30}\{(74-82.067)^2+\cdots+(102-82.067)^2\}} = 28.330$$

次に，標準変量 y の平均 $\bar{y}$ および標準偏差 s_y を，(7.49), (7.50) 式を用いて以下のように求める．表 7.4 の値を用いてもよい．

$$\bar{y} = -\frac{1}{N}\sum_{j=1}^{N}\ln\left(-\ln\frac{j}{N+1}\right) = -\frac{1}{30}\sum_{j=1}^{30}\ln\left(-\ln\frac{j}{31}\right) = 0.53622$$

$$s_y = \sqrt{\frac{1}{30}\sum_{j=1}^{N}\left\{-\ln\left(-\ln\frac{j}{31}\right) - 0.53622\right\}^2} = 1.11237$$

(7.45), (7.46) 式を用いて a および x_0 を計算すると，以下のようになる．

$$\frac{1}{a} = \frac{s_x}{s_y} = \frac{28.330}{1.11237} = 25.4684, \quad a = 0.03926$$

$$x_0 = \bar{x} - \frac{\bar{y}}{a} = 82.067 - \frac{0.53622}{0.03926} = 68.410$$

②確率年の推定

100 mm d^{-1} および 200 mm d^{-1} の確率年は，以下のようになる．

・100 mm d^{-1} の確率年

$$y = a(x - x_0) = 0.03926 \cdot (100 - 68.410) = 1.240$$

$$F(100) = \exp(-e^{-1.240}) = 0.7488, \quad T = \frac{1}{1 - 0.7488} = 3.981 (年)$$

・200 mm d^{-1} の確率年

$$y = a(x - x_0) = 0.03926 \cdot (200 - 68.410) = 5.167$$

$$F(200) = \exp(-e^{-5.167}) = 0.9943, \quad T = \frac{1}{1 - 0.9943} = 175.9 (年)$$

③確率水文量の推定

10 年，20 年，50 年，100 年および 200 年確率の日雨量は，(7.54) 式を用いて以下のように求められる．

$$x_U(10) = 68.410 - \frac{1}{0.03926}\ln\left\{-\ln\left(1 - \frac{1}{10}\right)\right\} = 125.72 \text{ (mm d}^{-1})$$

$$x_U(20) = 68.410 - \frac{1}{0.03926}\ln\left\{-\ln\left(1 - \frac{1}{20}\right)\right\} = 144.06 \text{ (mm d}^{-1})$$

$$x_U(50) = 68.410 - \frac{1}{0.03926}\ln\left\{-\ln\left(1 - \frac{1}{50}\right)\right\} = 167.79 \text{ (mm d}^{-1})$$

$$x_U(100) = 68.410 - \frac{1}{0.03926}\ln\left\{-\ln\left(1 - \frac{1}{100}\right)\right\} = 185.57 \text{ (mm d}^{-1})$$

$$x_U(200) = 68.410 - \frac{1}{0.03926}\ln\left\{-\ln\left(1 - \frac{1}{200}\right)\right\} = 203.29 \text{ (mm d}^{-1})$$

④適合度の評価

i) SLSC

標本データに当てはめたグンベル分布のSLSCを求めるためには,解析対象とした標本データとこれに当てはめたグンベル分布の,極値確率紙上における縦軸Sと横軸Zの値が必要である（(7.25)および(7.26)式）.

前述のように,極値確率紙上では当てはめるグンベル分布の確率分布関数は直線で表される.グンベル分布の確率分布関数により計算される非超過確率と変量との間で成り立つ1次式としては,(7.36)式で表されるyと,確率分布関数Fをyについて解くことにより得られる(7.42)式を用いればよい.すなわち,確率紙の縦軸を表す標準変量Sと,横軸の値Zは以下のようになる.

$$S^{\mathrm{CDF}}=y=a(x-x_0),\quad Z^{\mathrm{CDF}}=x$$

したがって,当てはめられたグンベル分布は,極値確率紙上では上式を使って表せばよい.

一方,標本データ$x_j(j=1,2,\cdots,N)$のプロットにおいて,まず縦軸の値である標準変量S_j^{plot}は,各データx_jの非超過確率F_jをプロッティング・ポジション公式により計算し,これを(7.42)式によって変換することにより計算する.すなわち,以下のようになる.

$$S_j^{\mathrm{plot}}=-\ln(-\ln F_j)$$

例えば,例題7.1で用いた年最大日雨量の最小値$x_1=41$（mm d^{-1}）について考えると,当てはめたグンベル分布による標準変量S_1^{CDF}は次式で計算される.

$$S_1^{\mathrm{CDF}}=y_1^{\mathrm{CDF}}=a(x_1-x_0)=0.03926(41-68.410)=-1.076$$

一方,プロッティング・ポジション公式により計算される,非超過確率から求められる標準変量S_1^{plot}は,次式のように計算される.

$$S_1^{\mathrm{plot}}=y_1^{\mathrm{plot}}=-\ln\left(-\ln\frac{1}{30+1}\right)=-1.234$$

x_1に対する標準変量の残差は,(7.30)式を用いて以下のように表される.

$$\varepsilon_1=S_1^{\mathrm{plot}}-S_1^{\mathrm{CDF}}=-1.076-(-1.234)=0.158$$

同様の計算を各データに対して行い,すべてのデータの残差$\varepsilon_j(j=1,2,\cdots,N)$を計算する.これから(7.31)式で表される残差平方平均ξ^2を求め,(7.32)式によりSLSCを計算する.ここで,この式の分母に現れる$S_{(p)}^{\mathrm{CDF}}$および$S_{(1-p)}^{\mathrm{CDF}}$は,グンベル分布の場合次式により表される.

$$S_{(p)}^{\mathrm{CDF}}=-\ln(-\ln p)$$
$$S_{(1-p)}^{\mathrm{CDF}}=-\ln\{-\ln(1-p)\}$$

$p=0.01$ とすると $S^{\text{CDF}}_{(p)}$ は -1.527, $S^{\text{CDF}}_{(1-p)}$ は 4.600 となる.

これらを用いて，(7.32) 式により SLSC を計算すると 0.0246 となる.

ii) 対数尤度および AIC

当てはめた確率分布の対数尤度 ℓ は，(7.20) 式で計算される．この式で用いられている確率密度関数は，グンベル分布では (7.34) 式で表されるから，対数尤度 ℓ は次式のようになる.

$$\ell = \log L = \log \prod_{i=1}^{n} f(x_i; a, x_0) = \sum_{i=1}^{n} \log[a \cdot \exp(-y_i - e^{-y_i})]$$

$$= \sum_{i=1}^{n} \log[a \cdot \exp\{-a(x_i - x_0) - e^{-a(x_i - x_0)}\}]$$

この式により，すべての標本データを用いて対数尤度を計算すると，$\ell = -140.79$ となる.

なお，AIC はパラメータ数 $N_p = 2$ であるから，対数尤度 ℓ を用いて以下のように計算される.

$$\text{AIC} = -2\ell + 2N_p = -2 \times (-140.79) + 2 \times 2 = 285.57$$

Emil Julius Gumbel

グンベル分布は，極値統計学の先駆的な研究を行ったドイツの数学者 Emil Julius Gumbel にちなんで名付けられている．1958 年にグンベルが出版した『極値統計学（Statistics of Extremes）』(Gumbel, 1958) は，この分野のテキストの決定版として名高く，我が国でも翻訳が出版された（河田他監訳, 1963）.

ザルツブルグ (2010) によると，グンベルは「興味深い経歴の持ち主」であったようだ．1920 年代後半～1930 年代初めに，ナチスの暴力による友人の死をきっかけに数多くの殺人事件の事例を集めて調査し，その結果を出版してナチスによる犯罪を糾弾しようとした人物である．1933 年，ナチスによって政権が奪取されたとき，フランスにいたグンベルはナチスに対抗するために帰国しようとしたが，友人たちに説得されて思いとどまり，友人の助けを受けてフランス，アメリカへと渡り，コロンビア大学で教鞭をとることとなった.

わが国では，"Gumbel"の読み方として「ガンベル」と「グンベル」の双方が用いられている．英語圏の研究者は「ガンベル」と呼ぶことが多いようであるが（葛葉, 2015），角屋 (1995) によれば，「グンベルが京都に来られた時に，誰に書いて貰ったか，片仮名でガンベルとグンベルと書かれた紙片を示され，グンベルが正しい呼名だと強く言われた」とのことである.

7.7 3定数型対数正規分布の当てはめ

a. 確率密度関数および確率分布関数

変量の対数変換値が正規分布をとる対数正規分布は，極値統計の分野で長年広く利用されてきた．対数正規分布の確率分布関数 $F(x)$ は以下のようになる．

$$F(x) = \frac{1}{\sqrt{2\pi}} \int_{-\infty}^{z} \exp\left(-\frac{t^2}{2}\right) dt, \ z = \frac{\ln x - m}{s} \tag{7.55}$$

ここで，m および s はパラメータである．

(7.55)式で示される対数正規分布は本来パラメータが2個（2定数）の確率分布であるが，分布の両尾部（極小部および極大部）の適合性を上げるために，対数の中に1個パラメータを加えた下記のような3個のパラメータ（3定数）の分布が考案され，極値統計の分野で広く用いられている．

$$F(x) = \frac{1}{\sqrt{2\pi}} \int_{-\infty}^{z} \exp\left(-\frac{t^2}{2}\right) dt, \ z = \frac{\ln(x+b) - \ln(x_0 + b)}{s} \tag{7.56}$$

$$f(x) = \frac{1}{(x+b)s\sqrt{2\pi}} \exp\left\{-\frac{[\ln(x+b) - \ln(x_0 + b)]^2}{2s^2}\right\} \tag{7.57}$$

$f(x)$ は確率密度関数，x_0, b, s はパラメータ（定数）であり，このうち b が両尾部の適合性を高めるために導入されたものである．

b. 未知パラメータの推定

対数正規分布の当てはめには多くの方法が提案されているが（例えば，高棹他，1988）ここでは角屋（1962, 1964）による岩井改良法に従った手順を示す．この方法は，3個の未知パラメータを求めるのに3個の積率を用いるのではなく，定数 b を分布の両尾部のデータを用いて推定する点に特徴がある．

①幾何平均 x_g の推定： $x_j (j=1, 2, \cdots, N)$ の自然対数 $\ln(x_j)$ をとり，これの算術平均 A を求める．この A を用いて x_j の幾何平均に相当する x_g を (7.59) 式から求める．

$$A \equiv \ln(x_g) = \frac{1}{N} \sum_{j=1}^{N} \ln(x_j) \tag{7.58}$$

$$x_g = \exp(A) \tag{7.59}$$

② b の推定：データを大きい順に並べ，x_{Lj}, x_{Uj} をそれぞれ小さい方，大きい方から j 番目の値として，b_j とその平均値 b を求める．なお (7.61) 式の M は，$N/10$ に近い整数とする．

$$b_j = \frac{x_{Lj} x_{Uj} - x_g^2}{2x_g - (x_{Lj} + x_{Uj})} \tag{7.60}$$

7.7 3定数型対数正規分布の当てはめ

$$b = \frac{1}{M}\sum_{j=1}^{M} b_j \tag{7.61}$$

パラメータ b は，前述のように対数正規分布の両尾部の適合性を高めるために導入されたものである．上記の（7.60）式は，小さい方および大きい方からそれぞれ j 番目の値である．x_{Lj} および x_{Uj} の非超過確率の和が 1 になると仮定することにより得られる．すなわち，

$$z_{Uj} = \frac{\ln(x_{Uj}+b) - \ln(x_g+b)}{s}, \quad z_{Lj} = \frac{\ln(x_{Lj}+b) - \ln(x_g+b)}{s}$$

とおき，

$$\frac{1}{\sqrt{2\pi}}\int_{-\infty}^{z_{Uj}}\exp\left(-\frac{t^2}{2}\right)dt + \frac{1}{\sqrt{2\pi}}\int_{-\infty}^{z_{Lj}}\exp\left(-\frac{t^2}{2}\right)dt = 1 \tag{7.62}$$

となると考える．なお，ここでは x_0 の値として x_g を仮定している．積分の定義から次式が得られる．

$$\frac{1}{\sqrt{2\pi}}\int_{-\infty}^{z_{Uj}}\exp\left(-\frac{t^2}{2}\right)dt + \frac{1}{\sqrt{2\pi}}\int_{z_{Uj}}^{\infty}\exp\left(-\frac{t^2}{2}\right)dt = 1 \tag{7.63}$$

（7.62）式から（7.63）式を減じることより，

$$\frac{1}{\sqrt{2\pi}}\int_{-\infty}^{z_{Lj}}\exp\left(-\frac{t^2}{2}\right)dt = \frac{1}{\sqrt{2\pi}}\int_{z_{Uj}}^{\infty}\exp\left(-\frac{t^2}{2}\right)dt \tag{7.64}$$

が得られ，標準正規分布が $x=0$ を軸として左右対称であることから次式が得られる．

$$\frac{1}{\sqrt{2\pi}}\int_{-\infty}^{z_{Lj}}\exp\left(-\frac{t^2}{2}\right)dt = \frac{1}{\sqrt{2\pi}}\int_{-\infty}^{-z_{Uj}}\exp\left(-\frac{t^2}{2}\right)dt \tag{7.65}$$

（7.65）式から $z_{Lj} = -z_{Uj}$ となることがわかるので，

$$\ln(x_{Lj}+b_j) - \ln(x_g+b_j) = -\{\ln(x_{Uj}+b_j) - \ln(x_g+b_j)\} \tag{7.66}$$

となる．この式を b_j について整理することにより，（7.60）式が得られる．

③ x_0 の推定： 次式で $\ln(x_j+b)$ の平均値 Y_0 を求める．その Y_0 を用いて，（7.68）式から，改めて定数 x_0 を求める．

$$Y_0 \equiv \ln(x_0+b) = \frac{1}{N}\sum_{j=1}^{N}\ln(x_j+b) \tag{7.67}$$

$$x_0 = \exp(Y_0) - b \tag{7.68}$$

④ s の推定： 不偏分散 s^2 および標準偏差 s を求める．

$$s^2 = \frac{1}{N-1}\sum_{j=1}^{N}(Y_j - Y_0)^2 \tag{7.69}$$

$$s = \sqrt{s^2} \tag{7.70}$$

ここで，$Y_j = \ln(x_j+b)$，$Y_0 = \ln(x_0+b)$ である．

c. 確率年および確率水文量の推定

ある値 x_U に対する確率年は，当てはめた確率分布関数から求めた x_U に対する非超過確率を用いて，(7.2) 式により求めることができる．しかし，正規分布および対数正規分布の確率分布関数は解析的に計算することはできないため，非超過確率をグンベル分布のように解析的に求めることができない．そこで，これを求めるための様々な近似式が提案され計算に用いられてきた．近年では，表計算ソフトの中に正規分布の確率分布関数が組み込まれているので，それを利用して非超過確率を求めるのが最も簡便な方法であろう．

標準正規分布の確率分布関数の近似式を用いて非超過確率を求める場合，(7.56) 式の z に関する式を用いて z を計算し，これに対する非超過確率を計算する．

また，確率水文量についても，確率分布関数の逆関数が解析的に表現できないために直接求められない．確率年の場合と同様に，確率分布関数の逆関数の近似式を用いて，対象とする確率年から (7.1) 式を用いて非超過確率を計算し，これを用いて計算するか，表計算ソフトの中に組み込まれている正規分布の確率分布関数の逆関数を利用する必要がある．

標準正規分布の確率分布関数の逆関数の近似式を用いて非超過確率を求める場合，非超過確率 F に対応する $z(F)$ の値を求め，(7.56) 式の z を x について解くことにより以下のようにして求める．

$$x = \exp\{s \cdot z + \ln(x_0 + b)\} - b \tag{7.71}$$

例題 7.2　3 定数型対数正規分布の当てはめ，確率年・確率日雨量の推定，適合度評価

表 7.1 に示した 30 年間の年最大日雨量に対数正規分布を当てはめ，100 mm d^{-1} および 200 mm d^{-1} の確率年をそれぞれ求めよ．また，10 年，20 年，50 年，100 年および 200 年確率の日雨量をそれぞれ求めよ．また，SLSC，対数尤度および AIC を用いて適合度を評価せよ．

[解答例]

①パラメータの推定

i) (7.58)，(7.59) 式を用いて，x_j の幾何平均に相当する x_g を以下のように求める．

$$A = \ln(x_g) = \frac{1}{N}\sum_{j=1}^{N}\ln(x_j) = \frac{1}{30}\{\ln 74 + \ln 89.5 + \cdots + \ln 76.5 + \ln 102\} = 4.351$$

$$x_g = \exp A = 77.589$$

ii) (7.60)，(7.61) 式を用いて b を求める．表 7.1 に示した標本データのサイズ

N は 30 であるから，b の計算に用いる分布の両尾部それぞれのデータ数 M は 30/10 に最も近い整数である 3 個となる．b の値は，表 7.5 に示すように -2.040 となる．

表 7.5 b の推定

j	X_{Uj}	X_{Lj}	b_j
1	159.0	41.0	-11.131
2	146.5	43.5	-10.128
3	125.5	46.0	15.139

$b = -2.040$

iii) (7.67) 式を用いて Y_0 を以下のように求める．

$$Y_0 = \ln(x_0 + b) = \frac{1}{N}\sum_{j=1}^{N}\ln(x_j + b)$$

$$= \frac{1}{30}\{\ln(74 - 2.040) + \ln(89.5 - 2.040) + \cdots$$

$$+ \ln(76.5 - 2.040) + \ln(102.0 - 2.040)\} = 4.323$$

次に，(7.68) 式を用いて x_0 を求める．

$$x_0 = \exp(Y_0) - b = \exp 4.323 - (-2.040) = 77.472$$

iv) $Y_j (\equiv \ln(x_j + b))$ の不偏分散 s^2 および標準偏差 s を求める．

$$s^2 = \frac{1}{N-1}\sum_{j=1}^{N}(Y_j - Y_0)^2 = \frac{1}{30-1}\{[\ln(74) - 4.323]^2 + \cdots + [\ln(102.0) - 4.323]^2\}$$

$$= 0.1213$$

$$s = 0.3483$$

②確率年の推定

100 mm d^{-1} の確率年は以下のようになる．まず，(7.56) 式の z を計算すると，

$$z = \frac{\ln(100 - 2.040) - \ln(77.472 - 2.040)}{0.3483} = 0.7503$$

となる．

$z = 0.7503$ に対する式 (7.56) の非超過確率 $F(x)$ の値は EXCEL の関数 NORMSDIST を用いて計算でき，$F(x) = 0.7735$ となる．したがって，これに対する確率年 T は以下のようになる．

$$T = \frac{1}{1 - 0.7735} = 4.414 \text{(年)}$$

同様にして，200 mm d^{-1} の確率年を計算すると以下のようになる．

$$z = \frac{\ln(200 - 2.040) - \ln(77.472 - 2.040)}{0.3483} = 2.770$$

$z = 2.770$ に対する (7.56) 式の $F(x)$ の値は EXCEL の関数 NORMSDIST を用いて計算でき，非超過確率 $F(x) = 0.9972$ となる．したがって，これに対する確率年 T は以下のようになる．

$$T = \frac{1}{1 - 0.9972} = 356.73 \text{(年)}$$

③確率水文量の推定

まず，10年確率の日雨量を求める．10年確率の値の非超過確率Fは，(7.1)式を用いて以下のように求められる．

$$F = 1 - \frac{1}{10} = 0.9$$

次に，(7.56)式の左辺Fが0.9のときのzの値は，標準正規分布の確率分布関数の逆関数により求められるはずである．これは，EXCELの関数 NORMSINV を用いて計算することができ，$z=1.282$ となる．

これを，(7.71)式のzに代入することにより，10年確率日雨量は以下のように求められる．

$$x = \exp\{0.3483 \cdot 1.282 + \ln(77.472 - 2.040)\} - (-2.040) = 119.91 (\mathrm{mm\ d^{-1}})$$

同様に計算すると，20年確率日雨量は135.82 mm d^{-1}，50年確率日雨量は156.29 mm d^{-1}，100年確率日雨量は171.66 mm d^{-1}，200年確率日雨量は187.06 mm d^{-1} となる．

④適合度の評価

i) SLSC

対数正規分布の場合，確率紙上での直線を念頭に置いた1次式として用いることができるのは(7.56)式のzを表す式であり，確率紙上の縦軸および横軸をそれぞれSおよびZとすれば，当てはめた対数正規分布を表す式は以下のようになる．

$$S^{\mathrm{CDF}} = z = \frac{Z^{\mathrm{CDF}} - \ln(x_0 + b)}{s}, \quad Z^{\mathrm{CDF}} = \ln(x + b)$$

一方，標本データ$x_j (j=1, 2, \cdots, N)$のプロットについてはグンベル分布の場合と同様に，縦軸の値である標準変量S_j^{plot}は，各データx_jの非超過確率F_jをプロッティング・ポジション公式により計算し，これを用いて求める．このF_jを確率紙の縦軸$S(=z)$の値(S_j^{plot})に変換するが，対数正規分布の確率分布関数を表す(7.56)式でzが積分の上限になっていること，(7.56)式が標準正規分布の確率分布関数Φ((7.12)式)と同形式であることを考慮すると，$F_j = \Phi(S_j^{\mathrm{plot}})$と表されることから，$\Phi$の逆関数を用いて次式で計算すればよい．

$$S_j^{\mathrm{plot}} = \Phi^{-1}(F_j)$$

例えば，例題で用いた年最大日雨量の最小値$x_1 = 41\ (\mathrm{mm\ d^{-1}})$について考えると，当てはめた対数正規分布による標準変量S_1^{CDF}は次式で計算される．

$$S_1^{\mathrm{CDF}} = z_1^{\mathrm{CDF}} = \frac{\ln(41 - 2.040) - \ln(77.47 - 2.040)}{0.3483} = -1.897$$

一方，プロッティング・ポジション公式により計算される非超過確率からは，次式のように計算される．

$$S_1^{\text{plot}} = z_1^{\text{plot}} = \Phi^{-1}\left(\frac{1}{30+1}\right) = -1.849$$

Φ^{-1} の計算には，EXCEL の関数 NORMSINV を用いる．

x_1 に対する標準変量の残差 ε_1 は，(7.30) 式を用いて以下のように表される．

$$\varepsilon_1 = S_1^{\text{plot}} - S_1^{\text{CDF}} = -1.849 - (-1.897) = 0.048$$

同様の計算を各データに対して行い，すべてのデータの残差 $\varepsilon_j (j=1, 2, \cdots, N)$ を計算する．これから (7.31) 式で表される残差平方平均 ξ^2 を求め，(7.32) 式により SLSC を計算する．ここで，この式の分母に現れる S_p および S_{1-p} は，対数正規分布の場合，次式により表される．

$$S_{(p)}^{\text{CDF}} = \Phi^{-1}(p)$$
$$S_{(1-p)}^{\text{CDF}} = \Phi^{-1}(1-p)$$

$p = 0.01$ とすると $S_{(p)}^{\text{CDF}}$ は -2.326，$S_{(1-p)}^{\text{CDF}}$ は 2.326 となる．

これらを用いて，(7.32) 式により SLSC を計算すると 0.033 となる．

ii) 対数尤度および AIC

当てはめた確率分布の対数尤度 ℓ は，(7.20) 式で計算される．この式で用いられている確率密度関数は，対数正規分布では (7.57) 式で表されるから，対数尤度 ℓ は次式のようになる．

$$\ell = \log L = \log \prod_{i=1}^{n} f(x_i; a, x_0) = \sum_{i=1}^{n} \log\left[\frac{1}{(x_i+b)s\sqrt{2\pi}} \exp\left\{-\frac{[\ln(x_i+b) - \ln(x_0+b)]^2}{2s^2}\right\}\right]$$

この式を用いて，すべての標本データを用いて対数尤度を計算すると，$\ell = -140.13$ となる．

なお，AIC はパラメータ数 $N_p = 3$ であるから，対数尤度 ℓ を用いて以下のように計算される．

$$\text{AIC} = -2\ell + 2N_p = -2 \times (-140.13) + 2 \times 3 = 286.25$$

7.8 一般化極値分布の当てはめ

a. 確率密度関数および確率分布関数

一般化極値分布は，グンベル分布，フレシェ (Fréchet) 分布，ワイブル分布を包含する極値確率分布である．確率分布関数は以下のようになる．

$$F(x) = \begin{cases} \exp\left\{-\left[1 - \frac{k(x-c)}{a}\right]^{1/k}\right\} & (k \neq 0) \\ \exp\left\{-\exp\left(-\frac{x-c}{a}\right)\right\} & (k = 0) \end{cases} \quad (7.72)$$

c, a および k はパラメータであり，$k=0$ のときグンベル分布となる．確率密度関数は以下のようになる．

$$f(x) = \begin{cases} \dfrac{1}{a}\left\{1-\dfrac{k(x-c)}{a}\right\}^{\frac{1-k}{k}} \exp\left\{-\left[1-\dfrac{k(x-c)}{a}\right]^{1/k}\right\} & (k \neq 0) \\ \dfrac{1}{a}\exp\left\{-\dfrac{x-c}{a}-\exp\left(-\dfrac{x-c}{a}\right)\right\} & (k=0) \end{cases} \quad (7.73)$$

一般化極値分布の平均 μ および分散 σ_x^2 は以下のように表される．

$$\mu = c + \frac{a}{k}\{1 - \Gamma(1+k)\} \tag{7.74}$$

$$\sigma_x^2 = \left(\frac{a}{k}\right)^2 \{\Gamma(1+2k) - \Gamma^2(1+k)\} \tag{7.75}$$

ここで，Γ はガンマ関数であり，以下のように定義される．

$$\Gamma(x) = \int_0^\infty t^{x-1} e^{-t} dt \tag{7.76}$$

b. 未知パラメータの推定

一般化極値分布のパラメータ推定には，一般に L 積率法が用いられる．

$k \neq 0$ の場合，(7.15)〜(7.17) 式でそれぞれ表される 1〜3 次の L 積率は，以下のようになる．

$$\lambda_1 = c + \frac{a}{k}[1 - \Gamma(1+k)] \tag{7.77}$$

$$\lambda_2 = \frac{a}{k}(1 - 2^{-k})\Gamma(1+k) \tag{7.78}$$

$$\frac{2\lambda_2}{\lambda_3 + 3\lambda_2} = \frac{1 - 2^{-k}}{1 - 3^{-k}} \tag{7.79}$$

パラメータを求める手順としては，まず (7.79) 式から k を求め，これを用いて (7.78) 式から a，求められた k と a から (7.77) 式を用いて c を求めればよい．

(7.79) 式からは k を陽的に表すことができないが，k については以下のような近似式が知られている．

$$k \approx 7.8590 d + 2.9554 d^2 \tag{7.80}$$

ここで，

$$d = \frac{2\lambda_2}{\lambda_3 + 3\lambda_2} - \frac{\ln 2}{\ln 3} = \frac{2\beta_1 - \beta_0}{3\beta_2 - \beta_0} - \frac{\ln 2}{\ln 3} \tag{7.81}$$

である．ここに $\beta_0 \sim \beta_2$ は (7.13) 式に示す確率重み付き積率である．

なお，$k=0$ の場合，パラメータ c および a は，次式で求められる．

$$a = \frac{\lambda_2}{\ln 2}, \quad c = \lambda_1 - 0.5772 a \tag{7.82}$$

$k=0$ の場合,一般化極値分布はグンベル分布と同型になるが,(7.82) 式によるパラメータの推定法は L 積率法によるものであり,これによる推定結果は最小二乗法から得られる (7.45) および (7.46) 式を用いた推定結果とは異なる.

c. 確率年および確率水文量の推定

確率分布関数 $F(x)$ に従うある水文量 x_U の確率年 T_U は,他の確率分布の場合と同様に (7.2) 式から求めればよい.非超過確率も (7.72) 式により求めることができる.

確率水文量は,確率年 T_U から (7.1) 式を用いて非超過確率を求め,これに対して (7.72) 式を x について解くことにより求められる.

$$x = c + \frac{a}{k}\{1-\{-\ln F(x)\}^k\} = c + \frac{a}{k}\left\{1-\left[-\ln\left(1-\frac{1}{T}\right)\right]^k\right\} \ (k \neq 0) \tag{7.83}$$

$$x = c - a \cdot \ln\{-\ln F(x)\} = c - a \cdot \ln\left\{-\ln\left(1-\frac{1}{T}\right)\right\} \ (k=0) \tag{7.84}$$

> **例題 7.3** 一般化極値分布の当てはめ,確率年・確率日雨量の推定,適合度評価
>
> 表 7.1 に示した 30 年間の年最大日雨量に一般化極値分布を当てはめ,100 mm d^{-1} および 200 mm d^{-1} の確率年をそれぞれ求めよ.また,10 年,20 年,50 年,100 年および 200 年確率の日雨量をそれぞれ求めよ.また,SLSC,対数尤度および AIC を用いて適合度を評価せよ.
>
> [解答例]
>
> ① パラメータの推定
>
> i) 確率重みつき積率の推定
>
> まず表 7.1 に示されたデータから,(7.14) 式を用いて 0~2 次の確率重みつき積率 $\beta_0 \sim \beta_2$ を求める.各データの非超過確率はプロッティング・ポジション公式を用いて計算すればよい.一般化極値分布の場合,プロッティング・ポジション公式には次式で示される APL 公式がよく用いられる (表 7.3 参照).
>
> $$F_j = \frac{j - 0.35}{N}$$
>
> j は昇順につけられた番号である.この式を用いて,この標本データの r 次の確率重みつき積率の推定値 b_r^* は次式で求められる.
>
> $$b_r^* = \frac{1}{N}\sum_{j=1}^{N} x_j \left[\frac{j-0.35}{N}\right]^r$$
>
> ここに,$x_1 \leq \cdots \leq x_N$ である.
>
> 計算結果は以下のようになる.

$$b_0^* = \frac{1}{30}\{41 + 43.5 + \cdots + 146.5 + 159.0\} = 82.067$$

$$b_1^* = \frac{1}{30}\left\{41 \times \left(\frac{1-0.35}{30}\right) + 43.5 \times \left(\frac{2-0.35}{30}\right) + \cdots \right.$$
$$\left. + 146.5 \times \left(\frac{29-0.35}{30}\right) + 159.0 \times \left(\frac{30-0.35}{30}\right)\right\} = 49.131$$

$$b_2^* = \frac{1}{30}\left\{41 \times \left(\frac{1-0.35}{30}\right)^2 + 43.5 \times \left(\frac{2-0.35}{30}\right)^2 + \cdots \right.$$
$$\left. + 146.5 \times \left(\frac{29-0.35}{30}\right)^2 + 159.0 \times \left(\frac{30-0.35}{30}\right)^2\right\} = 36.009$$

ii) L積率の計算

確率重みつき積率の推定値 b_r^* を (7.15)～(7.17) 式の β_r に代入することにより，L積率は以下のように求められる．

$$\lambda_1 = b_0^* = 82.067$$
$$\lambda_2 = 2b_1^* - b_0^* = 2 \times 49.131 - 82.067 = 16.196$$
$$\lambda_3 = 6b_2^* - 6b_1^* + b_0^* = 6 \times 36.009 - 6 \times 49.131 + 82.067 = 3.331$$

iii) パラメータの推定

まず，(7.81) 式を用いて d を求める．

$$d = \frac{2\lambda_2}{\lambda_3 + 3\lambda_2} - \frac{\ln 2}{\ln 3} = \frac{2 \times 16.196}{3.331 + 3 \times 16.196} - \frac{0.6931}{1.0986} = -7.0292 \times 10^{-3}$$

次に，(7.80) 式の近似式を用いて k を求めると以下のようになる．

$$k \approx 7.8590 \times (-7.0292 \times 10^{-3}) + 2.9554 \times (-7.0292 \times 10^{-3})^2 = -5.5097 \times 10^{-2}$$

パラメータ a は，(7.78) 式を a について解くことにより以下のようにして求められる．

$$a = \frac{k\lambda_2}{(1-2^{-k})\Gamma(1+k)} = \frac{-5.5097 \times 10^{-2} \times 16.196}{(1-2^{-(-5.5097 \times 10^{-2})})\Gamma[1+(-5.5097 \times 10^{-2})]} = 22.148$$

なお，式中の Γ は (7.76) 式で表されるガンマ関数である．ガンマ関数の値は，ランチョス (Lanczos) による近似式を用いて求めることができるが，表計算ソフトなどを使って計算してもよい．EXCELであれば，関数 GAMMA により計算できる．

同様にパラメータ c は，(7.77) 式を c について解くことにより，以下のように求められる．

$$c = \lambda_1 - \frac{a}{k}[1 - \Gamma(1+k)] = 82.067 - \frac{22.148}{-5.5097 \times 10^{-2}}\{1 - \Gamma[1+(-5.5097 \times 10^{-2})]\}$$
$$= 68.010$$

②確率年の推定

確率年を推定するために必要になる非超過確率は，ここでは $k \neq 0$ であるから，(7.72) 式の第 1 式を用いて推定する．$100 \, \mathrm{mm \, d^{-1}}$ の非超過確率は以下のようになる．

$$F(100) = \exp\left\{-\left[1 - \frac{-5.5097 \times 10^{-2} \times (100 - 68.010)}{22.148}\right]^{1/(-5.5097 \times 10^{-2})}\right\} = 0.7795$$

したがって，$100 \, \mathrm{mm \, d^{-1}}$ の確率年 T は以下のようになる．

$$T = \frac{1}{1 - 0.7795} = 4.53 \text{(年)}$$

同様にして，$200 \, \mathrm{mm \, d^{-1}}$ の確率年を計算すると以下のようになる．

$$F(200) = \exp\left\{-\left[1 - \frac{-5.5097 \times 10^{-2} \times (200 - 68.010)}{22.148}\right]^{1/(-5.5097 \times 10^{-2})}\right\} = 0.99424$$

$$T = \frac{1}{1 - 0.9942} = 173.5 \text{(年)}$$

③確率水文量の推定

まず，10 年確率の日雨量は，(7.83) 式を用いて以下のように求められる．

$$x = 68.010 + \frac{22.148}{-5.5097 \times 10^{-2}}\left\{1 - \left\{-\ln\left(1 - \frac{1}{10}\right)\right\}^{-5.5097 \times 10^{-2}}\right\} = 121.07 \, (\mathrm{mm \, d^{-1}})$$

同様に計算すると，20 年確率日雨量は $139.48 \, \mathrm{mm \, d^{-1}}$，50 年確率日雨量は $164.42 \, \mathrm{mm \, d^{-1}}$，100 年確率日雨量は $183.97 \, \mathrm{mm \, d^{-1}}$，200 年確率日雨量は $204.21 \, \mathrm{mm \, d^{-1}}$ となる．

④適合度の評価

i) SLSC

一般化極値分布についての SLSC の計算は，パラメータ k が 0 のときにグンベル分布になることを考慮し，以下のように考える．グンベル分布の確率分布関数の表現形式にならい，一般化極値分布の確率分布関数を

$$F(x) = \exp(-e^{-y})$$

の形式で表した場合，y は以下のように表される．

$$y = \begin{cases} -\ln\left\{\left[1 - \frac{k(x-c)}{a}\right]^{\frac{1}{k}}\right\} & (k \neq 0) \\ \dfrac{x-c}{a} & (k = 0) \end{cases}$$

したがって，確率紙を想定した場合，縦軸は $S = y$，横軸は $Z = x$ とすればよい．

例えば，例題で用いた年最大日雨量の最小値 $x_1 = 41 \, (\mathrm{mm \, d^{-1}})$ について考えると，当てはめた一般化極値分布による標準変量は $k = -5.5097 \times 10^{-2} \neq 0$ であるこ

とから，次式で計算される．

$$S_1^{\text{CDF}} = y_1^{\text{CDF}} = -\ln\left\{\left[1 - \frac{k(x-c)}{a}\right]^{\frac{1}{k}}\right\}$$

$$= -\ln\left\{\left[1 - \frac{-5.5097 \times 10^{-2} \times (41.0 - 68.010)}{22.148}\right]^{\frac{1}{-5.5097 \times 10^{-2}}}\right\} = -1.262$$

一方，標本データ $x_j (j=1, 2, \cdots, N)$ のプロットについて，縦軸の値である標準変量 S_j は，各データ x_j の非超過確率 F_j をプロッティング・ポジション公式により計算し，これをグンベル分布と同様に（7.42）式により変換することにより計算する．すなわち，

$$S_j^{\text{plot}} = -\ln(-\ln F_j)$$

となる．

プロッティング・ポジション公式にはカナン（Cunnane）の公式（表7.3参照）を用いて，非超過確率を計算する．x_1 に対する標準変量 S_1^{plot} は次式のように計算される．

$$S_1^{\text{plot}} = y_1^{\text{plot}} = -\ln\left(-\ln\frac{1-0.4}{30+0.2}\right) = -1.366$$

x_1 に対する標準変量の残差は，(7.30) 式を用いて以下のように表される．

$$\varepsilon_1 = S_1^{\text{plot}} - S_1^{\text{CDF}} = -1.366 - (-1.262) = -0.103$$

同様の計算を各データに対して行い，すべてのデータの残差 $\varepsilon_j (j=1, 2, \cdots, N)$ を計算する．これから（7.31）式で表される残差平方平均 ξ^2 を求め，（7.32）式により SLSC を計算する．ここで，この式の分母に現れる $S_{(p)}^{\text{CDF}}$ および $S_{(1-p)}^{\text{CDF}}$ は，グンベル分布の場合と同様に次式により表される．

$$S_{(p)}^{\text{CDF}} = -\ln(-\ln p)$$

$$S_{(1-p)}^{\text{CDF}} = -\ln\{-\ln(1-p)\}$$

$p = 0.01$ とすると $S_{(p)}^{\text{CDF}}$ は -1.527，$S_{(1-p)}^{\text{CDF}}$ は 4.600 となる．

これらを用いて，（7.32）式により SLSC を計算すると 0.0240 となる．

ii) 対数尤度および AIC

当てはめた確率分布の対数尤度 ℓ は，（7.20）式で計算される．この式で用いられている確率分布関数は，一般化極値分布では（7.73）式で表されるから，対数尤度 ℓ は次式のようになる．

$$\ell = \log L = \log \prod_{i=1}^{n} f(x_i; a, x_0)$$

$$= \sum_{i=1}^{n} \log\left[\frac{1}{a}\left\{1 - \frac{k(x_i - c)}{a}\right\}^{\frac{1-k}{k}} \exp\left\{-\left[1 - \frac{k(x_i - c)}{a}\right]^{\frac{1}{k}}\right\}\right]$$

この式を用いて，すべての標本データを用いて対数尤度を計算すると，$\ell = -140.20$ となる．

なお，AIC はパラメータ数 $N_p=3$ であるから，対数尤度 ℓ を用いて以下のように計算される．

$$\text{AIC} = -2\ell + 2N_p = -2 \times (-140.20) + 2 \times 3 = 286.40$$

7.9 確率降雨波形の作成法

農地排水施設や治水施設の新設や改修をする際，合理式法を用いて確率ピーク流量を求め，これを設計に用いることができる．一方で，流域からの流出を流出モデルによって計算し，流量の時間的変化についても検討したい場合は，流出解析に用いるために，雨量の時間的変化を示す具体的降雨波形が必要になる．

田中・角屋（1979）は，第 2 章で示された降雨強度-継続時間-確率年（IDF, Intensity-Duration-Frequency）の関係を表す 3 定数型降雨強度式（クリーブランド式）（2.11d）から降雨波形を作成する方法を提案している．本節ではこの方法を紹介する．

a. 3 定数型降雨強度式の同定

複数の確率降雨強度と降雨継続時間のデータから 3 定数型降雨強度式のパラメータを同定するには，以下のような方法が考えられる．

まず，3 定数型降雨強度式である（2.11d）式の両辺の逆数をとると，以下のようになる．なお，I は降雨強度，t は降雨継続時間，a, b, c はパラメータである．

$$I = \frac{a}{t^c + b}, \quad J \equiv \frac{1}{I} = \frac{t^c + b}{a} \tag{7.85}$$

ここで，$A = 1/a$，$B = b/a$ とおくと，

$$J = At^c + B \tag{7.86}$$

となる．

1) 3 組の降雨資料 (I, t) を用いる場合

3 組の降雨資料 (I_1, t_1)，(I_2, t_2)，(I_3, t_3) を用いてパラメータを求める方法は以下のようである．まず，3 組の資料の降雨継続時間の比を $t_2/t_1 = \tau_1$，$t_3/t_2 = \tau_2$ のようにおくと，$t_2 = \tau_1 t_1$，$t_3 = \tau_2 t_2 = \tau_1 \tau_2 t_1$ と表される．これを（7.86）式に用いると，以下のようになる．

$$J_1 = At_1^c + B \tag{7.87}$$

$$J_2 = At_2^c + B = At_1^c \tau_1^c + B \tag{7.88}$$

$$J_3 = At_3^c + B = At_1^c \tau_1^c \tau_2^c + B \tag{7.89}$$

(7.87)～(7.89) 式を整理すると，次式が得られる．

$$\frac{J_3 - J_2}{J_2 - J_1} = \frac{\tau_1^c(\tau_2^c - 1)}{\tau_1^c - 1} \tag{7.90}$$

$$a = \frac{t_1^c}{J_2 - J_1}(\tau_1^c - 1) \tag{7.91}$$

$$b = J_1 a - t_1^c \tag{7.92}$$

(7.90) 式から，はさみうち法（レギュラ-ファルシ法（Regula-Falsi method）ともいう）などの反復法により c を求めることができれば，(7.91)，(7.92) 式によりそれぞれ a および b を求めることができる．

なお，$\tau_1 = \tau_2 = \tau$ の場合は，以下のようにして解くことができる．

$$\frac{J_3 - J_2}{J_2 - J_1} = \tau^c \tag{7.93}$$

$$a = \frac{t_1^c}{J_2 - J_1}(\tau^c - 1) \tag{7.94}$$

$$b = J_1 a - t_1^c \tag{7.95}$$

2) 4組以上の降雨資料 (I, t) を用いる場合

この場合は，c に何らかの値を仮定した上で，最小二乗法を用いて (7.86) 式の係数 A および B を求めればよい．ただしこの場合，例えば残差平方和または残差平方平均などを最小にする c を繰り返し計算するか，または試行錯誤的に決める必要がある．

b. 降雨強度式を用いた単峰型降雨波形の作製法

農地排水計画などを作成する際，流出計算に必要となる計画降雨波形の作成には，過去の出水時の降雨波形を計画確率年に合わせて引き延ばす方法などが用いられる．

田中・角屋 (1979) は，3定数型降雨強度式に基づいて一山の計画降雨波形（単峰型降雨波形）を作成する方法を提案している．

まず，降雨継続時間 t 内の降雨量は R_t，降雨強度式 (2.11d) を用いて以下のように表される．

$$R_t = I \cdot t = \frac{a}{t^c + b} \cdot t \tag{7.96}$$

任意の時刻 t の降雨強度 r は，R_t を t で微分することにより以下のように得られる．

$$r = \frac{dR_t}{dt} = \frac{d}{dt}\left(\frac{a \cdot t}{t^c + b}\right) = a \frac{(1-c)t^c + b}{(t^c + b)^2} \tag{7.97}$$

図 7.8 のように，降雨継続時間 t の降雨で，ピークの位置が降雨開始から降雨継続時間の $100\,p\%$ の位置にある降雨波形を考えると，ピーク前 $t_b(=pt)$，ピーク後 $t_a(=(1-p)t)$ の時刻における降雨強度は，(7.97) 式から以下のようになる．

$$r_b = a\frac{(1-c)(t_b/p)^c + b}{\{(t_b/p)^c + b\}^2} \qquad (7.98)$$

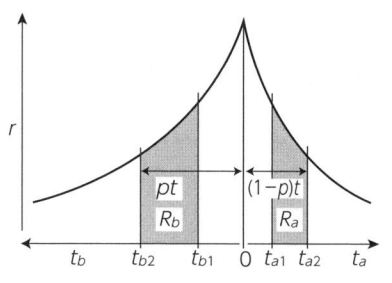

$$r_a = a\frac{(1-c)\{t_a/(1-p)\}^c + b}{[\{t_a/(1-p)\}^c + b]^2} \qquad (7.99)$$

図 7.8 降雨ピークおよび所定時間内雨量
(田中・角屋, 1979)

図 7.8 に示すハイエトグラフの任意の時間内の雨量は，ピーク発生前は (7.98) 式，ピーク発生後は (7.99) 式を積分することにより以下のように計算できる．

$$R_b = \int_{t_{b1}}^{t_{b2}} r_b dt_b = a\int_{t_{b1}}^{t_{b2}} \frac{(1-c)(t_b/p)^c + b}{\{(t_b/p)^c + b\}^2} dt_b = a\left[\frac{t_{b2}}{(t_{b2}/p)^c + b} - \frac{t_{b1}}{(t_{b1}/p)^c + b}\right] \qquad (7.100)$$

$$R_a = \int_{t_{a1}}^{t_{a2}} r_a dt_a = a\int_{t_{a1}}^{t_{a2}} \frac{(1-c)\{t_a/(1-p)\}^c + b}{[\{t_a/(1-p)\}^c + b]^2} dt_a = a\left[\frac{t_{a2}}{\{t_{a2}/(1-p)\}^c + b} - \frac{t_{a1}}{\{t_{a1}/(1-p)\}^c + b}\right] \qquad (7.101)$$

ここで，t_{b1}, t_{b2} はピーク発生時刻を原点としてピークから遡った時刻，t_{a1}, t_{a2} はピーク発生からの経過時刻を示す．

(7.100)，(7.101) 式を用いると，一定の時間間隔の降雨波形を以下のようにして計算できる．

まず，ピークを含む時間帯 $t_{b0} \sim t_{a0}$ の雨量 R_0 は次式により求められる．

$$R_0 = \int_0^{t_{b0}} r_b dt_b + \int_0^{t_{a0}} r_a dt_a = a\left[\frac{t_{b0}}{(t_{b0}/p)^c + b}\right] + a\left[\frac{t_{a0}}{\{t_{a0}/(1-p)\}^c + b}\right] \qquad (7.102)$$

ピーク前の雨量 R_{b1}, R_{b2} は，次式のようにして求められる．

$$R_{b1} = \int_{t_{b0}}^{t_{b1}} r_b dt_b = a\left[\frac{t_{b1}}{(t_{b1}/p)^c + b} - \frac{t_{b0}}{(t_{b0}/p)^c + b}\right] \qquad (7.103)$$

$$R_{b2} = \int_{t_{b1}}^{t_{b2}} r_b dt_b = a\left[\frac{t_{b2}}{(t_{b2}/p)^c + b} - \frac{t_{b1}}{(t_{b1}/p)^c + b}\right] \qquad (7.104)$$

ピーク後の雨量 R_{a1}, R_{a2} は，以下のようにして求められる．

$$R_{a1} = \int_{t_{a0}}^{t_{a1}} r_a dt_a = a\left[\frac{t_{a1}}{\{t_{a1}/(1-p)\}^c + b} - \frac{t_{a0}}{\{t_{a0}/(1-p)\}^c + b}\right] \qquad (7.105)$$

$$R_{a2} = \int_{t_{a1}}^{t_{a2}} r_a dt_a = a\left[\frac{t_{a2}}{\{t_{a2}/(1-p)\}^c + b} - \frac{t_{a1}}{\{t_{a1}/(1-p)\}^c + b}\right] \qquad (7.106)$$

なお，ここで紹介した方法により得られる降雨波形は，すべての降雨継続時間に対してある一定の確率年 T に対応する雨量を有している．すなわち，24 時間 T 年確率雨量のハイエトグラフには，1, 2, … 時間などの各継続時間に対応する T 年確率雨量が含まれることになるが，現実の降雨波形ではこのようなことはまれである（田中・角屋，1979）．

[近森秀高]

洪水比流量曲線

起こりうる洪水比流量の最大値と流域面積との関係を表す曲線を洪水比流量曲線 (flood envelope curve)，もしくは洪水比流量包絡線と呼び，ダム設計洪水流量の推定方法の1つとして用いる．洪水比流量曲線を表すために用いられる代表的な数式は，以下のとおりである．

(1) クリーガー（Creager）型近似式

Creager（1944）によって提案された式であり，わが国ではこれを単位変換した次式が用いられている．

$$q = C \cdot A^{(A^{-0.06}-1)}$$

q は地域別既往最大洪水比流量（$m^3 s^{-1} km^{-2}$），A は流域面積（km^2），C は地域係数であり，北海道：17，東北：34，関東：48，北陸：43，中部：44，近畿：41，紀伊南部：80，山陰：44，瀬戸内：37，四国南部：84，九州・沖縄：56 である．

(2) 合理式と DAD 関係に基づく式

角屋・永井（1979）は，合理式と降雨強度–面積–降雨継続時間の関係を表す DAD 式，洪水到達時間の推定式とを連立することにより，以下の式を提案した．

$$q = K \cdot A^{-0.06} \exp(-0.04 A^{0.45})$$

q は地域別既往最大洪水比流量（$m^3 s^{-1} km^{-2}$），A は流域面積（km^2），K は地域係数であり，北海道：15，東北：26，福島：20，長野：20，北陸：28，関東・中部・近畿：32，山陰・瀬戸内：26，瀬戸内特別域：40，紀伊南部・四国南部・九州・沖縄：49 である．

既往最大値を包絡する洪水比流量曲線が示す比流量には，統計的にあいまいな点があるとの指摘がある（例えば，U. S. Interagency Advisory Committee on Water Data, 1986）．ある流域における既往最大値は，ある長さをもつ流量データの中の最大値であって「可能最大値」ではない．その発生確率は，プロッティング・ポジション公式によりデータの記録年数から推定できる．データの記録年数は流域によって異なるため，既往最大値の非超過確率は流域ごとに異なり，これらを包絡する洪水比流量曲線の統計的性質はあいまいになるのである．

演習問題

問 7.1　［確率分布のパラメータ推定］

表 7.6 に示した各地点における 1981～2010 年の 30 年間の年最大日雨量データにグンベル分布，対数正規分布，一般化極値分布のそれぞれの確率分布を当てはめパラメータを求めなさい．

表 7.6　年最大日雨量 (mm d^{-1})(1981～2010 年)

発生年	東京	大阪	尾鷲	発生年	東京	大阪	尾鷲
1981	215.0	42.0	328.0	1996	259.5	71.0	251.0
1982	167.5	101.5	312.5	1997	98.5	79.0	475.5
1983	97.5	149.0	275.0	1998	94.0	93.5	284.0
1984	73.0	101.0	354.0	1999	130.5	108.0	261.5
1985	96.0	92.5	248.5	2000	115.0	127.5	382.0
1986	185.0	55.5	224.0	2001	186.0	99.5	571.0
1987	66.0	69.5	206.0	2002	107.5	43.5	384.5
1988	141.0	120.5	242.5	2003	151.0	88.0	464.0
1989	195.0	174.0	236.0	2004	222.5	155.0	740.5
1990	123.5	106.0	487.0	2005	74.5	47.5	209.0
1991	220.5	78.0	346.5	2006	154.5	75.5	365.0
1992	119.0	89.0	296.5	2007	88.5	57.0	308.5
1993	234.5	93.0	326.0	2008	111.5	57.0	452.5
1994	70.0	60.0	368.0	2009	127.0	48.5	296.0
1995	93.5	117.0	337.0	2010	102.0	69.0	248.5

問 7.2　［確率年の推定］

問 7.1 で当てはめた各確率分布を用いて 100 mm d^{-1} および 200 mm d^{-1} の確率年をそれぞれ求めなさい．

問 7.3　［確率日雨量の推定］

問 7.1 で当てはめた各確率分布を用いて 10 年，20 年，50 年，100 年および 200 年確率の日雨量をそれぞれ求めなさい．

問 7.4　［適合度の評価］

問 7.1 で当てはめた各確率分布の適合度を SLSC，対数尤度，AIC の各指標を用いて定量的に評価しなさい．

文　献

岩井重久・石黒政儀：応用水文統計学，森北出版 (1970)

渋谷政昭・高橋倫也：極値理論，信頼性，リスク管理 (21 世紀の統計科学 第 II 巻，第 1 部 第 4 章)，日本統計学会創立 75 周年記念出版 2012 年増補 HP 版，http://park.itc.u-tokyo.ac.jp/atstat/jss75shunen/ (2015 年 10 月 16 日確認)

角屋　睦：対数正規分布の適用範囲，定数について，農業土木研究，別冊第 3 号，21-36（1962）

角屋　睦：水文統計論，水工学に関する夏期研修会講義集，pp.2.1-2.59，土木学会水理委員会（1964）

角屋　睦：水文学研究—今は昔—，水文・水資源学会誌，8，7-15（1995）

角屋　睦・永井明博：洪水比流量曲線へのアプローチ，京都大学防災研究所年報，22B-2，195-208（1979）

神田　徹・藤田睦博：水文学（新体系土木工学 26），技報堂出版（1982）

気象庁：異常気象リスクマップ，http：//www.data.jma.go.jp/cpdinfo/riskmap/cal_qt.html（2015 年 10 月 16 日確認）．

葛葉泰久：既往最大値の再現期間を考慮した日降水量確率分布の推定，水文・水資源学会誌，28，59-71（2015）

ザルツブルグ，D.，竹内惠行他訳：統計学を拓いた異才たち（日経ビジネス文庫），日本経済新聞社（2010）

高棹琢馬他：琵琶湖流域水文データの基礎的分析，京都大学防災研究所年報，27B-2，157-171（1986）

高棹琢馬他：水文頻度解析モデルの母数推定法と確率水文量の変動性—3 母数対数正規分布について—，京都大学防災研究所年報，31B-2，287-296（1988）

宝　馨他：水文統計解析における確率分布モデルの評価，京都大学防災研究所年報，30B-2，283-297（1987）

宝　馨他：極値分布の母数推定法の比較評価，京都大学防災研究所年報，32B-2，455-469（1989）

田中礼次郎・角屋　睦：降雨強度式に関する研究，農業土木学会論文集，83，1-8（1979）

土木学会編：水理公式集［平成 11 年版］，p.38，丸善（1999）

日本数学会編：岩波数学辞典 第 4 版，岩波書店（2007）

星　清：水文統計解析，開発土木研究所月報，No.540（1998）

American Meteorological Society：2nd Edition of the Glossary of Meteorology，http：//glossary.ametsoc.org/wiki/California_plotting_position （2015 年 10 月 16 日確認）

Creager, W. P. et al.：Engineering for Dams, 1, pp.125-126, J-Wiley（1944）．

Gumbel, E. J.：Statistics of Extremes, Columbia University Press（1958）（日本語訳：グンベル，E. J., 河田竜夫他監訳：極値統計学—極値の理論とその工学的応用—，廣川書店（1963））

Greenwood, J. A. et al：Probability weighted moments：Definition and relation to parameters of several distributions expressible in inverse form, *Water Resour. Res.*, 15（5），1049-1054（1979）

Hosking, J. R. M.：L-Moments；analysis and estimation of distributions using linear combinations of order statistics, *Journal of Royal Statistics Society, B*, **52**, 2, 105-124 (1990)

Stedinger, J. R. et al.：Ch. 18, Frequency Analysis of Extreme Values (Maidment, D. R. (ed.)：Handbook of Hydrology), pp.18.10-18. 21, McGraw Hill (1992)

U. S. Interagency Advisory Committee on Water Data (IACWD)：Feasibility of Assigning Probability to the Probable Maximum Flood, p.71, Office of Water Data Coordination (1986)

付録A
基本高水の決定

基本高水は河川の洪水防御計画の基本となる流量であるが，その決定に際しては水文統計解析や流出解析など水文学の知識が不可欠である．ここでは，水文学の代表的な応用事例の1つとして，基本高水の決定の手順について述べる．

A.1 基本高水と計画高水

河川法では，河川計画として「河川整備基本方針」と「河川整備計画」を策定することが規定されている．河川整備基本方針は河川の長期的な整備の方針と整備の基本となるべき事項を定めたもので，河川整備計画は河川整備基本方針に定められた内容に沿って，おおよそ20～30年間に行われる具体的な整備の内容を定めたものである．とくに，河川整備基本方針では河川の洪水災害を防止・軽減するための洪水防御計画に関わる基本的な事項として，基本高水と計画高水を定めることになっている．

基本高水とは，対象河川の計画基準点において洪水防御計画の基本となる洪水のことで，ダムや遊水地の貯留施設による洪水調節を受けない自然状態で河道を流下する，あるいは流下するとしたハイドログラフで表現される．ただし，貯留施設による洪水調節が計画されていない場合はハイドログラフを設定する必要はなく，基本高水のピーク流量のみを設定すればよい．それに対し，貯留施設による洪水調節を受けた後，計画基準点を通過する洪水を計画高水といい，そのピーク流量を計画高水流量という．河道の設計においては，この計画高水流量を安全に流下させることができるようにする．

A.2 基本高水決定の手順

基本高水は，河川の重要度に応じた計画規模を定めた後，その計画規模をもつ対象降雨（群）を洪水流出モデルで流量に変換して決定するのが一般的である．

基本高水が河川流量であることを考えれば，河川流量の資料を統計的に処理して基本高水を決定することも考えられる．しかし，対象降雨（群）を流量に変換する理由の1つは，雨量の方が河川流量に比べて長期間の資料が入手しやすく，水文統計解析によって推定される統計量（ある超過確率年の雨量など）の信頼性が高いためであ

る．またもう1つの理由は，長期間の河川流量が観測されていたとしても，河道改修，洪水調節，流域の土地利用変化などで流出特性が変化する場合が多く，流量資料の統計的均質性は降雨資料のそれに比べて劣るためである（室田，1986）．ここで統計的均質性とは，例えば60年間の資料があるとき，前半30年間の統計量と後半30年間の統計量がほぼ同じとみなせるような性質のことである．以下では，基本高水の決定に至るまでの手順を述べる．

a. 計画規模の決定

計画規模は，洪水防御計画で目標とする安全度を表すもので，河川の重要度に応じて定められる．ここで安全度は，対象降雨の雨量の超過確率年（年超過確率の逆数で，リターンピリオドともいう）で表現される．超過確率年が大きいほど安全度が高く，超過確率年が小さいほど安全度が低くなる．

河川の重要度は，流域の大きさや対象地域の社会的，経済的重要性などを考慮して定められるが，一般的には河川をA級（超過確率年が200年以上），B級（100〜200年），C級（50〜100年），D級（10〜50年），E級（10年以下）に区分し，一級河川の主要区間をA級ないしB級，一級河川のその他区間および二級河川のうち都市河川をC級，その他の河川をD級ないしE級とすることが多い（国土交通省河川局・日本河川協会，2005）．

b. 対象降雨の設定

対象降雨は，雨量，時間分布，地域分布から定められる．雨量は前述の計画規模に応じて決定され，また対象降雨の継続時間は，対象流域の面積や降雨特性を考慮して決定されるもので，1〜3日とする場合が多い．降雨パターンの設定には，実績降雨の引き延ばしによる方法とモデル降雨による方法がある．

1) 計画規模に応じた雨量の計算

できるだけ長期間の観測が実施されている雨量観測点を選び，同地点の降雨資料から所定の超過確率年に対する雨量を計算する．その方法は7.6〜7.8節で述べた通りである．例えば，超過確率年を100年，対象降雨継続時間を24時間とするときは，長期間の降雨資料から各年の年最大24時間雨量を求め，その頻度分布によく当てはまる確率分布に基づいて，100年確率24時間雨量を計算する．

なお，年最大日雨量と年最大24時間雨量は異なる点に注意する．通常，年最大日雨量とは日単位の雨量（わが国では0時または9時を日界とする雨量）の年最大値を指し，年最大24時間雨量とは時間単位の雨量に基づいて24時間雨量の年最大値を求めたものを指す．日単位の降雨資料では，日界をまたいで分断されるとたとえ大雨で

あっても日雨量が小さくなるので，年最大日雨量は年最大 24 時間雨量より小さくなることが多い．このため，長期間の時間降雨資料が利用できる場合は，年最大 24 時間雨量を採用することが推奨される．

2) 実績降雨の引き延ばしによる方法

この方法では，過去の降雨データから，対象流域において大洪水をもたらした降雨，生起頻度の高いパターンの降雨を抽出する (10 降雨以上)．

ついで，抽出された実績降雨の基準点（流域内で長期間の降雨資料が得られる雨量観測点など）における雨量を計画規模の雨量に等しくなるように引き延ばす．例えば，超過確率年を 100 年とし，対象降雨の継続時間を 24 時間とするとき，100 年確率 24 時間雨量が 260 mm で，ある実績降雨の 24 時間雨量が 200 mm であれば，引き延ばし率を 260/200＝1.3 倍とする．そして，実績降雨の各時刻の降雨強度にこの引き延ばし率を乗じたときの降雨パターンを対象降雨の 1 つとする．

なお，実績降雨の継続時間が対象降雨の継続時間より短いときは，実績降雨の継続時間はそのままとして，雨量を計画規模の雨量まで引き延ばす．一方，実績降雨の継続時間が対象降雨の継続時間より長いときは，対象降雨の継続時間に対応する時間内の雨量のみを引き延ばし，その前後の降雨は実績降雨をそのまま用いる（国土交通省河川局・日本河川協会，2005）．

図 A.1 は，実績降雨継続時間の方が長いときの引き延ばしの例である．この例では，実績降雨継続時間が 30 時間，対象降雨継続時間が 24 時間であり，実績降雨継続時間から 24 時間雨量が最大となる部分を抽出した後，その 24 時間分の降雨に対して一定の引き延ばし率を乗じている．

この引き延ばし率は，2 倍程度までとする場合が多い．引き延ばし前の雨量が小さいために，引き延ばし率が 3 倍となるような降雨がある場合は，対象降雨から棄却する．また，先の引き延ばし率を実績降雨の各時刻の降雨強度に乗じた結果，ピーク流量に支配的な継続時間（洪水到達時間に相当）に対する雨量の超過確率年が計画規模を著しく超える場合も，その降雨は棄却する．例えば，短時間に降雨が集中しているため，超過確率年を 100 年として引き延ばしたにもかかわらず，洪水到達時間内の雨量の超過確率年が 500 年になるようなケースでは，当該降雨を棄却する．

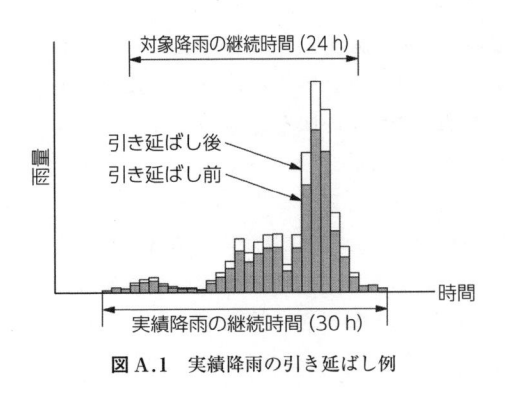

図 A.1 実績降雨の引き延ばし例

A.2 基本高水決定の手順

基準点における引き延ばし率を流域内の他地域の実績降雨に乗じることで，降雨の地域分布を設定する．ただし，引き延ばしの結果，流域内一部地域の雨量の超過確率年が計画規模を著しく超える場合，その降雨は棄却する．例えば，一部地域に降雨が集中しているため，計画規模の超過確率年を100年として引き延ばしたにもかかわらず，その一部地域の雨量の超過確率年が500年になるようなケースでは，当該降雨を棄却する．このようにして，計画規模の雨量をもつ対象降雨群を作成する．

3) モデル降雨による方法

モデル降雨とは，計画規模の超過確率年に対する降雨強度式（降雨強度と継続時間の関係式）に基づいて，ピークを挟む任意の継続時間の雨量（平均降雨強度）が等しい超過確率年となるようにしたハイエトグラフである．すなわち，モデル降雨においては，超過確率年を100年，降雨継続時間を24時間とすると，最大 t 時間雨量（$0 < t \leq 24$）の超過確率年はどの t についても100年となる．降雨強度式からモデル降雨を作成する方法については，7.9節で述べた通りである．

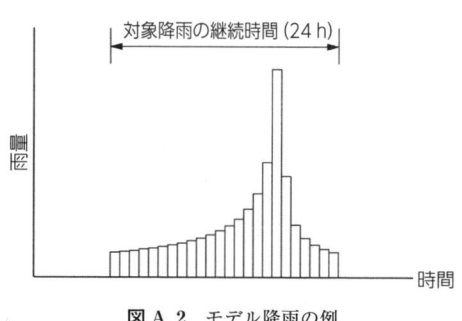

図 A.2 モデル降雨の例

なお，ハイエトグラフのピークは任意の位置に置くことができるが，降雨継続時間を1としたとき，通常は降雨開始から0.5付近の位置にピークを置いた中央集中型の降雨パターンか，0.8程度の位置にピークを置いた後方集中型のパターンとすることが多い．図 A.2にモデル降雨の例を示すが，この例では3定数型降雨強度式を用い，0.75の位置にピークを置いた後方集中型の降雨パターンとしている．

c. 基本高水の決定

1) 対象降雨の流量への変換

対象降雨を設定した後，これを洪水流出モデルで流量に変換する．洪水流出モデルには，貯留関数法，表面流モデルなどが利用できる．有効降雨を推定する際の流出率や雨水保留量曲線，洪水流出モデルの定数（パラメータ）は実績洪水をうまく再現できるように決定するが，計画規模に近い実績洪水を対象として決定することが望ましい．ただし，モデル定数の決定に用いる実績洪水の時点の土地利用と，計画時点のそれが大きく異なる場合は，土地利用変化をふまえたモデル定数を採用すべきである．さらに，有効降雨の推定に際しても，土地利用変化の影響を考慮しなければならない．

なお，貯留施設による洪水調節が計画されておらず，基本高水のピーク流量のみを

設定すればよい場合は合理式が利用できる．ただし6.2節で述べた通り，合理式が適用できるのは，流域内に貯留施設がなく，下流水位条件の影響を受けない傾斜地で，流域内の降雨条件，土地利用条件がほぼ一様とみなされる場合であることから，中小河川に限られる．

2) 基本高水の決定

実績降雨の引き延ばしによる方法で対象降雨群を設定したときは，通常，個々の対象降雨を流量に変換して得られたハイドログラフ群の中から，ピーク流量が最大となるものを基本高水とする．その際，引き延ばし率，降雨の時間分布，地域分布から判断して，不適切な降雨パターンが棄却されていることが前提となる．不適切な降雨パターンが棄却されていない場合には，ハイドログラフ群の中にピーク流量が著しく大きなものが含まれることがあるため，十分注意を要する．

なお，長期間の流量観測データが得られているときは，流量データから計画規模の超過確率年に対する流量を求め，上述の方法で得られた基本高水のピーク流量の検証を行う．さらに，既往最大洪水や過去に災害をもたらした洪水なども合わせて検討する．すなわち基本高水は，対象降雨から求めたハイドログラフ，確率流量，既往洪水などを総合的に検討して決定するものである．そのため，計算されたハイドログラフ群のうち，ピーク流量が最大となるものが基本高水に採用されるとは限らない．

洪水防御計画では，この基本高水を河道，ダム，遊水地などの貯留施設に配分して，計画基準点におけるピーク流量（計画高水流量）を決定する．さらに，この計画高水流量に基づいて，河道改修など治水対策の実施手法を決定する． [田中丸治哉]

文　献

国土交通省河川局監修，社団法人日本河川協会編：国土交通省河川砂防技術基準同解説・計画編，山海堂（2005）

室田　明編著：河川工学，技報堂出版（1986）

付録 B
HYDRUS による浸透流解析

　土壌中の水分移動の予測や解析を行うためには，土壌水分移動の基礎方程式であるリチャーズ式（(5.13) 式）を解く必要がある．しかし，この式に含まれる不飽和透水係数は圧力水頭に対して強い非線形性を示すため，解析的に解くことは，特殊な場合を除いて一般にはできない．

　非線形偏微分方程式であるリチャーズ式を離散化し，代数方程式として解くためには，差分法や有限要素法などの数値解法が用いられている．そこでは，対象となる時間および空間領域を不連続な間隔で分割し，微分を差分または要素に置き換えることにより，コンピュータを使用して解くことができる．

　本章では，無償で利用でき，かつ比較的操作が簡単なプログラムである 1 次元の HYDRUS-1D を使用した土壌中の浸透流についての計算例を示す．HYDRUS-1D はアメリカ農務省塩類研究所で開発されたもので，現在も改良が続けられている不飽和土壌中の水分・熱・溶質移動汎用プログラムである．長年の開発と改良により完成度と信頼度が高く，研究，教育，実務分野で幅広く利用されている．HYDRUS-1D のプログラムと関連情報は，http：//www.pc-progress.com から入手することができる（斉藤他，2013）．

　以下の計算では，土壌水分保持曲線と不飽和透水係数の関数モデルには，(5.14) と (5.15) 式で示されるバン・ゲヌーチェン式を用いた．また下端の境界条件は，下端における圧力勾配がゼロとなる自由排水条件とした．このとき下端境界では重力流れが生じ，水分フラックスは境界圧力に対応した不飽和透水係数に等しくなる（斉藤他，2006）．

B.1　単一土層への浸潤

　図 B.1 は，深さ 100 cm，初期含水率 $0.2286\,\mathrm{cm^3\,cm^{-3}}$（圧力水頭 $-500\,\mathrm{cm}$ に相当）のシルト層に一定の降雨強度（$8.0\,\mathrm{cm\,d^{-1}}$）の雨が降り続いた場合の，浸潤過程における土壌水分分布の計算結果である．シルトにおけるバン・ゲヌーチェン式のパラメータは，HYDRUS-1D に組み込まれている値を使用した（表 B.1）．時間の経過とともに，浸潤前線が土層を進行していく状況がよく表されている．浸潤開始 0.1 日後で

表 B.1 B.1 と B.2 の計算に用いたバン・ゲヌーチェン式のパラメータ値と初期条件

土性	θ_r (cm^3 cm^{-3})	θ_s (cm^3 cm^{-3})	a (cm^{-1})	n (—)	K_s (cm d^{-1})	h_i*) (cm)	$\theta_i(h_i)$ (cm^3 cm^{-3})
砂	0.045	0.43	0.145	2.68	712.6	−500	0.0453
シルト	0.034	0.46	0.016	1.37	6	−500	0.2286

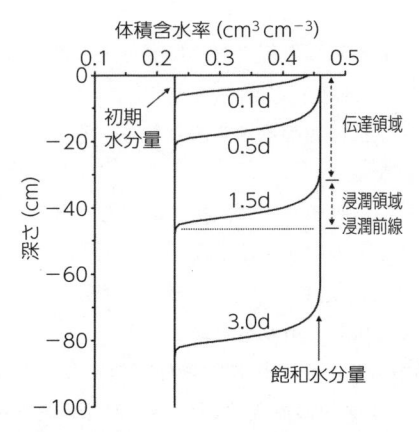

*) h_i：初期圧力水頭.

図 B.1 一定降雨強度（8 cm d^{-1}）下のシルト層への浸潤過程における水分分布

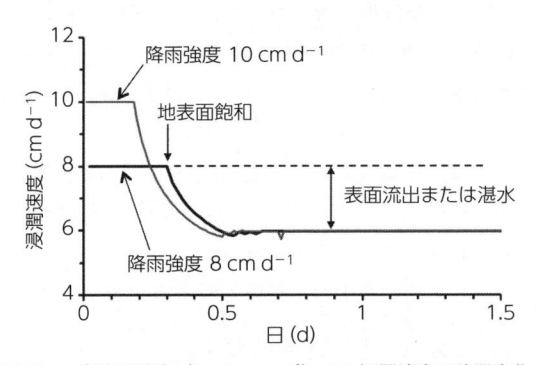

図 B.2 一定降雨強度（8, 10 cm d^{-1}）下の浸潤速度の時間変化

は地表面はまだ飽和に達していないが，0.5 日以降は浸潤前線の進行とともに伝達領域が水分飽和に達し，飽和浸透流が生じる．ここで，地表面より下方に広がる一定の水分量領域を伝達領域，それに続く水分量が下方に向かって減少する領域を浸潤領域という（Hillel, 2001）．

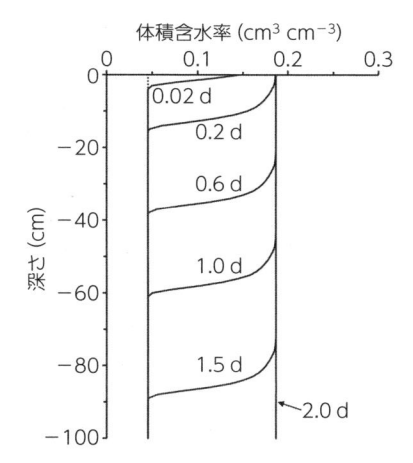

図 B.3 一定降雨強度（8 cm d^{-1}）下の砂層への浸潤過程における水分分布

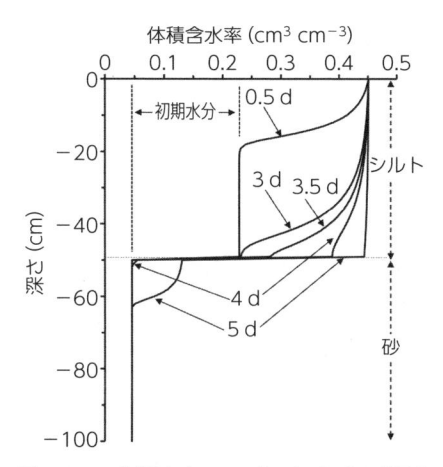

図 B.4 一定負圧（−10 cm）下における成層土（上層：シルト，下層：砂）の水分分布

　図 B.2 は，図 B.1 の場合における浸潤速度の時間変化である．浸潤初期では，重力による下向きの力に加えて地表面に圧力勾配が生じているため，地表面が飽和に達するまでは浸潤速度は降雨強度に等しい．地表面付近が飽和に達すると，(5.13) 式第 1 項の圧力勾配がゼロに近づくため，降雨強度が浸入能より大きい場合には浸潤速度は徐々に低下し，最終的にはシルトの飽和透水係数と等しい値（6 cm d^{-1}）となる．降雨強度が 10 cm d^{-1} の場合には，8 cm d^{-1} のときよりも早く浸潤速度の低下が始まるが，最終的な浸潤速度はやはりシルトの飽和透水係数と等しい値となる．

　HYDRUS では，地表面が飽和に達した場合，上端境界条件として非湛水条件または湛水条件を選択することができる．非湛水条件の場合は土壌へ浸透できない余剰降雨は表面流出となるが，湛水条件の場合は地表面での圧力境界が正の圧力水頭になる．

　図 B.3 は，図 B.1 のシルト層を砂層に変えた場合の土壌水分分布である．初期条件の体積含水率は 0.0453 cm^3 cm^{-3}（圧力水頭 −500 cm に相当）とした．砂層の場合は，シルトの場合と異なり降雨強度が土の浸入能を超えないので，地表面付近の水分量が飽和に達することはなく，したがって表面流出や湛水は発生しない．浸潤前線の進行に伴い伝達領域の圧力勾配はゼロとなるため，水分フラックスは不飽和透水係数に等しい値（8 cm d^{-1}）をもつ不飽和浸透流となる．

B.2　成層土への浸潤

　図 B.4 は，上端境界条件が一定負圧（−10 cm）下における，上層がシルト，下層が砂の場合の土壌水分プロファイルの時間変化を示す．バン・ゲヌーチェン式のパラ

メータ値は図B.1の場合と同じである．また，初期条件は全層で-500 cmとした．上層では時間の経過とともに不飽和浸潤が進行し，3日後頃から境界層上部の土壌水分が増加し始めるが，下層では4日後頃まで水分量の増加は生じない．上層への浸透水は，下層へはほとんど浸入していないことがわかる．このように，上層にシルトのような細粒土，下層に砂のような粗粒土を有する成層土において上部から水の浸潤が起こるとき，上・下層境界面付近に土壌水が集積し，さらにその水が下層土に浸入せず境界層上部の土層内に留まる現象をキャピラリーバリア現象という（宮崎，2000）．この現象は，下層が粗粒土である成層土の場合，乾燥している土層への浸潤では，マトリックポテンシャルの低い領域においては粗粒土の不飽和透水係数は細粒土に比べて一般に著しく小さいため，土壌水が粗粒土層へ浸入できないことから生じる．キャピラリーバリア現象は，古くは古墳の内部を浸透水から守るための永久的保存技術に応用されており（渡辺，1992），近年では廃棄物処分場などに埋設された汚染物質を地下水中に流入させないようにする技術として注目されている（Koerner and Daniel, 2004）．

図B.5は，上層を砂，下層をシルトにした場合の水分分布の時間変化である．上端境界条件は図B.4の場合と同じである．境界層上部に浸潤前線が到達すると，図B.4の場合と異なり，境界層上部に水分が留まることはほとんどなく，速やかに下層の水分が増加する．上層が粗粒土，下層が細粒土の場合は，キャピラリーバリア現象は起こらない．

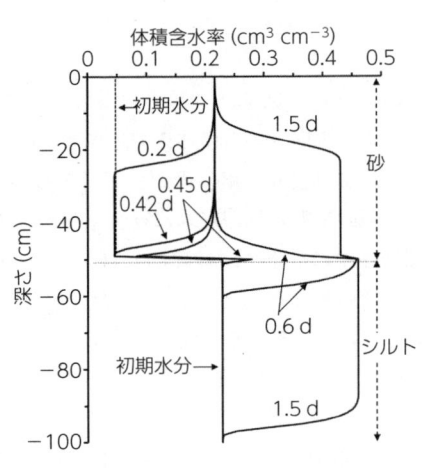

図B.5 一定負圧（-10 cm）下における成層土（上層：砂，下層：シルト）の水分分布

B.3 圃場への適用

図B.6は，ハクサイ畑における土壌水分量の測定値と計算値の時間変化である．この計算では根の吸水を考慮しており，吸水モデルにはFeddesモデル（5章コラム参照）を使用した．必要な吸水パラメータは，HYDRUS-1Dに組み込まれている値を使用した．土壌水分特性を表すパラメータは9月25～30日における実測の体積含水率に計算値が最も適合するように，HYDRUS-1Dの逆解析機能を用いて求めた．また地表面境界条件は，降雨に関しては植被の50%が降雨遮断に寄与するとし，蒸

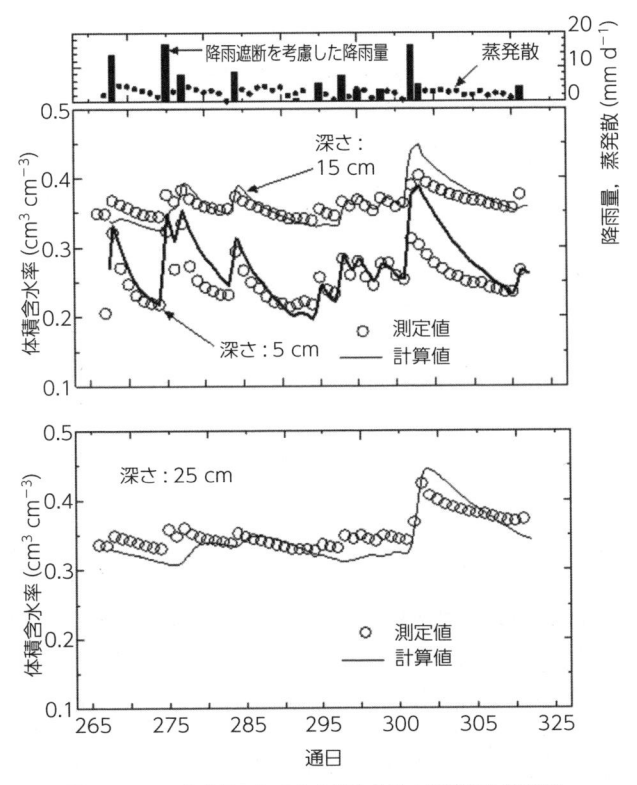

図 B.6　ハクサイ畑における土壌水分量の実測値と計算値

発散強度は植被率に応じて蒸発量と蒸散量に配分してそれぞれ与えた．深さ5cm，15cm，25cmにおける計算値は，測定値との間に若干の差がみられるものの，降雨があると増加し，蒸発散によって減少するという測定値の傾向をよく再現している．

図 B.7 は，計算から求めた土壌水分フラックスの時間変化である．正の値は上向き，負の値は下向きの水分フラックスをそれぞれ表している．深さ10cmと20cmの水分フラックスは降雨により下向きになるが，無降雨期には上向きの流れに転じるという変化パターンを示した．このことから，無降雨期には下層からの上向き補給水量が期待できることがわかる．

畑地灌漑計画において，計画消費水量は計画蒸発散量と根域より下層からの上向き補給水量を考慮して決定する（農林水産省構造改善局，1997）が，図B.7に示したように，HYDRUS-1Dを用いて上向き補給水量を推定することができる．（諸泉他，2003）

[**諸泉利嗣**]

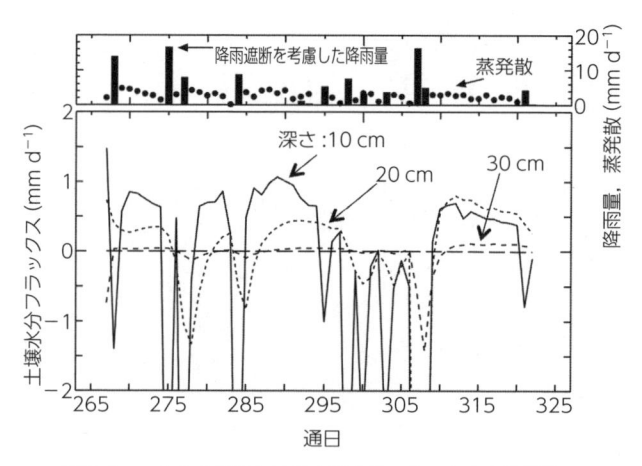

図 B.7 ハクサイ畑における土壌水分フラックスの計算値

文　献

Koerner, R. M. and Daniel, D. E. 著，嘉門雅史監訳：廃棄物処分場の最終カバー，技法堂出版（2004）

斉藤広隆他：不飽和土中の水分移動モデルにおける境界条件，土壌の物理性，104，63-73（2006）

斉藤広隆他：HUDRUS-1D：土中水分・熱・溶質移動予測プログラム，水土の知，81（12），17-20（2013）

Jury, W. A. and Horton, R. 著，取出伸夫監訳：土壌物理学—土中の水・熱・ガス・化学物質移動の基礎と応用—，築地書館（2006）

取出伸夫他：土中への水の浸潤　1. フラックス境界と圧力境界条件，土壌の物理性，113，31-41（2009）

農林水産省構造改善局：土地改良事業計画設計基準・計画「農業用水（畑）」基準書・技術書，p.188，農業土木学会（1997）

Hillel, D. 著，岩田進午・内島善兵衛監訳：環境土壌物理学 II　耕地の物理学，pp.1-8，農林統計協会，（2001）

宮崎　毅：地水環境学，pp.126-127，東京大学出版会（2000）

諸泉利嗣他：白菜畑における土壌水分動態解析，中国・四国の農業気象，16，16-19（2003）

渡辺邦夫：古墳土構造に見る不飽和浸透流制御，土と基礎，40（1），19-24（1992）

付録 C
水循環と物質循環

　地球上では水の循環に伴って様々な物質が循環している．地球の環境変化に最も影響を及ぼす物質としては，炭素，水素，酸素，窒素，リンなどの親生物元素が挙げられる（和田・安成，1999）．これらの物質は数年から数億年の時間スケールで循環しているが，産業革命以降，人間活動による環境負荷が増大し，物質循環（material cycles）に歪みが生じている．近年，気候変動，生物多様性喪失，窒素循環（nitrogen cycle）が地球システムの限界を超えた喫緊の地球環境問題として認知され（Rockström et al, 2009），炭素とともに窒素の過剰な環境負荷が国際的な問題として取り上げられるようになった（Canfield et al., 2010；研究開発戦略センター，2013）．本章では，窒素を中心に水循環と物質循環の関わりについて概説する．

C.1　蒸発散過程

　地球上の水の 97.5％は塩水で，淡水は 2.5％にすぎず，利用しやすい形で存在する湖沼と河川の淡水は全水量のわずか 0.008％である（図 1.1）．このわずかな地球上の淡水資源が枯渇しないのは，大気中の約 8 日間の水循環過程において蒸発散によって水が蒸留されて大気に放出され，再び地表に淡水として降り注ぐからである（表 1.1）．

C.2　降水過程

　蒸発散によって上空に移動した水蒸気は水滴・氷晶となって雲を形成し，やがて降水として再び地表に降下する．降水は淡水ではあるが，雲の生成過程および雨滴の落下過程で大気中の様々な物質を取り込んでいる．

　大気中に自然発生的あるいは人為的に放出されたガス状物質（gaseous substance）や粒子状物質（particulate matter）が地表面に供給される過程は沈着（deposition）と呼ばれ，降水を介さずに直接地表面に沈着する乾性沈着（dry deposition）と降水などに取り込まれて沈着する湿性沈着（wet deposition）がある．湿性沈着は，雲粒生成時の核として水滴・氷晶に取り込まれたり（rainout），落下中の雨滴に取り込まれたり（washout）して発生する．

わが国の降水の平均イオン組成を示したのが図 C.1 である．Na^+, Cl^- の大半は海塩由来であるが，SO_4^{2-}, NO_3^- は主として SO_2, NO_x などの人為起源由来であり，H^+, NH_4^+ の多くも人為起源由来である．大気中に含まれる約 350 ppm の CO_2 が平衡状態にあるときの水の pH は 5.6 であり，人為起源由来の SO_2 や NO_x がなかったとしても降水は弱酸性を示すため，pH 5.6 以下の降水が酸性雨（acid rain）と呼ばれている．酸性雨は，広義には乾性沈着や湿性沈着を含めた総称として使われている．

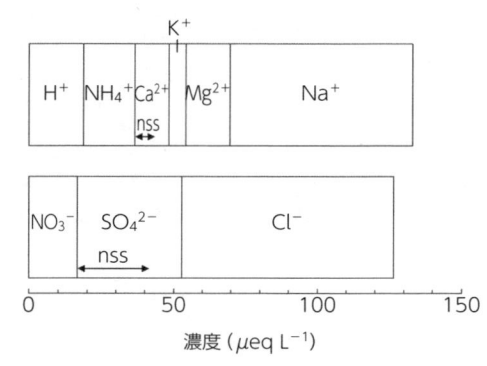

図 C.1 日本の降水中の 2011 年度降水量加重年平均イオン成分濃度（全国環境研協議会酸性雨広域大気汚染調査研究部会，2013）
nss は非海塩由来成分．

近年，工業や自動車利用などの規模が拡大し，人為起源の大気汚染物質の大気への放出が増加したことによって降水の酸性化が深刻になっている．2008〜2012 年の日本の降水の年平均 pH は約 4.72 であり，地域的には西日本の方が東日本より低く，季節的には冬季に日本海側の降水の pH が低くなる傾向がみられる（環境省，2014）．日本海側では，降水中に含まれる人為起源由来大気汚染物質の濃度も冬季に増加する傾向がみられるが，その原因としてアジア大陸からの酸性物質の長距離輸送（long range transport）による可能性が高いことが示唆されている（久米他，2011）．

日本の窒素沈着量はヨーロッパと同程度に多く（環境省，2014），2003〜2007 年の平均窒素沈着量は，離島の観測点が多い環境省酸性雨長期モニタリングによれば 10.6 kg ha^{-1} y^{-1}，都市部の観測点の多い全国環境研協議会の酸性雨全国調査によれば 14.0 kg ha^{-1} y^{-1} である（野口・山田，2010）．日本の窒素沈着量は，離島では比較的低いものの，農山村域でも都市域と同程度に高い．都市域では乾性沈着の影響が大きく（Chiwa et al., 2003），森林の割合が高い農山村域では粒子状物質の乾性沈着の寄与が相対的に大きい（野口・山田，2010）．九州山地中央に位置する宮崎県内陸部の椎葉村では，窒素沈着量が 1991 年からの約 20 年間で約 3 倍増加し，2009〜2011 年には 9.7 kg ha^{-1} y^{-1} となっており，内陸の山岳森林域でもアジア大陸からの長距離輸送汚染物質の影響を受けていることが示唆されている（Chiwa et al., 2013）．

C.3 樹冠通過過程

降水の化学成分は，森林の樹冠を通過して林床に達する過程で大きく変化する．樹

冠通過雨および樹幹流には，降水中に含まれる成分だけでなく，樹体表面に蓄積された沈着成分が洗浄された成分と，樹体から溶脱する成分（K^+, Mg^{2+}, Ca^{2+} など）が含まれる．降水中の成分（NO_3^-, NH_4^+, H^+ など）が樹体に吸収される場合もあるが，一般には降水の化学成分は樹冠を通過することによって増加する．

岩坪・堤（1967）は京都市郊外の上賀茂流域における観測から，林外雨溶存無機窒素（DIN）沈着量 3.5 kg ha^{-1} y^{-1} に対して，林内雨（樹冠通過雨＋樹幹流）DIN 沈着量はヒノキ林では 7.0（＝6.3+0.7）kg ha^{-1} y^{-1}，広葉樹林では 7.4（＝5.7+1.7）kg ha^{-1} y^{-1} であったと報告している．Chiwa et al.（2003）は広島市近郊の極楽寺山の都市側斜面と山側斜面における観測から，林外雨窒素沈着量は都市側斜面と山側斜面で差が見られなかったが（それぞれ 5.6, 5.8 kg ha^{-1} y^{-1}），樹冠通過雨窒素沈着量は都市側斜面（16.9〜26.1 kg ha^{-1} y^{-1}）の方が山側斜面（7.8〜8.6 kg ha^{-1} y^{-1}）より多く，人為起源の乾性沈着量が都市側において多いことを示唆している．

C.4　森林流域流下過程

森林生態系では，窒素は大気からの沈着，微生物による固定などにより系内に流入し，大気への脱窒，渓流への流亡などにより系外へ流出する．このような生態系外部からの物質の流入と外部への流出を外部循環（extra-system cycle）と呼ぶ．

森林生態系内では，窒素は土壌から植物に吸収され，植物の落葉・落枝として土壌に戻る．窒素は被食という形で植物から動物へ移動することもあるが，最終的には排泄物や遺体という形で土壌へ供給される．土壌中では，落葉・落枝などに含まれる有機態窒素の無機化などによって窒素の化学形態は変化し，再び植物に吸収される．このような生態系内部の物質循環を内部循環（intra-system cycle）と呼ぶ．

従来，森林生態系における窒素循環では，内部循環の方が外部循環より量的に大きいとされてきた．例えば前述の椎葉村では，森林の落葉・落枝による土壌への窒素供給量は 33 kg ha^{-1} y^{-1} であり，大気からの窒素沈着量 9.7 kg ha^{-1} y^{-1} の約 3 倍であった（Chiwa et al., 2013）．

しかし，近年窒素沈着量が増大し，欧米では 1980 年代後半から森林生態系の窒素飽和（nitrogen saturation）が問題視されるようになった．Dise and Wright（1995）は，窒素沈着量が 10 kg ha^{-1} y^{-1} 未満では窒素飽和は生じないが，この値を超えると森林からの流出水の窒素濃度が高くなる可能性が高まり，25 kg ha^{-1} y^{-1} を超えると流出水の窒素濃度が高くなることを報告している．

日本の例としては，福岡県の多々良川支流の水源に位置する御洗手水流域の 2004〜2007 年の窒素沈着量は 15.5 kg ha^{-1} y^{-1} で，窒素飽和の閾値 10 kg ha^{-1} y^{-1} を超えていたが，流域外への窒素流出量は 10.4 kg ha^{-1} y^{-1}（67％）であり，残りの窒

素 5.1 kg ha^{-1} y^{-1} (33%) は流域内に保持されていた (Chiwa et al., 2010). なお, 窒素流出の 80% 以上が洪水時にもたらされるため, 直接流出の多い年の方が少ない年より流域内の窒素保持率は少なかった (それぞれ 12〜27%, 36〜53%). 一方, 2010〜2013 年の福岡県の遠賀川支流の水源に位置する弥山流域では, 窒素流出量は 36.1 kg ha^{-1} y^{-1} で, 窒素沈着量 16.5 kg ha^{-1} y^{-1} を大きく上回っていた (Chiwa et al., 2015). 窒素流出量は低水時においても多く, 地下水と表流水の窒素濃度が概ね等しかったことから, 弥山流域は窒素飽和状態にあったと考えられる. このように窒素沈着量に大差がないにもかかわらず, 流域によって窒素流出量が大きく異なる流域が存在するのは, 流域の地質, 土壌, 植生の状態などに起因していると考えられる.

C.5 流域圏流下過程

流域圏では, 一般に水は上流の森林域に端を発し, 農地域を貫き, 都市域を経て海洋に達する. 従来流域圏では, 水源の森林域で水が浄化され, 農地域において肥料などで汚染され, 都市域でさらに汚染が進むという構図が一般的であった. しかし近年, 大気沈着量が増加し, 森林管理が停滞し, 農地が減少し, 減農薬・減化学肥料栽培が普及し, 下水施設が整備されてきたため, このような状況は必ずしも一般的でなくなってきた.

前述の多々良川では, 2008〜2009 年の森林流域の河川水の硝酸態窒素濃度は 0.6〜1.2 mg L^{-1} と高く, この値は農地域および都市域においてもほとんど変化しておらず, 森林域が面源汚染域となっていた (Chiwa et al., 2012). したがって, 上流の森林域からの高濃度の窒素流出が下流の博多湾に富栄養化 (eutrophication) をもたらす可能性がある. なお, 博多湾では, 夏場は窒素・リンの富栄養化の問題を抱えているが, 冬場は逆にリンの不足が深刻な問題となっている. この冬場の貧栄養化 (oligotrophication) は日本全国の内湾で問題となっており, 博多湾や東京湾では溶存無機態リンが不足し, 瀬戸内海や三河湾では溶存無機態窒素が不足している. こういった冬季の貧栄養化に対し, ダム放流や下水処理施設の調整運転によって, 内湾への栄養塩供給対策がとられている場合もある.

以上のように, 物質は水とともに循環しているがその制御は難しく, それを実施するためには地域・地球規模の総合的な協議・協働が不可欠である. 　　［大槻恭一］

文　献

岩坪五郎・堤　利夫：森林内外の降水中の養分量について (第 2 報), 京都大学農学部演習林報告, 39, 110-124 (1967)

環境省：越境大気汚染・酸性雨長期モニタリング報告書 (平成 20〜24 年度), 環境省 (2014)

久米　篤他：広域大気汚染の現状と森林生態系への影響—屋久島と立山の事例—，日本生態学会誌，**61**（1），97-106（2011）

研究開発戦略センター：戦略プロポーザル 持続的窒素循環に向けた統合的研究推進，独立行政法人科学技術振興機構研究開発研究センター（2013）

全国環境研協議会酸性雨広域大気汚染調査研究部会：第5次酸性雨全国調査報告書（平成23年度），全国環境研会誌，**38**（3），84-126（2013）

（http：//db.cger.nies.go.jp/dataset/acidrain/ja/05/，2015年10月16日確認）

野口　泉・山口高志：大気からの窒素成分沈着，地球環境，**15**（2），111-120（2010）

和田英太郎，安成哲三編：水・物質循環系の変化（地球環境学4），岩波書店（1999）

Canfield, D. E. et al.：The evolution and future of earth's nitrogen cycle, *Science*, **330**, 192-196（2010）

Chiwa, M. et al.：Rainfall, stemflow, and throughfall chemistry at urban- and mountain-facing sites at Mt. Gokurakuji, Hiroshima, western Japan, *Water Air Soil Poll.*, **146**, 93-109（2003）

Chiwa, M. et al.：Role of stormflow in reducing N retention in a suburban forested watershed, western Japan, *J. Geophys. Res.*, **115**, GO2004, doi：10.1029/2009JG000944（2010）

Chiwa, M. et al.：Impact of N-saturated upland forests on downstream N pollution in the Tatara river basin, Japan, *Ecosystems*, **15**, 230-241（2012）

Chiwa, M. et al.：The increased contribution of atmospheric nitrogen deposition to nitrogen cycling in a rural forested area of Kyushu, Japan, *Water Air Soil Poll.*, **224**, 1763（2013）

Chiwa, M. et al.：A nitrogen-saturated plantation of Japanese cedar and Japanese cypress in Japan is a large non-point nitrogen source, *J. Environ. Qual.*, **44**, 1225-1232（2015）

Dise, N. B. and Wright, R. F.：Nitrogen leaching from European forests in relation to nitrogen deposition, *For. Ecol. Manag.*, **71**, 153-161（1995）

Rockström, J. et al.：A safe operating space for humanity, *Nature*, **461**, 472-475（2009）

付録 D 大雨が増えている？

地球温暖化に伴うとされる気候変動の一つとして，豪雨や渇水などの極端現象（extreme event）の頻度の増加が挙げられており，将来の水害危険度の増加への対応が問題になっている．このような背景もあり，最近，大雨や水害が増えたように感じる人は少なくないであろう．

将来の気候変化は，大気大循環モデル（general circulation model, GCM）や地域気候モデル（regional climate model, RCM）といった数値気候モデルを用いて予測されており，世界各国で多くのモデルが開発され，気候の将来予測に用いられている．地球温暖化に伴って予測されるさまざまな影響については，全世界で精力的に研究が進められており，その研究成果は，気候変動に関する政府間パネル（Intergovernmental Panel on Climate Change, IPCC）で収集分析され，定期的に報告書により公表されている（IPCC, 2013；気象庁, 2015）．

ここでは，過去の気象データに注目し，気象庁の公式ウェブサイトで得られる気象データを用いて，近年の大雨の規模・頻度の変化を，いくつかの統計的指標の経年的変化を見ながら考えてみよう．

D.1 年最大日雨量の長期的変化

雨量・気温などの気象要素や株価の長期的変動を見るための統計的指標として，「移動平均」（moving average）がよく用いられる．

N 年間の年最大日雨量データ $x_i (i=1, 2, \cdots, N)$ を標本とし，この対象期間 N 年間中の時点 j から遡った直近の n 年間のデータ $x_{j-n+1}, x_{j-n+2}, \cdots, x_j$（ただし $n \leq j \leq N$）のデータを標本とする平均 $MA(j)$ を以下のように表す．

$$MA(j) = \frac{1}{n} \sum_{i=j-n+1}^{j} x_i \tag{D.1}$$

である．この $MA(j)$ を移動平均と呼ぶ．移動平均は，対象とする値を平滑化したものであり，長期的な変動の傾向を知るためによく用いられる．

ここで移動平均を求める対象とした標本は，あらかじめ定められた n 年間という区間長を持っているが，この区間を「標本窓」（sample window），この区間の長さ

D.1 年最大日雨量の長期的変化

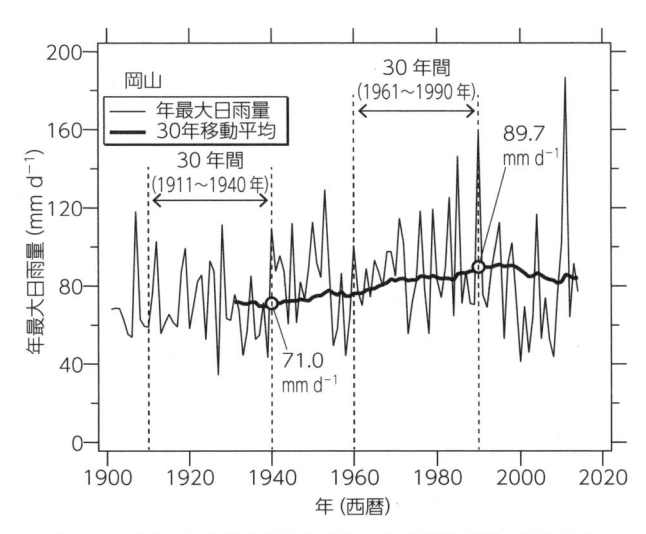

図 D.1 岡山における年最大日雨量と 30 年移動平均の経年変化

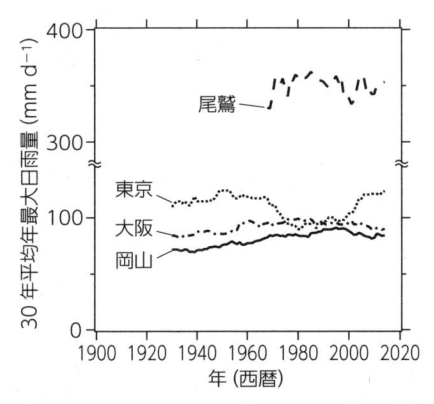

図 D.2 岡山・大阪・尾鷲・東京における年最大日雨量の 30 年移動平均の経年変化

(幅) のことを「窓幅」(window length), 標本窓の中のデータを「移動標本」(moving sample) と呼ぶことがある.

これを用いて, 岡山地点における年最大日雨量の長期的変化を見てみよう. 岡山地点における 1901～2014 年の 114 年間の年最大日雨量データから, 30 年間を窓幅として移動平均を求めた結果を図 D.1 に例示する. 例えば 1940 年における移動平均は, 1911～1940 年の 30 個の標本の平均, 1990 年における移動平均は 1961～1990 年の 30

個の標本の平均であり，それぞれ 71.0 mm d^{-1}, 89.7 mm d^{-1} である．図 D.1 に示した移動平均の折れ線は，この 30 年間の標本窓を 1 年ずつ動かしながら各移動標本からそれぞれ求められた平均値を結ぶことにより得られたものである．この図から，岡山では移動平均が経年的に徐々に上昇していることが窺える．

　岡山に加え，大阪，東京の 3 地点における 1901～2014 年の 114 年間の年最大日雨量及び尾鷲地点における 1939～2014 年の 76 年間の年最大日雨量データから，30 年間を窓幅として移動平均を求めた結果をそれぞれ図 D.2 に示す．岡山では図 D.1 に示したように移動平均の経年的上昇傾向が見られたのに対し，大阪では 1980 年頃まで上昇した後に徐々に減少，東京地点では 1965 年頃から減少し 1980 年頃から 2000 年直前までほぼ一定値を保った後に再び増加，尾鷲地点では経年的変動幅は大きいものの，全体的に見れば大きな変化はなかった．このように，移動平均の経年変化は地点によって異なり，岡山以外では明らかな増加傾向は見られなかった．

D.2 「100 年に一度の雨」の大きさ

　移動平均と同様に，「100 年に一度の雨」の大きさも年々変化している．奇妙に聞こえるかもしれないが，第 7 章で述べたように，「100 年に一度の雨」を「100 年確率日雨量」または「超過確率が 1/100 の日雨量」のように統計的に定義し，1 年ごとに得られる各移動標本からそれぞれ 100 年確率日雨量を求めれば，これが経年的に変化することは容易に想像できるだろう．

　岡山，大阪，尾鷲，東京の 4 地点における年最大日雨量にそれぞれグンベル分布を

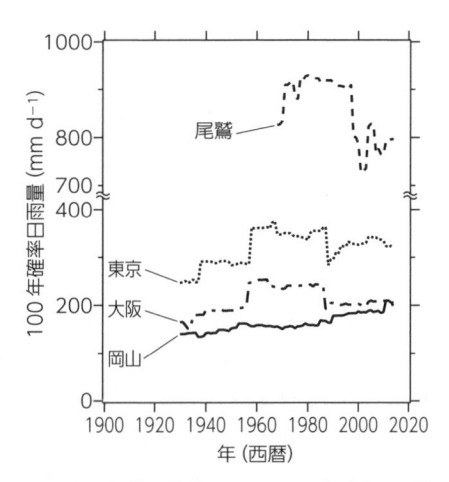

図 D.3　岡山・大阪・尾鷲・東京における 100 年確率日雨量の経年変化
直近の 30 年間の年最大日雨量に基づく推定値．グンベル分布を適応．

当てはめて求めた"移動"100年確率日雨量の変化を，図D.3に示す．標本窓の窓幅は，図D.2の場合と同様に30年間である．岡山では，100年確率日雨量は経年的に増加している．東京および大阪では，1960年頃から1985年頃まで大幅に上昇しているが，これは，大阪では1957年に記録した250 mm d^{-1}，東京では翌1958年に記録した371.9 mm d^{-1}という既往最大日雨量（2014年現在）の影響で，その後，この値が移動標本の対象から外れる30年後まで，年最大日雨量の確率分布の推定に影響を与えたためである．このことを考慮すると，全体的な傾向としては，いずれの地点でも100年確率日雨量は経年的に増加する傾向にあると言ってよさそうである．尾鷲は，他地点と比較して，まず日雨量の多さに驚かされるが，100年確率日雨量については，変動幅は大きいものの明確な増加・減少の傾向は見出せない．

D.3 「100年に一度の雨」の頻度

「100年に一度の雨」の頻度は年々変化する．昔，100年に一度だった大雨が，今，10年に一度に起こるのであれば，大雨の頻度が上がったと言ってよいだろう．

図D.4に，岡山・大阪・東京の各地点については1931年当時，尾鷲地点については1968年当時に100年確率だった日雨量について，その確率年がその後どのように変化したかを示している．この図を見ると，岡山・大阪・東京の各地点では，確率年

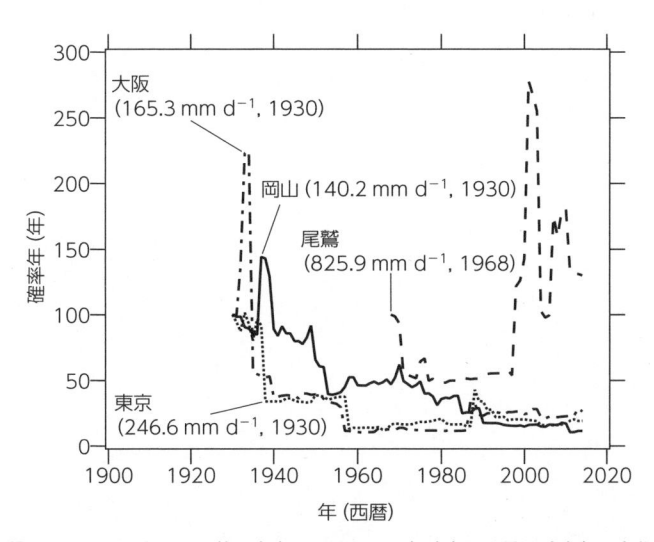

図D.4 岡山・大阪・尾鷲・東京における100年確率日雨量の確率年の変化
岡山・大阪・東京は，1930年における100年確率日雨量，尾鷲は1968年における100年確率日雨量の確率年の経年変化を表示．直近の30年間の年最大日雨量に基づく推定値．グンベル分布を適応．

が明らかに経年的に短くなっている．2014年の時点で岡山では11.6年，大阪では26.4年，東京では19.4年に一度になっており，大雨の頻度が上がったと言えるだろう．

D.4　本当に大雨は増えているのか？

　近年，「大雨が増えているのか？」という問いかけに対し，岡山・東京・大阪・尾鷲の4地点について，いくつかの統計的指標の変化を見ながら検討してみたが，移動平均，100年確率日雨量の変化を見ると，岡山では年最大日雨量やその100年確率の値に増加の傾向が見られた．しかし，その他の地点については明確な傾向は見出せなかった．

　一方，1930年当時の100年確率日雨量の確率年の変化を見ると，岡山に加え，東京・大阪でも経年的な減少傾向が見られ，大雨の頻度が高くなっていることが示された．

　これだけの検討結果で，大雨が増えていると断言できないが，統計的指標の中には大雨の増加傾向を示唆しているものがあると言ってよさそうである．　　[**近森秀高**]

文　献

気象庁：過去の気象データ検索，http://www.data.jma.go.jp/obd/stats/etrn/index.php（2015年10月16日確認）

Intergovernmental Panel on Climate Change：Climate Change（IPCC）：The Physical Science Basis-IPCC Working Group I Contribution to AR5-, http：//www.climatechange2013.org/　（日本語訳は気象庁：気候変動2013自然科学的根拠 概要，http：//www.data.jma.go.jp/cpdinfo/ipcc/ar5/index.html，いずれも2015年10月16日確認）

演習問題解答

問 1.1 海水の体積 $1{,}338{,}000{,}000 \text{ km}^3$ を海上からの蒸発量 $505{,}000 \text{ km}^3 \text{ y}^{-1}$（図1.2参照）で割れば，海水の平均滞留時間は 2,650 年となる．

問 1.2 流域内貯留量が小さい程，流域からの流出量は小さくなる傾向にあるから，渇水期における流域内貯留量は小さいと考えてよい．また，季節変動は1年（12ヶ月）周期を持つことから，水収支期間の始点を渇水期に取り，水収支期間を1年（12ヶ月）の倍数，すなわち水年の倍数とすれば，水収支期間の始点，終点ともに同じ季節の渇水期となり，始点の流域内貯留量 S_1 と終点の流域内貯留量 S_2 はいずれも小さく，かつ同程度となることから，貯留量変化 $\Delta S = S_2 - S_1$ が小さくなる．さらに，水収支期間を長く取れば，水収支式を構成する各項（水収支期間の総降水量など）が大きくなるから，各項に比して，貯留量変化 ΔS が相対的に小さくなり，貯留量変化 ΔS を無視することができる．

問 1.3 わが国の国土面積は $377{,}962 \text{ km}^2$（2013年10月，総務省統計局「日本の統計 2015」）であるから，平均年降水量 $1{,}690 \text{ mm y}^{-1}$ に国土面積を乗じると，わが国の降水総量は 6,388 億 $\text{m}^3 \text{ y}^{-1}$ となる．これをわが国の人口 127,082 千人（2014年11月確定値，総務省統計局「人口推計」）で割れば，一人当たり降水総量は $5{,}026 \approx 5{,}000 \text{ m}^3 \text{ y}^{-1}$ となる．

問 1.4 平均年降水量 $1{,}690 \text{ mm y}^{-1}$ から平均年蒸発散量 600 mm y^{-1} を差し引いた $1{,}090 \text{ mm y}^{-1}$ に国土面積 $377{,}962 \text{ km}^2$ を乗じると，わが国の水資源賦存量は 4,120 億 $\text{m}^3 \text{ y}^{-1}$ となる．これをわが国の人口 127,082 千人で割れば，一人当たり水資源賦存量は $3{,}242 \approx 3{,}200 \text{ m}^3 \text{ y}^{-1}$ となる（注：図1.4では，わが国の一人当たり水資源賦存量を $3{,}400 \text{ m}^3 \text{ y}^{-1}$ としているが，これは国土交通省水資源部が FAO（国連食糧農業機構）の Aquastat データに基づいて集計したもので，水資源賦存量の見積りが若干異なる）．

問 2.1 (2.20) 式により，乾燥断熱減率 $\Gamma_d = 0.0098 \text{ K m}^{-1} = 9.8 \text{ ℃ km}^{-1}$，湿潤断熱減率 $\Gamma_m = 0.0048 \text{ K m}^{-1} = 4.8 \text{ ℃ km}^{-1}$.

湿潤断熱減率が乾燥断熱減率より小さいのは，湿潤断熱過程では上昇して空気塊が冷却され水蒸気が凝結する際に潜熱が放出されるからである．なお，標準大気の気温減率は高度 11 km まで 6.5 ℃ km^{-1} である．

問 2.2 ① (2.1) 式を用いて，気温 T_a から飽和水蒸気圧 $e_{sat}(T)$ を求める．② (2.2) 式を用いて，相対湿度 RH と飽和水蒸気圧 $e_{sat}(T_a)$ の算定値から水蒸気圧 e_a を求める．③ (2.5) 式を用いて，気圧 p と水蒸気圧 e_a の算定値から比湿 q を求める．④各気圧間の水蒸気量 $W_i = 100 q \Delta p / g$ を算定する．⑤地上から 250 hPa 面までの空気柱の水蒸気量 W_i を合計し，空気柱の総水蒸気量を計算すると $\sum W_i = 63.39 \text{ kg m}^{-2}$ を得る．⑥空気柱の総水蒸気量 63.86 kg m^{-2} を水の密度 $\rho_w = 999.97 \text{ kg m}^{-3}$ で割り，mm 単位に換算すると可降水量 $R_p = 63.9 \text{ mm}$ を得る．

問 2.3 放射乾燥度 RDI，自然植生の純一次生産量 NPP の推定結果を表2に示す．表中の網

表1 可降水量の算定（問2.2）

気圧 p (hPa)	気温 T_a (℃)	相対湿度 RH (％)	飽和水蒸気圧 $e_{sat}(T_a)$ (hPa)	水蒸気圧 e_a (hPa)	比湿 q ($\times 10^{-3}$ kg kg^{-1})	水蒸気量 W_i (kg m^{-2})
999	22.2	96	26.76	25.69	16.15	11.73
925	20.9	89	24.72	22.00	14.93	3.75
900	19.4	92	22.53	20.72	14.45	7.11
850	16.8	95	19.13	18.18	13.41	6.60
800	14.4	97	16.40	15.91	12.47	11.63
700	9.1	100	11.56	11.56	10.33	9.13
600	2.4	100	7.26	7.26	7.56	6.79
500	-3.8	100	4.61	4.61	5.76	4.63
400	-13.5	99	2.16	2.13	3.32	1.35
350	-20.8	96	1.16	1.12	1.99	0.76
300	-29.4	91	0.53	0.48	1.00	0.37
250	-38.9	85	0.21	0.18	0.44	

掛け以外の数値が，実在する降水量と純放射量の関係である．森林が出現するのは，放射乾燥度0.3～1.1の範囲（純放射量が潜熱換算降水量とほぼ同等か下回る地域）であり，この地域では純放射量が多いほど純一次生産量は多くなる．

表2 自然植生の純一次生産量 NPP（乾物 t ha^{-1}）（問2.3）

R_n (MJ m^{-2})	R (mm)				
	250	500	1,000	2,000	4,000
250	1.67(0.41)	1.72(0.20)	1.73(0.10)	1.73(0.05)	1.73(0.03)
500	3.00(0.81)	3.34(0.41)	3.43(0.20)	3.46(0.10)	3.46(0.05)
1,000	3.92(1.63)	6.01(0.81)	6.69(0.41)	6.87(0.20)	6.92(0.10)
2,000	1.41(3.25)	7.83(1.63)	12.02(0.81)	13.38(0.41)	13.74(0.20)
4,000	0.00(6.50)	2.82(3.25)	15.66(1.63)	24.04(0.81)	26.75(0.41)

注）（ ）内の値は放射乾燥度 RDI

問2.4 （1）算術平均法の場合： $\bar{R}=\sum R_i/n=1{,}650/9=183$ mm．
（2）ティーセン法の場合： ティーセン法によって分割した多角形の面積によって日降水量を加重平均し，流域平均降水量を求める．$\bar{R}=\sum A_iR_i/A_A=18{,}739.8/102.2=183$ mm．
（3）等降水量線法の場合： 10 mm 間隔の等雨量線を引くと流域は5地帯に分けられる．各地帯の平均降水量 $\bar{R_i}$ に各地帯の面積 A_i をかけ，$A_i\bar{R_i}$ を求めて降水量の加重平均を求める．$\bar{R}=\sum A_i\bar{R_i}/A_A=18{,}725.0/102.2=183$ mm．

問2.5 標高 $z_1=300$ m を回帰式に代入し，平均降水量 $R_1=746.9$ mm を推定し，面積 $A_1=13.0$ km^2 を乗じて標高200～400 m の $A_1R_1=9{,}709.8$ km^2 mm を得る．同様に順次各標高帯の A_iR_i を求め，その積算値を流域面積で割って流域平均降水量を算定すると，1,100 mm を得る．$\bar{R}=\sum A_iR_{w,i}/\sum A_i=112{,}388.8/102.2=1{,}100$ mm．

問2.6 流域 A，B の降雨継続時間はそれぞれ20分，50分であり，補正係数1.0なので，

表3 面積降水量の算定（問2.5）

平均標高 z_i (m)	面積 A_i (km²)	降水量推定値 R_i (mm)	$A_i R_i$
300	13.0	746.9	9,709.8
500	25.1	929.7	23,334.2
700	30.9	1,112.4	34,372.9
900	24.0	1,295.1	31,083.1
1,100	7.6	1,477.9	11,231.8
1,300	1.6	1,660.6	2,657.0
	102.2		112,388.8

表4 A, B 流域の確率降雨強度（問2.6）

流域 洪水到達時間	A 20 min	B 50 min
1/5 年確率	80.1	52.2
1/10 年確率	91.7	60.7
1/50 年確率	116.3	80.1

表2.2の短時間降雨強度式を補正なしで使用する．1/5, 1/10, 1/50 年確率の確率降雨強度の計算結果を表4に示す．

問2.7 針葉樹人工林の間伐前後の林内雨量と，間伐による林内雨量増分の計算結果を表5に示す．

表5 針葉樹人工林の間伐前後の林内雨量と，間伐による林内雨量増分（問2.7）

間伐前 立木密度 本/ha	林内雨量 (mm y⁻¹)			林内雨量増分 (mm y⁻¹)	
	無間伐	間伐率（本数） 30%	50%	間伐率（本数） 30%	50%
1,000	1,394	1,459	1,514	66	120
1,500	1,316	1,384	1,447	68	131
2,000	1,266	1,329	1,394	63	127
2,500	1,234	1,289	1,351	54	116
3,000	1,214	1,259	1,316	45	103

注）年降水量：1,700 mm y⁻¹

問3.1 地球（$T=288$ K）の場合：$I=390$ W m⁻², $\lambda_{max}=1.01\times10^{-5}$ m $=10.1$ μm, $I_b=2.55\times10^7$ W m⁻² m⁻¹ $=25.5$ W m⁻² μm⁻¹.

太陽（$T=5,780$ K）の場合：$I=6.33\times10^7$ W m⁻² $=63.3$ MW m⁻², $\lambda_{max}=5.01\times10^{-7}$ m $=501$ nm, $I_b=8.30\times10^{13}$ W m⁻² m⁻¹ $=8.30\times10^7$ W m⁻² μm⁻¹ $=83.0$ MW m⁻² μm⁻¹.

問3.2 標高800 m における大気圧は次式で概算できる．$p=p_0\exp(-z/8,200)=1,013\times\exp(-800/8,200)=918.8$ hPa.

大気路程は（3.20）式より $m=1.047$.

大気透過率 τ を快晴時の 0.7 とすると，$\tau^m=0.7^{1.047}=0.6883$ となる．ここで（3.19）式を用いて直達日射量 $S_p=S_{p0}\cdot\tau^m=940.9$ W m⁻²．（3.17）式を用いて，水平面直達日射量 $S_b=814.8$ W m⁻²．（3.21）式を用いて散乱日射量 $S_d=110.7$ W m⁻²．（3.18）式より，全天日射量 $S_t=925.5$ W m⁻²．

反射日射 S_r は表 3.1 の草原の平均アルベド 0.26 を用いて，$S_r=240.6$ W m⁻².

草地表面および葉面の射出率 $\varepsilon_S=0.97$ である．気温 $T_a=30$ ℃のときの快晴日の天空射出

率は，(3.29) 式より $\varepsilon_a=0.8456$ である．したがって，大気，地表面，葉面の長波放射は，それぞれ $L_a=405.0\,\mathrm{W\,m^{-2}}$, $L_g=496.0\,\mathrm{W\,m^{-2}}$, $L_l=464.6\,\mathrm{W\,m^{-2}}$.

地表面の純放射量： 草地ではアルベド $a_s=0.26$ であり，吸収率 $a_s=0.74$. 太陽高度 $60°$ であるから，$F_p=\sin h=\sin 60°=0.866$. 地表面では，$F_d=F_a=F_e=1$, $F_r=F_g=0$ であるから，

$$R_{abs}=a_S(F_p S_p+F_d S_d+F_r S_r)+a_L(F_a L_a+F_g L_g)$$
$$=0.74\times(0.866\times940.9+1\times110.7+0\times240.6)+0.97\times(1\times405.0+0\times496.0)$$
$$=1,077.7\,\mathrm{W\,m^{-2}},$$
$$R_n=R_{abs}-F_e\varepsilon_g\sigma T_g{}^4=1,077.7-1\times496.0=581.7\approx582\,\mathrm{W\,m^{-2}}.$$

葉面の純放射量： 葉が水平であるから，$F_p=0.5\times\sin h=0.433$ である．他の形態係数はすべて 0.5 であり，$F_e=1$ である．葉の短波放射吸収率 $a_S=0.5$ であるから

$$R_{abs}=a_S(F_p S_p+F_d S_d+F_r S_r)+a_L(F_a L_a+F_g L_g)$$
$$=0.5\times(0.433\times940.9+0.5\times110.7+0.5\times240.6)+0.97\times(0.5\times405.0+0.5\times496.0)$$
$$=728.5\,\mathrm{W\,m^{-2}},$$
$$R_n=R_{abs}-F_e\varepsilon_l\sigma T_l{}^4=728.5-1\times464.6=263.9\approx264\,\mathrm{W\,m^{-2}}.$$

問 3.3 X 軸に風速 u, Y 軸に対数で高度 z を取り，散布図を描く．高度 z から試行錯誤的に数値を引いて，線形回帰式の相関係数が最も高くなったときの数値を地面修正量 d とし，そのときの切片を z_0 とすると，地面修正量 $d=0.30\,\mathrm{m}$, 粗度長 $z_0=0.088\,\mathrm{m}$ となる．

(3.40) 式より，摩擦速度 $u^*=0.50\,\mathrm{m\,s^{-1}}$ であるから，0.4 m および 5.0 m における風速はそれぞれ $0.1\,\mathrm{m\,s^{-1}}$, $4.9\,\mathrm{m\,s^{-1}}$ と推定される．

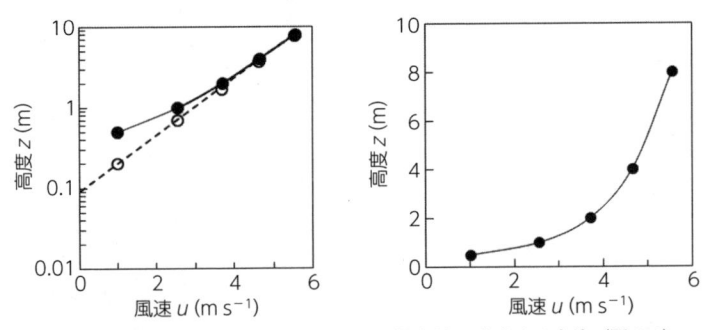

図1 風速観測値から地面修正量 d および粗度長 z_0 を求める方法（問 3.3）

問 3.4 (2.1) 式より水面および大気の飽和水蒸気圧は $e_{sat}(T_s)=31.67\,\mathrm{hPa}$, $e_{sat}(T_a)=42.43\,\mathrm{hPa}$ である．(2.2) 式より大気の水蒸気圧 $e_a=21.21\,\mathrm{hPa}$ であり，(2.5a) 式より水面および大気の比湿は $q_{sat}(T_s)=0.01994\,\mathrm{kg\,kg^{-1}}$, $q_a=0.01330\,\mathrm{kg\,kg^{-1}}$ である．地面修正量 $d=0$ として，(3.43) 式より蒸発バルク輸送係数は $C_E=1.981\times10^{-3}$ である．これらの値を (3.42) 式に代入して $E=6.000\times10^{-5}\,\mathrm{kg\,m^{-2}\,s^{-1}}$ を得る．これを 1 時間あたりの水深に換算すると，$E=6.000\times10^{-5}\times1,000\times60\times60/997.0\,\mathrm{mm\,h^{-1}}=0.22\,\mathrm{mm\,h^{-1}}\approx0.2\,\mathrm{mm\,h^{-1}}$.

問 3.5 (3.4) 式より水の蒸発潜熱 $l=2,444$ kJ kg^{-1}.
(3.47)~(3.49) より, $\gamma=0.670$ hPa ℃$^{-1}$, $\beta=0.335$, $lE=374.5$ W m^{-2} である. これを 1 時間あたりの水深に換算すると, $E=0.55≈0.6$ mm h^{-1}.

問 3.6 月平均可照時間 N, ブラネイ-クリドル式の d_L, ソーンスウェイト法の $(T_m/5)^{1.514}$, 飽和水蒸気圧 e_{sat}, 飽和容積絶対湿度 $\rho_{v,sat}$, ブラネイ-クリドル法 (BC), ソーンスウェイト法 (TW), ハモン法 (HM) による蒸発散位, 小松法 (KM) による森林流域蒸発散量の推定結果を以下の表 6 に示す.

表 6 経験法による蒸発散量推定結果 (問 3.6)

月	1	2	3	4	5	6	7	8	9	10	11	12
平均気温 (℃)	7.5	7.6	11.5	15.6	20.5	22.6	27.1	26.5	24.2	19.7	14.7	7.6
N (h)	10.1	10.9	11.9	13.0	13.8	14.2	13.9	13.1	12.0	11.0	10.1	9.8
d_L	0.23	0.25	0.27	0.30	0.32	0.32	0.32	0.30	0.27	0.25	0.23	0.22
$(T_m/5)^{1.514}$	1.85	1.88	3.53	5.60	8.47	9.81	12.92	12.49	10.89	7.97	5.12	1.88
e_{sat} (hPa)	10.4	10.4	13.6	17.7	24.1	27.4	35.9	34.6	30.2	23.0	16.7	10.4
$\rho_{v,sat}$ (kg m^{-3})	8.0	8.1	10.3	13.3	17.8	20.1	25.9	25.0	22.0	17.0	12.6	8.1
E(BC) (mm d^{-1})	2.6	2.9	3.6	4.5	5.5	6.0	6.5	6.0	5.3	4.3	3.4	2.6
E(TW) (mm d^{-1})	0.4	0.4	1.0	1.8	3.2	4.0	5.4	4.9	3.8	2.4	1.3	0.4
E(HM) (mm d^{-1})	0.8	0.9	1.4	2.2	3.3	3.9	4.9	4.2	3.1	2.0	1.3	0.8
E(KM) (mm d^{-1})	1.9	2.1	2.3	2.9	3.3	3.7	4.1	4.0	3.9	3.3	2.8	1.9

問 3.7 (2.1) 式より群落表面の水蒸気圧 $e_{sat}(T_s)=42.43$ hPa であり, (2.5a) 式より群落表面と大気の比湿はそれぞれ $q_{sat}(T_s)=0.0268$ kg kg^{-1}, $q_a=0.0125$ kg kg^{-1} である. 水蒸気輸送の総コンダクタンスは, 群落コンダクタンスと境界層コンダクタンスの直列配置で表現される.

$$g=\frac{1}{\dfrac{1}{g_a}+\dfrac{1}{g_c}}=\frac{1}{\dfrac{1}{0.150}+\dfrac{1}{0.015}}=0.0136 \text{ m s}^{-1}.$$

空気の密度は

$$\rho_a=1.293\frac{273.15}{273.15+T_a}\left(\frac{p}{p_0}\right)\left(1-0.378\frac{e_a}{p}\right)=1.160 \text{ kg m}^{-3}$$

であるから, (3.44) 式より $E=2.26×10^{-4}$ kg m^{-2} s^{-1} である. 1 時間あたりの水深に換算すると $E=0.82≈0.8$ mm h^{-1}.

問 4.1

問 4.2 降雨余剰が発生し始める時刻を t_1, その時刻に対応する補正時間を t'_1 とすると，与えられた条件においては，次式が成り立つ（コラム「降雨強度が浸入能を下回るときの扱い」参照）．$20 \times t_1 = 12 \times (t'_1)^{1/2} + 5 \times (t'_1)$, $(1/2) \times 12 \times (t'_1)^{-1/2} + 5 = 20$.

これらの式より，$t'_1 = 0.16$ h, $t_1 = 0.28$ h が得られる．また，$t_2 = 2$ h であるから，積算浸入量と降雨余剰の積算値は次のように求められる．$I = 20 \times 0.28 + 12 \times (0.16 + 2 - 0.28)^{1/2} + 5 \times (0.16 + 2 - 0.28) - 12 \times 0.16^{1/2} - 5 \times 0.16 = 25.9$ mm, $R_e = 20 \times 2 - 25.9 = 14.1$ mm.

問 4.3 流域面積 A km^2 は $A \times 1{,}000 \times 1{,}000$ m^2 である．1 時間分の河川流量の体積は $Q \times 3{,}600$ m^3 となるから，mm h^{-1} 単位の流出高 Q_h は次式で求められる．

$$Q_h = \frac{Q \times 3{,}600}{A \times 1{,}000 \times 1{,}000} \times 1{,}000 = Q \times \frac{3.6}{A} \text{ mm h}^{-1}.$$

一方，24 時間分の河川流量の体積が $Q \times 24 \times 3{,}600$ m^3 となるから，mm d^{-1} 単位の流出高 Q_d は次式で求められる．

$$Q_d = \frac{Q \times 24 \times 3{,}600}{A \times 1{,}000 \times 1{,}000} \times 1{,}000 = Q \times \frac{86.4}{A} \text{ mm d}^{-1}.$$

問 4.4 Q を流量，Q_d を直接流出量，Q_b を基底流出量，C を河川水のトレーサー濃度，C_d を直接流出のトレーサー濃度，C_b を基底流出のトレーサー濃度とするとき，連続式と質量保存則から次式を得る．$Q = Q_d + Q_b$, $QC = Q_d C_d + Q_b C_b$.

第 1 式（連続式）より $Q_b = Q - Q_d$ であるから，これを第 2 式（質量保存則）に代入して Q_b を消去した後，これを Q_d について解くと（4.12）式を得る．同様に，第 1 式より $Q_d = Q - Q_b$ であるから，これを第 2 式に代入して Q_d を消去した後，これを Q_b について解くと（4.13）式を得る．

問 5.1 右辺 $= (M_w/M_s)(M_s/V)/(M_w/V_w) = V_w/V =$ 左辺．

問 5.2 (5.2) 式より，$w = M_w/M_s =$ (水の質量)/(乾燥土の質量) $= (160 - 136)/(136 - 36) = 0.24$.

(5.4) 式より，$\theta = w(\rho_b/\rho_w) = 0.24 \times (1.3 \text{ Mg m}^{-3}/1.0 \text{ Mg m}^{-3}) = 0.31$. ただし，水の密度 ρ_w を 1.0 Mg m^{-3} とした．

問 5.3 (1) Excel 等の表計算ソフトを用いて比誘電率と体積含水率の散布図を描き，近似曲線において 3 次の多項式を選択すると，次式を得る．

$$\theta = 3.58 \times 10^{-2} + 1.45 \times 10^{-2} K - 1.11 \times 10^{-3} K^2 + 49.3 \times 10^{-6} K^3.$$

(2) (1) で求めた式に $K = 17$ を代入すると，$\theta = 0.20$ となる．(5.5) 式を用いて

$$d_{0-30} = 0.20 \times 30 \text{ cm} = 6 \text{ cm} = 60 \text{ mm}$$

問 5.4 -100×10^3 Pa $\div (9.8$ m s$^{-2} \times 1.0 \times 10^3$ kg m$^{-3}) = -10.20$ m $= -1{,}020$ cm. 全水頭は，$-50 + (-1{,}020) = -1{,}070$ cm.

問 5.5 (5.12) 式の左辺に微分の連鎖法則を用いると次式のようになる．

$$\frac{\partial \theta}{\partial t} = \frac{d\theta}{dh}\frac{\partial h}{\partial t} = C(h)\frac{\partial h}{\partial t}, \quad \text{ただし, } C(h) = \frac{d\theta}{dh}.$$

問 5.6

$$C(h) = \frac{d\theta}{dh} = (\theta_s - \theta_r)\frac{d}{dh}\{1 + [\alpha(-h)]^n\}^{-m} = (\theta_s - \theta_r)\frac{-m}{\{1+[\alpha(-h)]^n\}^{m+1}}\frac{d}{dh}\{1+[\alpha(-h)]^n\}$$

$$= (\theta_s - \theta_r)\frac{-m}{\{1+[\alpha(-h)]^n\}^{m+1}}(-1)\alpha^n n(-h)^{n-1} = \frac{\alpha^n(\theta_s-\theta_r)mn(-h)^{n-1}}{\{1+[\alpha(-h)]^n\}^{m+1}}.$$

問 5.7 圃場容水量を $-6\,\text{kPa}\,(\text{pF}\approx 1.8)$ とすると $h \approx -60\,\text{cm}$. したがって, (5.16) 式より, $\theta=0.30$. シオレ点 $-1.5\,\text{MPa}$ では $h\approx -15{,}000\,\text{cm}$. したがって, $\theta=0.05$. 有効水分量は, $(0.30-0.05)\times 30\,\text{cm} = 7.5\,\text{cm} = 75\,\text{mm}$.

問 5.8 (1) (5.8) 式より, 上層：$q_1 = -6\times(10-8)/(0-100) = 0.12\,\text{m}\,\text{d}^{-1}$, 下層：$q_2 = -3\times(10-8)/(0-100) = 0.06\,\text{m}\,\text{d}^{-1}$.

(2) (5.10) 式より, $K_h = (4\times 6 + 2\times 3)/(4+2) = 5\,\text{m}\,\text{d}^{-1}$.

(3) $Q = -5\times(10-8)/(0-100)\times(4+2) = 0.6\,\text{m}^2\,\text{d}^{-1}$. (別解) $Q = q_1\times 4 + q_2\times 2 = 0.6\,\text{m}^2\,\text{d}^{-1}$.

問 5.9 帯水層に貯留されている水量は水深換算で, $9{,}000\,\text{mm}\times 0.01 = 90\,\text{mm}$. 一方, 定常的な地下水の出入り量は, 同じく水深換算で, $450\,\text{m}^3\,\text{d}^{-1} \div (30\times 10^6\,\text{m}^2) = 1.5\times 10^{-5}\,\text{m}\,\text{d}^{-1} = 0.015\,\text{mm}\,\text{d}^{-1}$. したがって, 滞留時間は, $90\,\text{mm}/0.015\,\text{mm}\,\text{d}^{-1} = 6{,}000\,\text{d}\approx 16.4$ 年.

問 5.10 地下水位が z m 増加したとする. このとき, 不飽和帯の水分増加は, $(1-z)\times(0.2-0.15)$. 地下水位上昇に相当する水分増加は, $z\times(0.45-0.15)$. 降雨の浸透量は, $0.03\times 3 = 0.09\,\text{m}$. 水収支式は, $(1-z)\times(0.2-0.15) + z\times(0.45-0.15) = 0.09$ であるから, したがって $z = 0.16\,\text{m}$.

問 5.11 地下水の低下が x であるとすると, $3.5\times 10^6\,\text{m}^2\times x\times 0.18 = 750{,}000\,\text{m}^3$ となる. したがって, $x = 1.19\,\text{m}$.

問 5.12 左側水路を起点に右側に x 軸をとる. 定常流であることより, (5.20) 式は

$$0 = \frac{d}{dx}\left(Kh\frac{dh}{dx}\right) + R$$

と表される. 上式を2回積分すると, 次式の一般解を得る.

$$h^2 = -\frac{R}{K}x^2 + C_1 x + C_2.$$

境界条件を $x=0$ で $h=h_0$, $x=d$ で $h=h_1$ で与え積分定数 C_1, C_2 を求めると, 地下水位は次式で表される.

$$h = \left(-\frac{R}{K}x^2 + \frac{h_1^2 + \frac{R}{K}d^2 - h_0^2}{d}x + h_0^2\right)^{\frac{1}{2}}.$$

問 6.1 (1) 山地流域の $t_p \sim r_e$ 関係は, $t_p = CA^{0.22}r_e^{-0.35} = 290\times 2^{0.22}\times r_e^{-0.35}$ であり, これより $r_e = 10\,\text{mm}\,\text{h}^{-1}$ のとき $t_p = 151\,\text{min}$, $r_e = 100\,\text{mm}\,\text{h}^{-1}$ のとき $t_p = 67\,\text{min}$ を得る. 一方, 表に示した t_r ごとの r について $r_e = r_e = 0.6\times r$ より求める. 次いで, 両対数紙に $t_p \sim r_e$ 関係 (直線) と $r_e \sim t_r$ 関係 (曲線) をプロットして交点を読み取ると, $r_e = 21.5\,\text{mm}\,\text{h}^{-1}$ を得る.

これを合理式に代入すると，洪水ピーク流出量は次の通りとなる．
$$Q_p=(1/3.6)\,r_eA=(1/3.6)\times21.5\times2=12\,\mathrm{m^3\,s^{-1}}.$$
(2) 開発後の宅地流域の $t_p \sim t_r$ 関係は，$t_p=70\times2^{0.22}\times r_e^{-0.35}$ であり，これより $r_e=10\,\mathrm{mm\,h^{-1}}$ のとき $t_p=36\,\mathrm{min}$，$r_e=100\,\mathrm{mm\,h^{-1}}$ のとき $t_p=16\,\mathrm{min}$ を得る．表に示した t_r ごとの r について r_e を $r_e=0.9\times r$ より求めた後，両対数紙に $t_p\sim r_e$ 関係と $r_e\sim t_r$ 関係をプロットして交点を読み取ると，$r_e=92\,\mathrm{mm\,h^{-1}}$ を得る．合理式より開発後の洪水ピーク流出量は，$Q_p=(1/3.6)\times92\times2=51\,\mathrm{m^3\,s^{-1}}$ となる．

問 6.2 (6.10) 式をまとめると，次式が得られる．
$$\frac{dQ_L}{dt}=\frac{1}{KP}(r_e-Q_L)\,Q_L^{1-P}$$
ピーク流出量の発生条件 $dQ_L/dt=0$ を求めると，$r_e-Q_L=0$ が得られる．ここで，$Q_L(t)=Q(t+T_L)$ であるから，$r_e(t)=Q(t+T_L)$ となる．$T_L=0$ ならば，$r_e(t)=Q(t)$ となり，図 6.7 の点線で示すように，ピーク流出量は有効降雨波形上に現れることになる．遅れ時間がないとモデルは単純化されるが，その代償としてピーク流出量は有効降雨波形上にしか発生しないという制約が加わることになる．

問 6.3 時刻 t に対応する添字を k，時刻 $t+\varDelta t$ に対応する添字を $k+1$ で表すこととする．みかけの貯留量 S_L を x とおくと，(6.12) 式は次のようになる．
$$dx/dt=r_e-ax^m.$$
上式の右辺を $f(x)$ とおき，x_k のまわりでテーラー展開すると，
$$dx/dt=f(x_k)+f'(x_k)(x-x_k)=\alpha x+\beta,$$
$$\alpha=f'(x_k)=-am\,(x_k)^{m-1},\ \beta=f(x_k)-f'(x_k)x_k=r_e+a(m-1)(x_k)^m.$$
ここで，x_k は既知であるから，r_e を一定とすると，α,β はともに定数である．
$dx/dt=\alpha x+\beta$ は，1 階線形微分方程式で，その一般解は次式となる．
$$x=e^{\alpha t}\Bigl(\int e^{-\alpha t}\beta\,dt+C\Bigr) \quad\therefore x=Ce^{\alpha t}-\beta/\alpha\ (C\text{ は積分定数}).$$
時刻 t において $x=x_k$，時刻 $t+\varDelta t$ において $x=x_{k+1}$ であるから，
$$x_k=Ce^{\alpha t}-\beta/\alpha,\ x_{k+1}=Ce^{\alpha(t+\varDelta t)}-\beta/\alpha.$$
両式から C を消去して整理すると，次式を得る．
$$x_{k+1}=e^{\alpha\varDelta t}x_k+(\beta/\alpha)(e^{\alpha\varDelta t}-1).$$
α,β の式を上式に代入すれば，次の漸化式を得る．
$$x_{k+1}=\varPhi_k x_k+\varGamma_k b_k,$$
$$\varPhi_k=e^{\alpha\varDelta t}=e^{-am\,(x_k)^{m-1}\varDelta t},\ \varGamma_k=\frac{e^{\alpha\varDelta t}-1}{\alpha}=\frac{\varPhi_k-1}{-am\,(x_k)^{m-1}},\ b_k=\beta=r_e+a(m-1)(x_k)^m.$$
ここに，r_e は時間ステップ k から $k+1$ の間の有効降雨強度で一定とする．最後に x_k を $S_L(k)$，x_{k+1} を $S_L(k+1)$ と書き直せば，(6.14) 式を得る．

問 6.4 P を 0.6 に固定し，K を 5, 6, $\cdots$, 15 の 11 通り，T_L を 0, 1, 2 の 3 通りとした合計 33 通りの組み合わせについて，それぞれ流出計算を行い，RMSE を評価した結果を表 7 に示す（観測流出量 $Q_o\geq1\,\mathrm{mm\,h^{-1}}$ で評価）．この表では $K=11$，$T_L=1$ としたときの RMSE

値が 1.375 で最小であるから，最適モデル定数（mm-h 単位）は $P=0.6$, $K=11$, $T_L=1$ である．

問 6.5 r_e は一定であるから，(6.22)式は積分でき，次式を得る．
$$r_e t = kq^p \quad (\text{a}), \quad r_e x = q \quad (\text{b}).$$
斜面下流端では $x=B$ であるから，(b) 式より $r_e B = q$ である．これを (a) 式に代入すると，斜面の伝搬時間 t_S は $r_e t_S = k(r_e B)^p$ となり，両辺を r_e で割ると $t_S = kB^p r_e^{p-1}$ が得られる．

問 6.6 ①斜面流の運動方程式 $h=kq^p$ に問 6.5 の (b) 式を代入すると，斜面流の水面形として，次式が得られる．$h = k(r_e x)^p$.
②この斜面上の水深 h を斜面上流端から斜面下流端まで積分して，斜面長 B で割れば，斜面の平均貯留高 S_S が求められる．

$$S_S = \frac{1}{B}\int_0^B k(r_e x)^p dx = \frac{1}{B}\left[k\, r_e^p \cdot \frac{x^{1+p}}{1+p}\right]_0^B = \frac{kB^p}{1+p} r_e^p.$$

斜面の伝搬時間 $t_S = kB^p r_e^{p-1}$ を用いると，これを $S_S = r_e t_S/(1+p)$ と書くこともできる．同様にして，河道の貯留高 S_C は，河道伝播時間を t_C とすると，$S_C = r_e t_C/(1+P)$ である．よって，流域全体の貯留高 S は以下のように求められる．

$$S = S_S + S_C = \frac{r_e t_S}{1+p} + \frac{r_e t_C}{1+P} = \frac{r_e t_S}{1+p}\left(1 + \frac{1+p}{1+P}\frac{t_C}{t_S}\right) \quad \therefore S = \frac{kB^p}{1+p} r_e^p \left(1 + \frac{1+p}{1+P}\frac{t_C}{t_S}\right).$$

表7 RMSE 値の比較（mm h^{-1} 単位）（問 6.4）

モデル定数値		T_L		
		0	1	2
K	5	4.191	2.916	3.046
	6	3.744	2.475	2.919
	7	3.287	2.077	2.850
	8	2.848	1.750	2.829
	9	2.448	1.516	2.846
	10	2.101	1.391	2.889
	11	1.821	1.375	2.953
	12	1.619	1.446	3.030
	13	1.504	1.574	3.116
	14	1.473	1.733	3.206
	15	1.514	1.904	3.298

問 6.7 対象地点と気象観測所の標高差は 500 m であるから，標高 100 m あたり 0.6℃の気温低減率を考慮すると，気象観測所の日平均気温から 3℃を差し引けば，対象地点の日平均気温が求められる．0℃以上の日平均気温の積算値は 14℃ d，気温日融雪率は 6 mm d^{-1}℃$^{-1}$ であるから，積算融雪量は $14\times 6 = 84$ mm である．よって，10 日後の積雪量残高は $100-84 = 16$ mm となる．

問 6.8 気象観測点の標高と地帯代表標高との差は 550 m であるから，標高 100 m あたり 0.6℃の気温低減率を考慮すると，気象観測点の日平均気温から 3.3℃を差し引けば，地帯代表標高の日平均

表8 融雪量と積雪量残高の計算結果（問 6.8）

日付	日平均気温 (℃)	日降水量 (mm)	融雪量 (mm)	積雪量残高 (mm)
1	−0.3	2.4	0.00	252.40
2	1.4	6.0	8.51	243.90
3	2.5	0	15.00	228.90
4	3.0	9.6	18.36	210.54
5	1.7	0	10.20	200.34
6	2.2	0	13.20	187.14
7	3.7	14.4	22.87	164.27
8	2.9	0	17.40	146.87
9	4.6	0	27.60	119.27
10	5.8	0	34.80	84.47

注）いずれの項目も地帯代表標高の値

気温が求められる.また,この地帯の日降水量は,気象観測点の日降水量に1.2を乗じて求められる.

① 1日目: 地帯代表標高の日平均気温は -0.3℃であるから,降水量 $2\times1.2=2.4$ mm は雪として扱う.融雪量は 0 mm,積雪量残高は $250+2.4=252.4$ mm である.

② 2日目: 地帯代表標高の日平均気温は 1.4℃であるから,降水量 $5\times1.2=6$ mm は雨として扱う.融雪量は(6.41)式より $6\times1.4+6\times1.4/80=8.505$ mm,積雪量残高は $252.4-8.505=243.895$ mm である.

同様にして,1~10日目の融雪量と積雪量残高を求めた結果を表8に示す.

問7.1 各確率分布のパラメータは以下のようになる.

グンベル分布: 各地点のデータを用いて,式(7.45)および式(7.46)を用いてパラメータ a および x_0 を求めると右のようになる.

パラメータ	東京	大阪	尾鷲
a	0.0207	0.0337	0.0096
x_0	111.41	73.02	287.04

対数正規分布: 各地点のデータを用いて,式(7.58)~(7.61)により b,式(7.67)および(7.68)により x_0,式(7.69)および(7.70)により s を求めると右のようになる.

パラメータ	東京	大阪	尾鷲
b	-5.057	-3.031	-99.068
x_0	127.11	82.85	320.60
s	0.4069	0.3934	0.4329

一般化極値分布: 各地点のデータを用い,式(7.80)より k,得られた k を式(7.78)に代入して a を求め,k および a を式(7.77)に代入して c を求める.結果は右のようである.

パラメータ	東京	大阪	尾鷲
a	42.88	28.21	76.95
k	-0.0547	0.0174	-0.1587
c	110.13	73.13	284.09

問7.2 100 mm d^{-1} および 200 mm d^{-1} の確率年は,まず,これらの雨量の非超過確率 F を求め,これを(7.2)式に代入することにより推定できる.非超過確率は,グンベル分布は(7.35)式,対数正規は(7.56)式,一般化極値分布は(7.72)式で表される.なお,(7.56)式は解析的に解くことができないので,例えば,EXCEL の NORMSDIST 関数を用いて計算する.各地点における推定結果は以下のようである.

・東京

日雨量	確率年(年)		
	グンベル	対数正規	一般化極値
100 mm d^{-1}	1.39	1.37	1.39
200 mm d^{-1}	6.77	8.01	7.79

・大阪

日雨量	確率年(年)		
	グンベル	対数正規	一般化極値
100 mm d^{-1}	3.02	3.22	3.14
200 mm d^{-1}	72.58	92.29	108.59

・尾鷲

日雨量	確率年（年）		
	グンベル	対数正規	一般化極値
100 mm d^{-1}	1.00	1.00	1.00
200 mm d^{-1}	1.11	1.04	1.04

問 7.3 グンベル分布については（7.54）式を用いて推定できる．

対数正規分布については，まず（7.1）式を用いて各確率年に対する非超過確率 F を計算し，これに対応する z の値を，EXCEL の NORMSINV 関数を用いて求める．この z を（7.71）式に代入することにより確率日雨量 x が求められる．

一般化極値分布については，（7.83）または（7.84）式を用いて求められる．

・東京

確率年	確率日雨量 (mm d^{-1})		
	グンベル	対数正規	一般化極値
10	220.12	210.66	212.80
20	254.89	243.41	248.40
50	299.90	286.56	296.61
100	333.63	319.58	334.38
200	367.23	353.18	373.47

・大阪

確率年	確率日雨量 (mm d^{-1})		
	グンベル	対数正規	一般化極値
10	139.82	135.18	135.39
20	161.18	155.48	154.79
50	188.84	182.09	179.55
100	209.57	202.36	197.84
200	230.22	222.92	215.85

・尾鷲

確率年	確率日雨量 (mm d^{-1})		
	グンベル	対数正規	一般化極値
10	520.62	484.87	492.21
20	595.34	550.58	576.08
50	692.05	638.01	699.88
100	764.53	705.51	805.41
200	836.74	774.67	922.85

問 7.4 適合度の評価（太字が最も優れた適合度を示す）

・東京

確率分布	SLSC	対数尤度	AIC
グンベル	**0.0295**	-160.22	**324.43**
対数正規	0.0341	**-159.23**	324.45
一般化極値	0.0380	-159.59	325.19

・大阪

確率分布	SLSC	対数尤度	AIC
グンベル	**0.0178**	-146.01	**296.01**
対数正規	0.0278	**-145.47**	296.95
一般化極値	0.0208	-145.75	297.51

・尾鷲

確率分布	SLSC	対数尤度	AIC
グンベル	0.0419	-181.40	366.81
対数正規	0.0331	-178.97	363.93
一般化極値	**0.0200**	-178.85	**363.70**

索　引

欧　文

AIC　149
APL　146
APL 公式　163
C バンド　18
C バンドレーダー　18
CDF　139
DA 解析　25
DAD 解析　23
DAD 式　170
DD 解析　23
DDF 解析　23
DOY　37
GCM　190
HYDRUS-1D　179
ID 解析　23
IDF　167
IDF 解析　23
IPCC　190
L 積率　143
L 積率法　143,162
MLE　144
PAR　36
PDF　140
pF　85
PMP　25
PPFD　37
PWM　143
RCM　190
RMSE　128
S バンド　18
SCE-UA 法　129
TDR 法　84
X バンド　18
X バンドレーダー　20

ア

赤池情報量規準　149
圧力ポテンシャル　85
アメダス　16
アルベド　41,42

イ

一次流出率　108
一般化極値分布　161
伊藤 A 式　25
移動標本　191
移動平均　190
岩井改良法　156

ウ

ウィーンの変位則　36
雨水保留量　107
雨水保留量曲線　109
渦相関法　47
　──の算定式　47
雨雪量計　129
雨量固定法　26
上向き赤外放射量　42
雲量　41

エ

円筒法　66

オ

応答モデル　103
温暖前線　15
温度法　53

カ

加圧層　93
階級　137
階級幅　137
解析雨量　22
外部循環　187
乖離率　58
確率雨量　135
確率重みつき積率　143
確率紙　141
確率年　135
確率分布関数　139
確率密度関数　140
確率流量　135
可降水量　14
可照時間　39
ガス状物質　185
河川整備基本方針　174
河川整備計画　174
カナン　146
　──の公式　166
カリフォルニアプロット　145
含水比　83
乾性沈着　185
寒冷前線　15

キ

気温日較差　41
気温日融雪率　131
気温日数法　130
幾何平均　156
気候変動に関する政府間パネル　190
基準蒸発量　50
気象レーダー　18
基底流出　75
キネマティック流出モデル　119
基本高水　174
キャピラリーバリア現象　182
吸着領域　86
境界条件　91
局所的探索法　128
極端現象　135,190
極値確率紙　147

ク

空気侵入領域　85
空気力学法　47
久野-石黒式　24
窪地貯留　69
グラニエ法　46

索　引

クリーガー型近似式　170
クリーブランド式　167
グリンゴルテン　146
グンベル分布　149

ケ

計画高水　174
計器蒸発量測定法　46
傾度法　48
茎／幹熱収支法　46
顕熱輸送量　49

コ

広域湿潤面蒸発量　51
降雨余剰　66
降雨流出過程　73
工業用水　8
光合成　35
光合成有効光量子束密度　37
光合成有効放射　36
更新期間　3
降水　2
降水総量　7
洪水到達時間　104
洪水比流量曲線　170
洪水流出解析　102
高度法　22
合理式　103, 170
合理式法　167
黒体　36
誤差評価基準　127
小松法　53

サ

再起期間　135
最適化手法　128
再分布　93
最尤推定値　144
最尤法　143
作物係数法　52
作物要水量　51
三角堰　70
算術平均法　21
散水法　66
酸性雨　186
3定数型降雨強度式　24, 167
3定数型対数正規分布　156

散乱日射　39
散乱日射量　40

シ

シオレ点　86
時角　38
下向き長波放射量　41
実蒸発散量　52
湿性沈着　185
射出率　42
遮断蒸発　27
シャーマン　111
シャーマン式　24
ジャン-小松法　55
ジャン式　54
集水域　5
集積流　93
重力ポテンシャル　85
樹冠遮断率法　55
樹冠通過雨　27, 186
樹冠通過雨量　27
樹幹流　26, 187
樹幹流量　27
純一次生産量　33
瞬間単位図　112
純放射量　40, 43
蒸散　3, 33
蒸散流測定法　46
蒸発　2, 33
蒸発散　3, 33, 34, 35
蒸発散位　50
初期条件　91
初期損失　69
初期流量　110
浸潤　93
浸潤前線　179
浸潤領域　180
浸透　93
浸入　65, 93
浸入能　66
浸入能方程式　66

ス

水位流量曲線　71
水蒸気圧　13
水頭　84
水年　6

水分恒数　86
水分容量　91
水文学　10
ステファン-ボルツマン定数　36
ステファン-ボルツマンの法則　36

セ

生活用水　8
生長阻害水分点　86
積雪水量　129
積率　142
積率法　142
前期無降雨日数　110
線形化手法　114
先行降雨指数　110
前線性降水　15
選択流　93
全天日射量　39, 40
全ポテンシャル　85

ソ

総一次生産量　33
層状雲　15
相対湿度　13
相対度数　137
窓幅　191
側方浸透流　73
ソーンスウェイト法　53

タ

大域的探索法　128
第1種境界条件（ディリクレ型）　92
大気汚染　186
大気外水平面日射量　39
大気大循環モデル　190
大気透過率　40
大気路程　40
第3種境界条件（コーシー型）　92
帯水層　93
帯水層定数　95
対数尤度関数　144
体積含水率　83
ダイナミック流出モデル　119

索 引

第2種境界条件（ノイマン型） 92
台風性降水 15
太陽赤緯 38
太陽定数 37
太陽放射 36
対流雲 15
対流性降水 16
ダルシー則 87
タルボット式 24
単位図 111
単位図法 111
短期流域水収支法 44
短期流出解析 102
タンクモデル 123
炭素収支 33,35
単峰型降雨波形 168

チ

地域環境水文学 11
地域気候モデル 190
地下水 82
地下水流 2
地下水流出 75
地球-太陽間の距離 37
地球熱放射 36
地形性降水 16
地中水 82
地中熱流量 49
地中流 2
窒素 185
窒素循環 185
窒素飽和 187
地点降水量 20
地表流 2
チャンバー法 45
中間帯 82
中間流 73
中間流出 75
　遅い—— 75
　速い—— 75
宙水 94
超過確率 138
超過確率年 175
長期水収支法 6
長距離輸送 186
長期流出解析 102

長方形堰 70
直接流出 75
直達雨 26
直達日射 39
直達日射量 40
貯水型雨量計 17
貯留関数法 112
貯留係数 96
沈着 185

ツ

通気帯 82
通日 37

テ

低気圧性降水 15
ティーセン法 21
停滞前線 15
滴下雨 26
適合度 144
デュプイの仮定 97
テンシオメータ法 84
伝達領域 180
転倒マス型雨量計 18

ト

等価粗度 121
等降水量線法 22
透水係数 87
動水勾配 87
透水量係数 95
等ポテンシャル線 94
特性曲線法 121
都市用水 8
土壌水 33,82
土壌水帯 82
土壌水分減少法 44
土壌水分特性曲線 85
土壌水分保持曲線 85
土壌水分量 82
度数 137
度数分布表 136
トレーサー 76

ナ

内部循環 187
ナッシュ-サトクリフ効率係数 128

ニ

日照時間 41

ネ

熱収支 33,34
熱収支法 49,130
熱消散法 46

ノ

農業用水 8

ハ

排水 93
ハイドログラフ 70,72
バイパス流 93
パイプ流 73
ハーゼン 146
バッキンガム-ダルシー則 89
ハモン法 53
バルク法 48
反射日射量 41
バーンズ法 75
バン・ゲヌーチェン式 92

ヒ

被圧帯水層 93
被圧地下水 95
光利用効率 37
引き延ばし 175
ピーク流出係数 104
ピーク流出量 103
飛散雨 26
比産出率 95
比湿 14
ヒステリシス 86
ヒストグラム 136
非超過確率 138
比貯留係数 96
ヒートパルス法 46
比湧出量 96
標高効果 16
標準最小二乗規準 148
標準変量 147
標本窓 190
表面流出 75

表面流モデル 119
貧栄養化 188

フ

不圧帯水層 93
不圧地下水 94
フィリップ式 67
フィンガー流 93
富栄養化 188
復帰流 73
物質循環 185
物理モデル 103
不透水層 93
部分寄与域概念 74
不飽和浸透流 89
フラックス 87
ブラネイ-クリドル法 53
プランク定数 36
プランクの法則 36
フリューム 70
ブルックス-コーリー式 92
プロッティング・ポジション公式 144
ブロム 146
分光放射 36
分光放射束密度 36
分水界 5

ヘ

平均 142
平均滞留時間 3
平衡蒸発量 51
平衡モデル 54
閉塞前線 15
変動寄与域概念 74
ペンマン-モンティース法 52
ペンマン式 50

ホ

飽差 13
放射収支 35,40
放射束密度 36
放射法 54

飽和域 73
飽和雨量 108
飽和浸透流 87
飽和水蒸気圧 13
飽和地表流 73
飽和度 83
飽和流出率 108
ボーエン比 49
補完関係法 52
圃場容水量 87
ポテンシャルエネルギー 84
ホートン型地表流 73
ホートン式 67
ボルツマン定数 36
ボロメータ法 45

マ

マッキンク法 54
マトリックポテンシャル 85
マルチスタート法 129

ミ

水資源賦存量 7
水収支 4,33,34
水循環 2

メ

面積降水量 20
面積固定法 26

モ

毛管水縁 83
毛管水帯 82
毛管領域 86
モデル降雨 175
モデル定数 115
　——の最適化 127
物部式 25

ユ

有効降雨 107
有効水分 87
尤度 143

尤度関数 143
尤度方程式 144

ヨ

容易有効水分 87

ラ

ライシメータ法 45
乱流変動法 47

リ

リチャーズ式 90
流域 5
流域界 5
流域水収支 45
流域水収支法 44
粒子状物質 185
流出 2
流出解析 102
流出寄与域 73
流出高 72
流出モデル 102
流出率 107
流線 94
林外雨 26
林内雨量 27
林内雨量測定法 45

ル

累積相対度数 137
累積度数 137
ルンゲ-クッタ法 114

レ

暦年 6

ロ

漏水係数 95
露点温度 13

ワ

ワイブルプロット 146

著者略歴

田中丸治哉（たなかまるはるや）
1958年　福岡県に生まれる
1984年　京都大学大学院農学研究科修士課程修了
現　在　神戸大学大学院農学研究科教授
　　　　博士（工学）

大槻恭一（おおつききょういち）
1957年　京都府に生まれる
1986年　京都大学大学院博士課程単位取得後退学
現　在　九州大学大学院農学研究院教授
　　　　農学博士

近森秀高（ちかもりひでたか）
1964年　京都府に生まれる
1989年　京都大学大学院工学研究科修士課程修了
現　在　岡山大学大学院環境生命科学研究科教授
　　　　博士（工学）

諸泉利嗣（もろいずみとしつぐ）
1959年　東京都に生まれる
1990年　京都大学大学院農学研究科修士課程修了
現　在　岡山大学大学院環境生命科学研究科教授
　　　　博士（農学）

シリーズ〈地域環境工学〉
地域環境水文学　　　　定価はカバーに表示

2016年　3月20日　初版第1刷
2022年　10月10日　第5刷

著　者　田　中　丸　治　哉
　　　　大　槻　恭　一
　　　　近　森　秀　高
　　　　諸　泉　利　嗣
発行者　朝　倉　誠　造
発行所　株式会社　朝　倉　書　店
　　　　東京都新宿区新小川町 6-29
　　　　郵便番号　162-8707
　　　　電　話　03（3260）0141
　　　　FAX 03（3260）0180
　　　　http : //www.asakura.co.jp

〈検印省略〉

© 2016〈無断複写・転載を禁ず〉　　　　Printed in Korea

ISBN 978-4-254-44501-5　C 3361

JCOPY ＜出版者著作権管理機構　委託出版物＞
本書の無断複写は著作権法上での例外を除き禁じられています．複写される場合は，そのつど事前に，出版者著作権管理機構（電話 03-5244-5088, FAX 03-5244-5089, e-mail: info@jcopy.or.jp）の許諾を得てください．

日本陸水学会東海支部会編
身近な水の環境科学
—源流から干潟まで—
18023-7 C3040　　A5判 180頁 本体2600円

川・海・湖など，私たちに身近な「水辺」をテーマに生態系や物質循環の仕組みをひもとき，環境問題に対峙する基礎力を養う好テキスト。〔内容〕川（上流から下流へ）／湖とダム／地下水／都市・水田の水循環／干潟と内湾／環境問題と市民調査

日本陸水学会東海支部会編
身近な水の環境科学［実習・測定編］
—自然のしくみを調べるために—
18047-3 C3040　　A5判 192頁 本体2700円

河川や湖沼を対象に測量や水質分析の基礎的な手法，生物分類，生理活性を解説。理科系・教育学系学生むけ演習書や，市民の環境調査の手引書としても最適。〔内容〕調査に出かける前に／野外調査／水の化学分析／実験室での生物調査／他

小倉紀雄・竹村公太郎・谷田一三・松田芳夫編
水辺と人の環境学（上）
—川の誕生—
18041-1 C3040　　B5判 160頁 本体3500円

河川上流域の水辺環境を地理・植生・生態・防災など総合的な視点から読み解く〔内容〕水辺の地理／日本の水循環／河川生態系の連続性と循環／河川上流域の生態系（森林，ダム湖，水源・湧水，細流，上流域）／砂防の意義と歴史／森林管理の変遷

小倉紀雄・竹村公太郎・谷田一三・松田芳夫編
水辺と人の環境学（中）
—人々の生活と水辺—
18042-8 C3040　　B5判 160頁 本体3500円

河川中流域の水辺環境を地理・生態・交通・暮らしなど総合的な視点から読み解く〔内容〕扇状地と沖積平野／水資源と水利用／河川中流域の生態系／治水という営み／内陸水運の盛衰／水辺の自然再生と平成の河川法改正／水辺と生活／農地開発

小倉紀雄・竹村公太郎・谷田一三・松田芳夫編
水辺と人の環境学（下）
—水辺と都市—
18043-5 C3040　　B5判 176頁 本体3500円

河川下流域の水辺環境を地理・生態・都市・防災等総合的視点で読み解く〔内容〕河川と海の繋がり／水質汚染と変遷／下流・河口域の生態系／水と日本の近代化／都市と河川／海岸防護／干潟・海岸の保全・再生／都市の水辺と景観／水辺と都市

前京大 禰津家久・名工大 冨永晃宏著
水理学
26139-4 C3051　　A5判 328頁 本体5400円

水理学を体系の中で理解できるように，本文構成，図表，式の誘導等に様々な工夫をこらし，身につく問題と詳解，ティータイムも混じえた本格的な教科書。〔内容〕I. 流れの基礎／II. 水理学の体系化—流体力学の応用／III. 水理学の実用化

前京大 池淵周一・京大 椎葉充晴・京大 宝 馨・京大 立川康人著
エース土木工学シリーズ
エース水文学
26478-4 C3351　　A5判 216頁 本体3800円

水循環を中心に，適正利用・環境との関係まで解説した新テキスト。〔内容〕地球上の水の分布と放射／降水／蒸発散／積雪・融雪／遮断・浸透／斜面流出／河道網構造と河道流れの数理モデル／流出モデル／降水と洪水のリアルタイム予測／他

京大 小尻利治著
役にたつ土木工学シリーズ2
水資源工学
26512-5 C3351　　B5判 160頁 本体3400円

水資源計画・管理について基礎から実際の応用までをやさしく，わかりやすく解説。〔内容〕水資源計画の策定／利水安全度／水需給予測／流域のモデル化／水質流出モデル／総合流域管理／気象変動と渇水対策／ダムと地下水の有機的運用／他

東工大 神田 学著
シリーズ〈新しい工学〉1
常微分方程式と物理現象
20521-3 C3350　　B5判 116頁 本体2300円

工学のあらゆる分野の基礎となる微分方程式の知識を丁寧に解説する。身近な現象の数理モデルからカオス現象までをコンパクトにまとめ，省略されがちな途中式や公式を提示することで，初学者もスムーズに数式が追えるよう配慮した。

前東北大 近藤純正編著
水環境の気象学
—地表面の水収支・熱収支—
16110-6 C3044　　A5判 368頁 本体6800円

〔内容〕水蒸気と断熱変化／雲と降水／日射と大気放射／地表面付近の風と乱流／地表面の熱収支の基礎／水面の熱収支／土壌面の熱収支／植物と大気／積雪と大気／複雑地形と大気／都市大気のシミュレーション／世界の（日本の）水文気候

首都大 藤部文昭著
気象学の新潮流1
都市の気候変動と異常気象
―猛暑と大雨をめぐって―
16771-9 C3344　　　　　A5判 176頁 本体2900円

本書は，日本の猛暑や大雨に関連する気候学的な話題から，地球温暖化や都市気候あるいは局地気象などの関連テーマを含めて，一通りまとめたものである。一般読者をも対象とし，啓蒙的に平易に述べ，異常気象と言えるものなのかまで言及する。

前東大 井田喜明著
自然災害のシミュレーション入門
16068-0 C3044　　　　　A5判 256頁 本体4300円

自然現象を予測する上で，数値シミュレーションは今や必須の手段である。本書はシミュレーションの前提となる各種概念を述べたあと個別の基礎的解説を展開。〔内容〕自然災害シミュレーションの基礎／地震と津波／噴火／気象災害と地球環境

檜垣大助・緒續英章・井良沢道也・今村隆正・
山田 孝・丸山知己編
土砂災害と防災教育
―命を守る判断・行動・備え―
26167-7 C3051　　　　　B5判 160頁 本体3600円

土砂災害による被害軽減のための防災教育の必要性が高まっている。行政の取り組み、小・中学校での防災学習、地域住民によるハザードマップ作りや一般市民向けの防災講演、防災教材の開発事例等、土砂災害の専門家による様々な試みを紹介。

日本土壌肥料学会「土のひみつ」編集グループ編
土　の　ひ　み　つ
―食料・環境・生命―
40023-6 C3061　　　　　A5判 228頁 本体2800円

国際土壌年を記念し，ひろく一般の人々に土壌に対する認識を深めてもらうため、土壌についてわかりやすく解説した入門書。基礎知識から最新のトピックまで，話題ごとに2～4頁で完結する短い項目制で読みやすく確かな知識が得られる。

西村友良・杉井俊夫・佐藤研一・小林康昭・
規矩大義・須網功二著
基礎から学ぶ 土 質 工 学
26153-0 C3051　　　　　A5判 192頁 本体3000円

基礎からわかりやすく解説した教科書。JABEE審査対応。演習問題・解答付。〔内容〕地形と土性／基本的性質／透水／地盤内応力分布／圧密／せん断強さ／締固め／土圧／支持力／斜面安定／動的性質／軟弱地盤と地盤改良／土壌汚染と浄化

小林洋司・小野耕平・山崎忠久・峰松浩彦・山本仁志・
鈴木保志・酒井秀夫・田坂聡明著
森　林　土　木　学
47032-1 C3061　　　　　A5判 176頁 本体3800円

環境資源としても重要な森林の維持・整備，橋梁や架線の設計などを豊富な図を用いて解説。学生や技術者の入門書として最適の教科書。〔内容〕序論／林道の計画／幾何構造／設計／施工／路体構造／路体保持／橋梁／林業用架線／付．林道規程

前東農大 長野敏英・東大 大政謙次編
新 農 業 気 象・環 境 学
44025-6 C3061　　　　　A5判 224頁 本体4600円

学際的広がりをもち重要性を増々強めている農業気象・環境学の基礎テキスト版。好評の86年版を全面改訂。〔内容〕気候と農業／地球環境問題と農林生態系／耕地の微気象／環境と植物反応／農業気象災害／施設の環境調節／グリーンアメニティ

前日大 塚本良則・前京大 小橋澄治編
新 砂 防 工 学
47018-5 C3061　　　　　A5判 208頁 本体3800円

学際的になってきた砂防工学の全体を網羅。「砂防工学」(1969)の改訂版。〔内容〕風化・侵食現象／災害の歴史／侵食と土砂災害防止策／流域の土砂移動と対策／森林の機能と活用法／雪崩の理論と防止策／施設の設計施工／基礎知識と調査法

北大 小池孝良編著
樹 木 生 理 生 態 学
47037-6 C3061　　　　　A5判 280頁 本体4800円

樹木の生理生態についてわかりやすく解説。環境とからめ森林の修復まで。〔内容〕森林の保全生態／地域変異と生活環の制御／樹冠樹の共存機構／光合成作用／呼吸作用／光合成産物の分配／水環境への応答／窒素動態と代謝／生態系修復

北大 中村太士・北大 小池孝良編著
森 林 の 科 学
47038-3 C3061　　　　　B5判 240頁 本体4300円

森林のもつ様々な機能を2ないし4ページの見開き形式でわかりやすくまとめた。〔内容〕森林生態系とは／生産機能／分布形態・構造／動態／食物（栄養）網／環境と環境指標／役割（バイオマス利用）／管理と利用／流域と景観

水文・水資源学会編　前京大 池淵周一総編集

水文・水資源ハンドブック

26136-3 C3051　　　　B5判 656頁 本体35000円

きわめて多様な要素が関与する水文・水資源問題をシステム論的に把握し新しい学問体系を示す。〔内容〕【水文編】気象システム／水文システム／水環境システム／都市水環境／観測モニタリングシステム／水文リスク解析／予測システム【水資源編】水資源計画・管理のシステム／水防災システム／利水システム／水エネルギーシステム／水環境質システム／リスクアセスメント／コストアロケーション／総合水管理／管理・支援モデル／法体系／世界の水資源問題と国際協力

日本水環境学会編

水環境ハンドブック

26149-3 C3051　　　　B5判 760頁 本体32000円

水環境を「場」「技」「物」「知」の観点から幅広くとらえ，水環境の保全・創造に役立つ情報を一冊にまとめた。〔内容〕「場」河川／湖沼／湿地／沿岸海域・海洋／地下水・土壌／水辺・親水空間。「技」浄水処理／下水・し尿処理／排出源対策・排水処理(工業系・埋立浸出水)／排出源対策・排水処理(農業系)／用水処理／直接浄化。「物」有害化学物質／水界生物／健康関連微生物。「知」化学分析／バイオアッセイ／分子生物学的手法／教育／アセスメント／計画管理・政策。付録

太田猛彦・住　明正・池淵周一・田渕俊雄・眞柄泰基・松尾友矩・大塚柳太郎編

水　の　事　典

18015-2 C3540　　　　A5判 576頁 本体20000円

水は様々な物質の中で最も身近で重要なものである。その多様な側面を様々な角度から解説する，学問的かつ実用的な情報を満載した初の総合事典。〔内容〕水と自然(水の性質・地球の水・大気の水・海洋の水・河川と湖沼・地下水・土壌と水・植物と水・生態系と水)／水と社会(水資源・農業と水・水産業・水と工業・都市と水システム・水と交通・水と災害・水質と汚染・水と環境保全・水と法制度)／水と人間(水と人体・水と健康・生活と水・文明と水)

森林総研 鈴木和夫・東大 井上　真・日大 桜井尚武・前筑波大 富田文一郎・東北大 中静　透編

森　林　の　百　科（普及版）

47049-9 C3561　　　　A5判 756頁 本体18000円

森林は人間にとって，また地球環境保全の面からもその存在価値がますます見直されている。本書は森林の多様な側面をグローバルな視点から総合的にとらえ，コンパクトに網羅した21世紀の森林百科である。森林にかかわる専門家はもとより文学，経済学などさまざまな領域で森の果たす役割について学問的かつ実用的な情報が盛り込まれている。〔内容〕森林とは／森林と人間／森林・樹木の構造と機能／森林資源／森林の管理／森を巡る文化と社会／21世紀の森林－森林と人間

日本災害情報学会編

災 害 情 報 学 事 典

16064-2 C3544　　　　A5判 420頁〔近　刊〕

災害情報学の基礎知識を見開き形式で解説。災害の備えや事後の対応・ケアに役立つ情報も網羅。行政・メディア・企業等の防災担当者必携〔内容〕[第1部：災害時の情報]地震・津波・噴火／気象災害／[第2部：メディア]マスコミ／住民用メディア／行政用メディア／[第3部：行政]行政対応の基本／緊急時対応／復旧・復興／被害軽減／事前教育／[第4部：災害心理]避難の心理／コミュニケーションの心理／心身のケア／原子力災害／事故災害等／企業リスクマネジメントと企業防災

上記価格（税別）は 2022年 9月現在